食品生物技术

主　编　袁　仲

副主编　胡炜东　高　爽　王海霞　徐晓霞

编　委　柯旭清　王运文　石月锋　刘禾蔚

　　　　廖洪梅

主　审　张　霁

华中科技大学出版社

中国·武汉

内 容 提 要

全书共分九个项目,内容包括:绪论、基因工程及其在食品工业中的应用、蛋白质工程及其在食品工业中的应用、酶工程及其在食品工业中的应用、发酵工程及其在食品工业中的应用、细胞工程及其在食品工业中的应用、食品生物技术与食品安全检测、现代生物技术与食品工业"三废"治理、食品生物技术与食品储藏保鲜等。从食品生产实际出发,加强运用理论知识解决食品生产实际问题的能力培养,突出职业教育特色,注重教材的科学性、实用性和创新性。

本书可作为高职高专院校食品类专业及相关专业的教材,也可作为食品科研人员、生产技术人员和管理人员的参考书。

图书在版编目(CIP)数据

食品生物技术/袁　仲　主编.—武汉:华中科技大学出版社,2012.1(2025.8 重印)
ISBN 978-7-5609-7407-1

Ⅰ.食…　Ⅱ.袁…　Ⅲ.生物技术-应用-食品工业-高等职业教育-教材　Ⅳ.TS201.2

中国版本图书馆 CIP 数据核字(2011)第 205833 号

食品生物技术　　　　　　　　　　　　　　　　　　　　　　　　　　　袁　仲　主编

策划编辑:王新华
责任编辑:王新华
封面设计:刘　卉
责任校对:刘　竣
责任监印:周治超
出版发行:华中科技大学出版社(中国·武汉)　　　电话:(027)81321913
　　　　　武汉市东湖新技术开发区华工科技园　　　邮编:430223
录　　排:华中科技大学惠友文印中心
印　　刷:武汉邮科印务有限公司
开　　本:787mm×1092mm　1/16
印　　张:16.5
字　　数:395 千字
版　　次:2025 年 8 月第 1 版第 5 次印刷
定　　价:38.00 元

全国高职高专生物类课程"十二五"规划教材编委会

前言

食品生物技术从其学科角度出发,是指食品科学技术与生物技术相互渗透而形成的一门交叉学科;从其应用角度出发,是指在食品工业领域中所应用的生物技术。它是以现代生命科学的研究成果为基础,结合现代工程技术手段和其他学科的研究成果,用全新的方法和手段设计新型的食品或食品原料。在编写中,注重生物技术的系统性与食品实际生产的联系、生物技术的理论性与食品生产应用性的联系。在阐明国内外生物技术领域的最新研究成果和发展动态的同时,主要阐述基因工程、酶工程、发酵工程、细胞工程、蛋白质工程在食品工业中的应用及食品生物技术在农副产品综合利用、食品保鲜、食品分析检测、食品工业"三废"处理中的应用。

全书共分九个项目,内容包括:食品生物技术概述、基因工程及其在食品工业中的应用、蛋白质工程及其在食品工业中的应用、酶工程及其在食品工业中的应用、发酵工程及其在食品工业中的应用、细胞工程及其在食品工业中的应用、食品生物技术与食品安全检测、现代生物技术与食品工业"三废"治理、食品生物技术与食品储藏保鲜等。从食品生产实际出发,加强运用理论知识解决食品生产实际问题的能力培养,突出职业教育特色,注重教材的科学性、实用性和创新性。

本书可作为高职高专院校食品类专业及相关专业的教材,也可作为食品科研人员、生产技术人员和管理人员的参考书。

本书由商丘职业技术学院袁仲任主编,内蒙古农业大学职业技术学院胡炜东、辽宁经济职业技术学院高爽、黑龙江林业职业技术学院王海霞、甘肃农业职业技术学院徐晓霞任副主编。参加编写的人员还有山西运城农业职业技术学院王运文、商丘职业技术学院石月锋、贵州轻工职业技术学院柯旭清、烟台工程职业技术学院刘禾蔚、阜阳职业技术学院廖洪梅。全书由袁仲统稿。商丘职业技术学院张霁教授担任本书主审,在此表示衷心的感谢!

在本书编写过程中,得到了华中科技大学出版社的大力支持

和商丘职业技术学院等有关院校领导的大力支持,在此表示衷心的感谢!

由于时间仓促、编者水平有限,书中难免有不当之处,敬请读者给予批评、指正。

编　者

2011 年 7 月

目 录

项目一

绪 论

 知识目标

了解生物技术的发展历程;掌握食品生物技术的概念及特点;了解食品生物技术的研究内容、发展方向及其应用。

 能力目标

通过了解世界最前沿食品生物技术,追踪社会热点,培养严肃认真的科学态度,增强爱科学、学科学的情感和建设祖国的社会责任感。

任务一 食品生物技术的含义

一、生物技术

生物工程,也称生物工艺学(biotechnology 或 bioprocess),一般称为生物技术。目前,对于生物工程还没有一个统一的定义。一般意义上讲,生物工程(生物技术)是以生命科学为基础,利用生物体系和工程学原理生产生物制品和创造新物种的一门综合技术。换言之,就是利用生物有机体(从微生物直至高等动物)或其组成部分(器官、组织、细胞等)发展新工艺或制造新产品的科学技术。

(一)生物技术发展历程

1. 原始生物技术与第一代生物工程

生物技术历史悠久。以我国为例,以酿酒为代表的古老生物技术可以追溯到 4000 多年前。但是,那时的生物技术完全凭借经验,处于不知其所以然的状态。自从 1680 年列文虎克(Leeuwenhoek)制成了显微镜,人们才知道微生物的存在。1857 年,巴斯德(Pasteur)证实了酒精发酵是由活酵母引起的,其他不同的发酵产物也是由不同微生物的

作用而形成。至此,古老的生物技术才开始得到迅速的发展。

19世纪末到20世纪30年代开创了工业微生物的新时代,不少工业发酵过程陆续出现,产生了许多新型的发酵产品,如乳酸、酒精、面包酵母、丙酮、柠檬酸、淀粉酶等。至此,以工业微生物过程生产发酵产品为代表的真正意义上的生物工程才正式诞生了。但是,上述产品大多数是厌氧发酵过程的产物,产物的化学结构比起原料来更为简单,属于初级代谢产物,生产过程比较简单,对设备的要求不高,规模一般不大。

2. 第二代(近代)生物工程

近代生物技术产品出现于20世纪40年代第二次世界大战时期。战争需要一种有效而副作用小的抗细菌感染的药物,来治疗因创伤引起的感染及继发性疾病。虽然1928年就由英国人弗莱明(Fleming)发现了青霉素,1940年由弗罗里(Florey)和钱恩(Chain)等实现人工提取并经过临床证实具有卓越疗效和低毒的青霉素,但是大规模制备非常困难。1941年美国和英国开始合作对青霉素的大规模生产技术进行研究和开发。1943年一个崭新的青霉素沉浸培养工艺终于诞生了,它包括用带有机械搅拌和通气装置的密闭式发酵罐,对适用于沉浸技术的青霉菌进行培养,并用离心萃取机和冷冻干燥机把青霉素从发酵液中提取和精制,使青霉素的产量和质量大幅度提高。不久,链霉素、金霉素、新霉素等相继问世,标志着抗生素工业的兴起,同时也标志着工业微生物的生产进入一个新的阶段。

抗生素生产的经验很快地促进了其他发酵产品的发展,最突出的是20世纪50年代的氨基酸发酵工业,60年代的酶制剂工业。与第一代生物工程相比,这一个时期的特点如下:

(1) 产品类型多,不但有初级代谢产物,也出现了次级代谢产物,还有生物转化,酶反应等;

(2) 技术要求高,生产过程在纯种或无菌条件下进行,大多数过程为好氧发酵;

(3) 规模巨大,一些发酵罐规模已达到几千升以上;

(4) 技术发展速度快,如菌种的活力和性能获得了惊人的提高。

3. 第三代(现代)生物工程

1953年沃森(Watson)和克里克(Crick)发现了DNA的双螺旋结构,为DNA的重组奠定了基础。1974年美国的博耶(Boyer)和科恩(Cohen)首次在实验室中实现了基因的转移,为基因工程开启了通向现实的大门,而使人们有可能在实验室中组建按照人们意志设计的新生命体。基因工程是把外源基因在体外与载体DNA连接以后导入宿主细胞,使之能复制和表达外源基因的克隆,从而获得所需的目标产品。

20世纪70年代,随着基因重组、细胞和组织培养、酶的固定化、动植物细胞的大规模培养、现代化生物反应器和计算机的应用以及产品分离、纯化等技术的迅速发展,生物工程进入新的发展阶段——现代生物工程阶段。此期间的现代生物技术及其产品的特点是运用了DNA重组、细胞融合等技术的成果。虽然产品数量还很有限,但是潜力是巨大的。一些正在开发或已经开始生产的DNA重组技术产品包括干扰素、胰岛素、生长激素及其相关因子、淋巴细胞活素、血纤维蛋白溶解剂、疫苗、胸腺素、白蛋白、血因子、促红细胞生长素、促血小板生长素、降血钙素、绒毛促性腺激素、抗血友病因子Ⅷ、乙型肝炎疫苗、以及氨基酸、食品加工酶、单细胞蛋白、生物杀虫剂、生物杀菌剂、生物完全降解塑料等。

以重组 DNA 为核心的现代生物工程技术的创立和发展,为生命科学注入了新的活力,它所提供的实验方法和手段极大地促进了传统生物学科(如植物学、动物学、遗传学、生理学、生物医学等)的深入研究。同时,现代生物工程已被广泛地用于食品、化学、农业及环保等领域,为这些行业带来了新的技术革命。

在此期间,现代生物工程取得了许多历史性的成果。其中最具代表性的生物技术产品为转基因生物与克隆动物的出现。目前美国 40% 以上的农田种植了经过基因改良的作物;我国的转基因农作物和林木已有 20 多种,转基因棉花、大豆、马铃薯、烟草、玉米、花生、菠菜等已进行了田间实验,其中抗虫棉已开始规模化商品生产。1996 年 7 月英国首次成功采用成体体细胞克隆出绵羊"多莉",更是一项里程碑式的现代生物工程成果。而这项成果就属于现代生物工程的一个主要领域——细胞工程。

现代生物工程的特点除了可以从以上生物产品得到体现,还可以从其日益与其他众多基础学科的交叉得到体现。现代生物工程是在已有的传统生物技术基础上发展起来,而又与多学科交叉的一门综合性的高新技术,它不仅结合了微生物学、细胞生物学、遗传学、生物化学、生物学、农学等传统基础学科的相关理论和技术,而且结合了现代分子生物学、化学工程、机械工程、微电子学、电子计算机与自动控制、生物材料、生物信息学、生物医学等当代先进的理论与工程技术方法。此外,近代物理学、化学和其他学科也不断向生物工程渗透。一方面,借助这些学科的最新成果,生物工程技术得到了迅速发展,体现着当前生物科学的最新科研成果;另一方面,它也正不断赋予工程学科以新的生命。

生物技术是对生命有机体进行加工改造和利用的技术,是 21 世纪高新技术的核心之一。发达国家都将生物技术列为国家级重点科技并积极开发。生物技术已被应用于工业、农业、食品加工、医疗保健等众多领域中。

生物技术利用生物(动物、植物或微生物)或其产物,来生产对人类医学或农业有用的物质或生物。依历史发展或所用方法的不同,可分成传统生物技术和现代生物技术两大类。传统生物技术是应用酿造发酵、配育新种等传统的方法来达到上述目的;现代生物技术是以生物化学或分子生物学方法改变细胞或分子的遗传性质,在根本上控制了生物的代谢或生理,以达到生产有用物质之目的。

总之,生物技术是既古老又现代的应用技术。第一代生物技术是 19 世纪末到 20 世纪 30 年代以发酵产品为主干的工业微生物技术体系;第二代(近代)生物技术是以 20 世纪 40 年代抗菌素的提取、50 年代氨基酸发酵到 60 年代酶制剂工程为线索;第三代,即现代生物技术则是一个新型跨学科的应用技术领域,它是以世界上第一家生物技术(Genetech,遗传技术)公司的诞生(1976)为纪元。

在 20 世纪 70 年代,由于限制性核酸内切酶的发现(Smith H.,1970),重组 DNA 技术相继成功(Janet Mertz,1972)。基因工程转化为生产力并产生巨大经济效益,而且赋予生物技术这一概念以特定含义。

自 80 年代以来,不少学者或学术组织赋予生物技术以各种定义,其基本点如下。

(1)生物技术是一门多学科、综合性的科学技术。其相关学科主要包括:①生物学(生物化学、微生物学、细胞生物学、分子生物学、遗传学等);②化学(有机化学、分析化学、

3

电化学等)；③工程学(化学工程、机械工程、电子工程)；④医学、药学、农学等。

（2）需有生物催化剂参与。

（3）最后目的是建立生产过程或为社会服务。

因此，从严格的意义上讲，生物技术是以生命科学为基础，利用生物的特性或功能，设计构建具有预期性状的新物种或新品系，以及与工程原理和技术相结合进行社会生产或为社会服务的综合性技术领域。

二、食品生物技术

食品生物技术(food biotechnology)是指以现代生命科学研究成果为基础，结合现代工程技术手段和其他学科的研究成果，用全新的方法和手段设计新型的食品和食品原料，以新型食品、配料的生物制造以及加工方式的生物技术变革为切入点，研究食品基因工程、酶工程、发酵工程、蛋白质工程、细胞工程和食品现代分子检测技术领域的前沿科学，重点研究功能性蛋白质和肽类、多糖和寡糖、功能性脂质和脂肪酸等重要生理活性食品的生物加工技术，以全面提升食品的营养、质量和安全性。

目前，食品生物技术的研究内容已渗透到食品工业的方方面面，从食品原料生产到食品加工整个产业链，生物技术在食品工业每次大的飞跃中起着重要的促进作用。食品生物技术在经历数千年的发展，特别是 20 世纪 60 年代以后的发展之后，已经成为现代生物技术的重要组成部分。伴随着现代生物技术的飞速发展，食品生物技术的研究将会给人类带来更多的新食品和新技术，这不仅可以满足人们对食品多样性和安全性的要求，而且将在未来对解决由"人口爆炸"带来的食品短缺问题起到决定性作用。食品生物技术在开发新型功能食品，保障人类健康以及生产环保食品，保护环境和开发新资源食品，拓展人类食物来源等方面也将发挥重要作用。可以说，21 世纪的食品工业将是建立在现代食品生物技术和现代食品工程技术两大支柱上的一个全新的朝阳产业。

近年来，生物技术在食品行业的应用迅速发展，食品生物技术包括基因工程(genetic enginering)、蛋白质工程(protein enginering)、酶工程(enzyme enginering)、发酵技术(fermentation technology)、组织与细胞培养(tissue and cell culture)、反义 RNA (antisense RNA)技术等。生物技术可用以改良食品的营养价值、风味，去除食品的不良特性，延长食品储存期，节省能源，降低食品加工过程对环境的不利影响。

食品生物技术是生物技术的重要分支学科，主要指生物技术在食品工业中的应用。在食品生产相关领域如食品包装、食品检测等方面，食品生物技术也得到越来越广泛的应用。食品工业关系国计民生，而食品生物技术是目前国际食品产业领域最具发展前景的前沿核心技术，对于有效转变食品产业经济增长方式和实现食品产业的可持续发展具有重要意义。

食品生物技术产业主要涉及生物酿造食品业、生物食品添加剂行业和生物健康食品业。食品生物技术还在相关领域如食品包装、质量安全检测、食品生产废弃物处理等方面有广泛的应用。目前，全世界的食品生物技术产业产值占生物产业总产值的 15%~20%。

任务二 食品生物技术的研究内容

一、基因工程与食品工业

基因工程又称重组 DNA 技术，就是将 DNA 在体外或体内进行重新组合，然后把重组合的 DNA 分子转移到我们操作的生命体中，这种操作的结果是可以遗传给后代。从这一点可见，基因工程是在 DNA 水平上对生命体进行操作。基因工程技术的基本程序是：①获取所需的目的基因；②把目的基因与选好的载体连接在一起，即重组；③把重组载体转入宿主细胞；④对重组分子进行选择；⑤表达成蛋白质，采用适宜条件，获得高表达的产品。

基因工程食品是指利用生物技术改良的动、植物或微生物所制造或生产的食品、食品原料及食品添加剂等。它是针对某个或某些特性，以突变、植入异源基因或改变基因表型等生物技术方式，进行遗传因子的修饰，使动、植物或微生物具备或增强此特性，从而降低生产成本，增加食品或食品原料的价值，例如增强抗病性、改变营养成分，加快生长速度，增强对环境的抗性等。

二、酶工程与食品工业

工业化酶制剂的品质改良及新品种的开发是现代生物技术介入最多的一个领域，并已取得令人瞩目的成果。20 世纪 80 年代末，就已经开发出多种蛋白酶、脂肪酶，到目前为止，国际上工业用酶已超过 50 种。酶制剂主要用于果汁、啤酒、葡萄酒、乳制品、甜味剂、淀粉、糖果、面包等的生产。DNA 重组技术对酶工业的渗透导致了酶工业的飞跃，已有多个国家实现了 β-淀粉酶的克隆化；日本经过质粒重组的嗜热芽孢杆菌蛋白酶的活力为原菌酶活力的 18 倍；利用 DNA 重组技术，使葡萄糖异构酶和木糖异构酶的活力提高了 5 倍。

酶工程是生物技术的一个重要组成部分，指在一定的生物反应器内，利用酶的催化作用，进行物质转化的技术。而食品工业是酶工程技术应用最早和最广泛的行业。近年来，固定化细胞技术的应用、固定化酶反应器的推广应用，促进了食品添加剂新产品的开发，产品品种增加，质量提高，成本下降。还有些酶本身就是保健食品重要的功效成分，如超氧化歧化酶（SOD）、溶菌酶、L-天冬酰胺酶等，带来了巨大的社会、经济效益。

酶工程包括自然酶的开发及应用、固定化酶、固定化细胞、多酶反应器（生物反应器）、酶分子的修饰改造及酶传感器等，广泛应用于食品加工的许多领域。

三、发酵工程与食品工业

食品和饮料的发酵是通过微生物或酶对农产品原料的作用，发生相关的化学反应，使最终产品的口味、色泽等发生感官上的改善，产物通常更有营养，更易消化，口味更好，并且无病原微生物，无毒害。发酵的食物包括面包、乳酪、泡菜、酱油等；发酵的饮料包括啤

酒、葡萄酒、白兰地、威士忌和非酒精饮料(如茶、咖啡、可可等)。

发酵的一个重要作用是防止有机物的腐坏;另一个重要作用是使口味平淡的原料发生感观的、物理的和营养方面的变化,改善风味和维生素成分,使某些植物性原材料获得肉类的质地和口感。现代的发酵方法(如酿造、奶酪制造),使产品更易受控制,更稳定,而且更能确保产品的安全性。

公元前 800 年,埃及人和巴比伦人就从大麦和产于欧洲的黑麦制得的酸面团发酵生产酒精饮料。但早期的人们往往忽略了发酵过程中微生物所起的作用,工匠们仅是无意识地控制和利用微生物的作用,仅凭经验而得到终产品。只有到了现代,人们才认识到微生物在发酵过程中所起的重要作用,有些发酵只有单一微生物起作用,另一些是多种微生物共同作用,过程十分复杂,机制尚不完全清楚。这些发酵工艺的进一步研究,现代生物技术的进一步应用,将使食品工业得到突飞猛进的发展。

四、蛋白质工程与食品工业

20 世纪 80 年代初,随着蛋白质晶体学和结构生物学的发展,人类可以通过对蛋白质结构与功能的了解,借助计算机辅助设计,利用基因定位诱变等高新技术改造基因,以达到改进蛋白质某些性质的目的。这些技术的融合,促成了蛋白质工程这一新兴生物技术领域的诞生,为认识和改造蛋白质分子提供了强有力的手段。1982 年,Winter 等首次报道了通过基因定位诱变获得改性的酪氨酸 tRNA 合成酶;1983 年,Ulmer 在《科学》杂志上发表了以"Protein Engineering"(蛋白质工程)为题的专论,这标志着人们能按自己的意愿创造出适合人类需求的新基因,并能表达出具有不同功能的蛋白质。这是新一代的基因工程,因而蛋白质工程也被称为第二代基因工程。

蛋白质工程的基本内容和目的可以概括为:以蛋白质结构与功能为基础,通过化学和物理手段,对目标基因按预期设计进行修饰和改造,合成新的蛋白质;对现有的蛋白质加以定向改造、设计、构建,最终生产出比自然界存在的蛋白质功能更优良,更符合人类需求的功能蛋白质。蛋白质工程是在重组 DNA 方法用于"操纵"蛋白质结构之后发展起来的一个分子生物学分支。在一般意义上,所谓"工程",是指把纯科学知识变为实际应用的艺术和科学。但在实际研究工作中,应用研究与应用的基础理论研究很难截然分开,因为两者本来就是紧密结合在一起的。因此,蛋白质工程的范畴包括任何旨在把蛋白质知识变为实际应用的研究和方法,其核心是如何"操纵"蛋白质,以期弄清其结构与功能的关系,最终将之应用于实际。

五、细胞工程与食品工业

细胞工程是以细胞为基本单位,在体外条件下进行细胞培养、繁殖或人为地使细胞的某些遗传特性按人们的意愿发生改变,从而达到加速动植物个体繁育、改良品种、创造新品种及获得某些有用物质的目的。细胞工程技术研究的内容包括大规模细胞培养、细胞融合、细胞拆合、胚胎工程、染色体工程等。

细胞工程的发展与应用极大地推动了食品工业的发展,在酵母菌育种、氨基酸生产菌育种、酶制剂生产菌育种、食品添加剂生产等方面都有实际的应用。

六、生物技术与食品安全检测

食品质量安全问题受到社会广泛关注,仅靠常规的化学检测已不能满足快速判定的需要。一些简便、敏感、准确、省力、省成本的快速检测方法越来越多地被运用到食品安全检测中。近些年发展的生物技术检测方法因其特异的生物识别功能、极高的选择性,且精确、灵敏、快速、成本低廉,在食品科学领域中得到了广泛应用,尤其是在检测致病性微生物、转基因食品等方面不可或缺。近几年食品检测中常用的几种生物技术有核酸杂交、PCR、生物芯片、生物传感器等。

七、生物技术与食品工业"三废"治理

食品工业排放的废水量很大。由于食品工业的原料广泛,产品种类繁多,排出的废水水质、水量差异也很大。废水中含的主要污染物包括:漂浮在废水中的固体物质,如茶叶、肉和骨的碎屑、动物或鱼的内脏和排泄物、畜毛、植物的废渣和皮等;悬浮在废水中的油脂、蛋白质、淀粉、血水、酒糟、胶体物等;溶解在废水中的糖、酸、盐类等;来自原料夹带的泥沙和动物粪便等;可能存在的致病菌等。概括地说,食品工业废水的主要特点是有机物质和悬浮物含量高,易腐败,一般无毒性。

现代食品工业废水处理技术,按其作用原理可分为物理法、化学法、物理化学法和生物处理法四大类方法。

八、食品生物技术的其他应用

(一)生物防治保鲜

生物防治应用于保鲜,无环境污染、药物残留和连续使用的抗药性等问题,且储藏条件易控制,处理费用低。目前,生物防治在水果保鲜上有比较成功的例子,将病原菌的非致病株喷洒到水果上,可降低病害发生所引起的水果腐烂。如将绳状青霉菌喷到菠萝上,其腐烂率大为降低;草莓采前喷木霉菌,采后灰霉病的发病率大大降低。近年来,国外发现一种特异菌株——枯草杆菌的一个变种,它可产生效力很强的抗菌素,用它来防止果生链棱盘菌所引起的桃褐腐病,效果极佳。美国科学家从酵母和细菌中分离出一种能防止水果腐烂的菌株,可防止苹果的斑烂。

(二)遗传工程保鲜

目前,日本科学家已找到产生乙烯的基因,如果关闭这种基因,就可减小乙烯产生的速度,延缓果实的成熟,这样水果在室温下存放期可延长。国外的研究还发现:番茄后熟过程中细胞成分变化受基因的控制,有的品种缺少衰老基因,后熟慢;在油桃中也发现无成熟选株,能延迟脱落和着色,采后在 20℃ 的大气中能久藏不坏。因此,若通过基因的操作,控制后熟,利用 DNA 的重组和操作技术来修饰遗传信息,或用反义 DNA 技术来抑制成熟基因(如 PG 基因)的表达,可达到推迟水果成熟衰老,延长保鲜期的目的。

任务三　食品生物技术的特点与研究方向

一、食品生物技术的特点

（一）食品生产模式发生"绿色位移"

生命科学和生物技术的发展使农业和工业（特别是医药、食品、化工等领域）均发生着重大变革，农业和工业之间的界限日益模糊，"农工业"和"工农业"正悄然兴起。毫无疑问，生物时代农业将是食品工业的第一生产车间，在这个车间里虽仅能看到绿色的田野和悠闲的牛羊，听不到机器的轰鸣声，却能利用转基因动植物生产各种工业产品，如促红细胞生成素（EPO）、疫苗及各种生物活性成分等，即食品生产模式发生"绿色位移"。

（二）食品加工"重心前移"

组织培养、基因工程和细胞工程等生物技术的应用使食品产业的加工重点从生产后移到生产前甚至整个生产过程。目前，食品工业这种"重心前移"的趋势已日益明显，而且这种工作重心向"上游"的延伸更有利于食品安全和质量的保证。

（三）"食品安全"的内涵发生变化

新时代"食品安全"的内涵将发生重大变化，不仅包括传统意义上的"无毒"和"卫生"等概念，还包括转基因食品的安全问题，人们的食品安全意识将空前强化。人们将会把最新的科技成果应用于食品的安全研究，开发出新的分析监测技术检测转基因食品。

（四）食品产业实现综合利用和零排放

采用基因工程、细胞工程、酶工程和发酵工程等生物技术对食品工业的下脚料进行综合利用，消除"三废"的环境污染，实现"零排放"是21世纪食品工业的奋斗目标。

二、食品生物技术的研究方向

近年来，许多新兴的生物技术应用于食品生产与开发，促进了食品工业的飞速发展，主要体现在四个方面：一是利用基因工程、细胞工程技术对食品资源进行改造与改良；二是利用发酵工程、酶工程技术将农副原材料加工成商品，如酒类、调味品、酸奶类等发酵制品；三是利用生物技术对产品进行二次开发，形成新的产品，如许多功能性的低聚糖、食品添加剂等；四是利用酶工艺、发酵技术、生物反应器等对传统食品加工工艺进行改造，降低能耗、提高产率、改善食品品质。此外在与食品生产相关的领域，如食品包装、储藏、质量检测、"三废"处理等方面，生物技术也得到越来越广泛的应用。总之，生物技术在食品领域中有广阔市场和发展前景，将带来食品工业的新变革。

食品生物技术极大地促进了传统食品产业的改造和新兴产业的形成。当前，全球食品生物技术领域正呈现如下趋势：①各国政府已经越来越认识到食品生物技术在解决未来粮食与食物安全、资源短缺、环境污染等问题中具有巨大的潜力和作用,并不断加大在此领域内的投入;②更加重视研究与开发新型食品配料和添加剂以及功能性健康食品的生物制造;③注重运用现代生物技术来改造传统的食品产业,使其生产趋向于规范化和现代化;④更加关注食品生物技术应用领域内的安全检测和保障体系建设。

 项目小结

　　生物工程(生物技术)是以生命科学为基础,利用生物体系和工程学原理生产生物制品和创造新物种的一门综合技术。第一代生物技术是 19 世纪末到 20 世纪 30 年代以发酵产品为主干的工业微生物技术体系;第二代(近代)生物技术是以 20 世纪 40 年代抗菌素的提取、50 年代氨基酸发酵到 60 年代酶制剂工程为线索;第三代,即现代生物技术则是新型跨学科的应用技术领域,它是以世界上第一家生物技术公司的诞生(1976)为纪元。

　　食品生物技术是指以现代生命科学研究成果为基础,结合现代工程技术手段和其他学科的研究成果,用全新的方法和手段设计新型的食品和食品原料,以新型食品、配料的生物制造以及加工方式的生物技术变革为切入点,研究食品基因工程、酶工程、发酵工程、蛋白质工程、细胞工程和食品现代分子检测技术领域的前沿科学,重点研究功能性蛋白质和肽类、多糖和寡糖、功能性脂质和脂肪酸等重要生理活性食品的生物加工技术,以全面提升食品的营养、质量和安全性。

　　食品生物技术的特点包括食品生产模式发生"绿色位移",食品加工"重心前移","食品安全"的内涵发生变化,食品产业实现综合利用和零排放。

　　食品生物技术的研究方向主要体现在四个方面:一是利用基因工程、细胞工程技术对食品资源进行改造与改良;二是利用发酵工程、酶工程技术将农副原材料加工成商品;三是利用生物技术对产品进行二次开发,形成新的产品;四是利用酶工艺、发酵技术、生物反应器等对传统食品加工工艺进行改造,降低能耗、提高产率、改善食品品质。此外,在与食品生产相关的领域,如食品包装、储藏、质量检测、"三废"处理等方面,生物技术也得到越来越广泛的应用。

 复习思考题

一、名词解释
生物技术　食品生物技术
二、问答题
1. 生物技术的发展经历了哪几个阶段?
2. 食品生物技术有哪些特点?
3. 食品生物技术的研究内容有哪些?
4. 食品生物技术的发展趋势怎样?

项目二

基因工程及其在食品工业中的应用

知识目标

掌握基因工程的基本操作程序；掌握获得目的基因片段的方法；掌握DNA重组体转入受体细胞的方法；了解基因组文库的概念和构建程序；掌握利用质粒进行克隆的过程。了解基因工程在食品加工原料方面的应用；掌握基因工程在改造传统的发酵工业菌种方面的应用；掌握基因工程在改善食品加工工艺方面的应用；了解基因工程在开发和生产新一代食品方面的应用。

能力目标

让学生通过了解世界最前沿技术，追踪社会热点，提高收集、处理信息的能力，提高语言表达能力和信息交流能力，培养独立动手能力和科学态度。增强学生爱科学、学科学的情感和建设祖国的社会责任感，并且建立起知识创造价值，知识为人类服务，使人类生活质量更好的美好愿望。

任务一　基因工程概述

一、基因工程的发展史

基因工程（gene engineering），又称体外重组DNA技术（recombinant DNA technique）、基因克隆（gene cloning）或分子克隆（molecular cloning），是遗传分子水平上的遗传工程，是20世纪70年代初期在分子遗传学基础上发展起来的一个崭新领域，是一门能人工地定向改造生物遗传性状的育种新技术。

基因工程的最大威力在于它能使带有各种遗传信息的DNA片段，通过不同生物间特异的细胞壁而组入完全不同的生物体内，定向地控制、修饰和改变生物体的遗传和变异,从而创造出自然界没有的具有新遗传性状的生物新品种,并合成出人们需要的新产物。因此,基因工程技术自问世以来,经过 40 年的发展历程,无论是在基础理论领域,还是在生产实际应用方面,都已经取得了惊人的成就。它不仅使整个生命科学的研究发生了前所未有的深刻变化,而且给世界各国的医疗业、制药业、农业、畜牧业、环保业以及食品加工业的发展开辟了广阔的前景,为人类带来了巨大的经济效益和社会效益。基因工程技术已经展示出它在生产应用上的无限发展前景,在新的世纪将呈现出更加强劲的蓬勃发展态势。

现代生物学在理论方面的三个重要的发现和在技术方面的三个重要成果对基因工程的诞生起到了决定性的作用。

(一) 理论上的三个重要发现

1. 生物的主要遗传物质——DNA 的发现

1934 年,艾弗里(Avery)在一次学术会议上,首次报道了有关肺炎球菌实验的研究结果,但并未得到重视。10 年以后,这一重要的科研成果才被公开发表。艾弗里工作的意义在于证明了 DNA 是生物的遗传物质,同时说明 DNA 可以将细菌的性状传给另一个细菌。可以说艾弗里的工作是现代生物科学的开端。

2. DNA 双螺旋结构和半保留复制机制的建立

1953 年,沃森和克里克首次提出了 DNA 的双螺旋结构和半保留复制的机理。这一重大的科学发现大大地促进了现代生物科学的发展。

3. 遗传信息传递方式的确立

20 世纪 60 年代,以尼然博格(Nirenberg)、奥科(Ochoa)和霍拉纳(Khorana)等为代表的一批科学家,经过大量的工作和艰苦的努力,破译了遗传密码,确立了遗传信息的传递方式。至 1966 年,全部 64 个遗传密码被破译,并排出密码字典,提出了中心法则,为基因工程的诞生奠定了理论基础。

(二) 技术上的三个重要成果

1. 基因工程的工具酶

基因工程是一门综合性的生物技术,仅有理论上对遗传物质的认识和了解还不够。如何将庞大的 DNA 分子进行切割并重新组装是生物科学家们遇到的一个大难题。

1966 年,科学家发现了 DNA 连接酶。1970 年,史密斯(Smith)和威尔科克斯(Wilcox)在流感嗜血杆菌(*Haemophilus*)中分离并纯化了限制性内切酶 *Hind* Ⅲ,使 DNA 分子的切割成为可能。1972 年,核酸内切酶 *EcoR* Ⅰ 被博耶实验室发现并纯化。1979 年,鲍梯摩尔(Baltimore)和特米恩(Temin)领导的两个实验小组分别在各自的工作中发现了逆转录酶。这一成果的重要意义在于打破了中心法则 DNA→RNA→蛋白质的模式,使真核基因的制备成为可能。

2. 基因工程的载体

工具酶的发现和纯化只解决了 DNA 分子的切割和连接问题,但大多数 DNA 片段并不具备自我复制的功能,使 DNA 体外重组仍然存在问题。为了使 DNA 片段能在宿主细胞中得以扩增,必须将其接到一个特定的能够进行自我复制的载体分子上。莱德博格

(Lederberg)从20世纪40年代到60年代,相继发现了一些质粒,比如抗药性因子(R因子)和大肠杆菌因子(CoE),这些工作都为基因工程载体系统的建立打下了基础。

3. 基因的体外重组

1972年,美国斯坦福大学的博格(Berg)研究小组利用限制性内切酶 $EcoR$ Ⅰ和 T4DNA 连接酶成功进行了首例基因体外重组实验,获得了包含猿猴病毒 SV40 和人 DNA 重组的杂种分子。1973年,科恩等人用 $EcoR$ Ⅰ内切酶处理大肠杆菌的抗四环素和抗新霉素及磺胺的质粒,并连接成一个新的重组质粒,将这种工程化的质粒转入大肠杆菌之中,在含有四环素和新霉素的平板中筛选出了重组菌落。重组子转化的成功标志着基因工程的诞生。

二、基因工程的研究内容

(一) 基因工程的概念

什么是基因工程?关于基因工程并没有一个统一的定义。广义上是指核酸分子经体外加工,将不同来源的基因按照设计组成新的基因组,再把它引入宿主细胞中,使之表达的技术。简单地可归纳为:通过体外基因操作,引起生物遗传性状改变的技术。基因工程也可称为基因克隆。克隆(clone)又称无性繁殖。"克隆"一词当做名词使用时,是指从一个共同祖先无性繁殖下来的一群遗传上同一的 DNA 分子、细胞或个体所组成的特殊的生命群体;当"克隆"用做动词时,则是指从同一个祖先产生这类同一的 DNA 分子群体、细胞群体或个体群体的过程。应用克隆技术可以大量高纯度地制造无性繁殖基因及其产物。

(二) 基因工程的研究内容

基因工程的研究内容如下。

1. 特定目的基因的分离或合成

所谓目的基因,是指人们想要改造的基因。基因工程的第一步就是要获得目的基因片段。使用的方法有分离法和合成法。

2. 构建重组 DNA 分子

在体外,用限制性内切酶处理目的基因片段和载体 DNA 片段。在连接酶的作用下将两个片段连接起来,形成重组 DNA 分子,又称重组子。

3. 转化宿主细胞

将重组 DNA 分子转入宿主细胞。重组 DNA 在细胞中利用其中的物质来进行自我繁殖。

4. 筛选重组 DNA 菌落

转化后的宿主细胞经过培养可产生大量细胞繁殖群体,即菌落。其中,有一部分菌落带有重组体,一部分是未被转化的原细胞菌落。必须将带有重组体的菌落用某种方法分离出来。

5. 目的基因的有效表达

目的基因在宿主细胞中得到了增殖并不意味着实验的成功。实验的最终目的是获得目的基因的表达产物,而目的基因的表达产物很容易被降解或出现低表达率,特别是真核基因在原核生物中的表达。

三、基因工程的特点

从实质上讲,基因工程的定义强调了外源 DNA 分子的新组合被引入一种新的寄主生物中进行繁殖。这种 DNA 分子的新组合是按工程学的方法进行设计和操作的,这就赋予基因工程跨越天然物种屏障的能力,克服了固有的生物种间限制,扩大和带来了定向创造生物的可能性,这是基因工程的最大特点。

基因工程技术与其他育种技术相比,具有如下特点。

(1) 能像工程一样按照人们的意愿事先设计和控制。

基因工程不仅可预知某一基因的改变,而且可以及早纠正,可以有计划、有目的地构建基因,所以基因工程育种是比较定向的。此外,基因工程育种的每一步变化均可检测,保证了产品的纯度和安全性。因此,应用基因工程技术,使生物科学工作者能将遗传物质按人们的意愿进行周密设计和人工操纵,为进一步研究基因的结构、功能、表达和调控等提供了一个划时代的有效手段。

(2) 是人工的、离体的分子水平上所进行的遗传重组。

基因工程技术有能力在极端错综复杂的生物细胞内取出所需基因,并能人为地将此目的基因在试管内进行剪切、拼接、重组并转化到受体细胞中,经无性繁殖能增产出数百数千倍的新型蛋白质(主要是各种多肽和蛋白质类生物药物),这是基因工程最突出的优越性。

(3) 能在动植物和微生物间进行任意的定向的超远缘杂交。

基因工程的最大威力在于它能使带有支配各种各样遗传信息 DNA 片段,越过不同生物间特异的细胞壁而导入完全不同的没有亲缘关系的生物体内,能定向地控制、修饰和改变生物的遗传和变异。因而完全有可能创造出前所未有的具有新的遗传性状的生物新类型,使育种工作产生革命性变化。

四、基因工程的基本操作程序

基因工程的基本操作程序主要包括五方面的内容:①带有目的基因的 DNA 片段的制备;②DNA 片段与载体 DNA 体外重组;③DNA 重组体转入受体细胞;④重组体克隆的筛选与鉴定;⑤外源基因的表达。

基因工程的操作流程如图 2-1 所示。

(一) 带有目的基因的 DNA 片段的制备

制备 DNA 片段可通过两个途径:一是从已有的生物基因组中分离;二是人工合成。

1. 从已有的生物基因组中分离

完成这一步骤有三种主要的方法,即限制酶(即限制性内切酶)法、mRNA 或 cDNA 钓取法和分离法。

(1) 限制酶法 生物的基因组中含有各种各样的基因,这些成千上万的基因(人类的

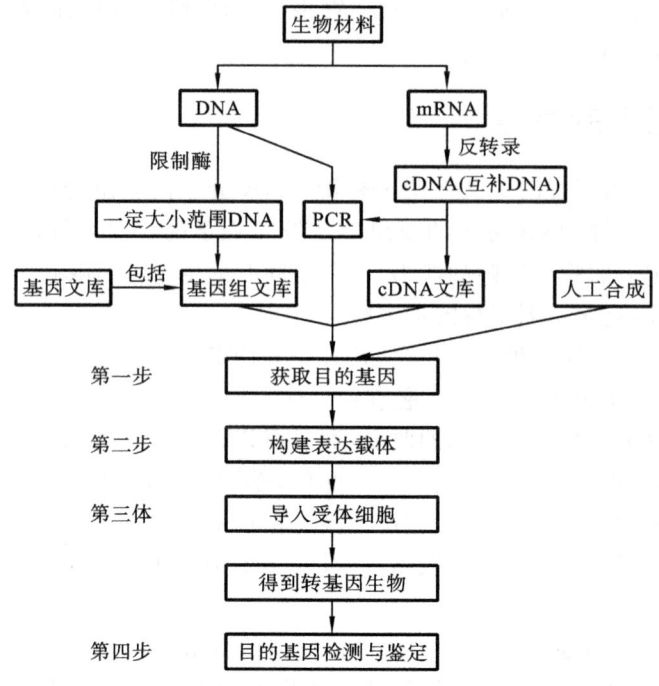

图 2-1　基因工程操作流程图

基因组约有 10 万个基因)同存于一个 DNA 分子中,要把某一特定的基因识别并分离出来是非常困难的。限制酶的应用是分离基因技术的一大突破。限制酶能在特定的核苷酸序列处切断双链 DNA,把 DNA 分子切成许多带有一定序列的片段。如果这些片段平均长度能达到几千个核苷酸,在一个片段中便可能包含一个目的基因。

　　直接分离基因最常用的方法是"鸟枪法(shoot gun)",又叫"霰弹射击法"。这种方法犹如用猎枪发射的霰弹打鸟,无论哪一颗弹粒击中目标,都能把鸟打下来。"鸟枪法"的具体做法是:用限制酶将供体细胞中的 DNA 切成许多片段,将这些片段分别载入载体,然后通过载体分别导入不同的受体细胞,让供体细胞所提供的 DNA(外源 DNA)的所有片段分别在受体细胞中大量复制(在遗传学中叫做扩增),从中找出含有目的基因的细胞,再用一定的方法把带有目的基因的 DNA 片段分离出来。如许多抗虫、抗病毒的基因都可以用上述方法获得。

　　用"鸟枪法"获取目的基因的优点是操作简便,缺点是工作量大,具有一定的盲目性。应用此种方法,曾分离过蚕丝蛋白、鸡卵蛋白、兔和鼠的 β 株等基因,以及人生长激素、人生长催乳激素的基因片段和 rRNA 等基因。

　　(2) mRNA 或 cDNA 钓取法　这种方法是利用 mRNA 或 cDNA 钓取含有相应基因的 DNA 片段的方法。第一步,获得相应的 mRNA;第二步,在反转录酶的作用下体外合成 cDNA;第三步,用 cDNA 来钓取目的基因片段。什么是 cDNA 呢? cDNA 是一种能与纯 mRNA 互补,由反转录酶合成的 DNA,它在分子杂交的研究中可用来作为十分敏感的和特异的探针。cDNA 能区别具有高度相似性的核苷酸序列,可以作为鉴定任何含有反转录顺序的 RNA 群体纯度的一种方法。

1976 年,威斯曼(Weissman)就是用这种方法获得了珠蛋白基因片段。

(3)分离法 有一些基因在碱基组成上与总 DNA 有明显的区别,所以就可以利用物理性质的差别将这些基因从总 DNA 中分离出来。例如,在一基因组中有多拷贝基因,这种基因在 CsCl 或 Cs_2SO_4 密度梯度离心时,相应的 DNA 可形成一种区别于主要 DNA 带的"卫星带"。利用这一特性,便可将其从总 DNA 中分离出来。

利用这种方法曾分离出了第一个真核基因——南非爪蟾核糖体 RNA 基因。

2. 人工合成法

人工合成带有目的基因的 DNA 片段有两种方法,即酶合成法和化学合成法。

(1)酶合成法 酶合成法是以 mRNA 为模板,用反转录酶合成全长或接近全长的 cDNA,然后进行克隆。这是真核基因的常用方法。

酶合成法的整个过程包括以下几个步骤。

① 以 polyA＋RNA 为模板,以脱氧胸腺嘧啶作引物加入四种三磷酸脱氧核苷(dNTPs),在反转录酶作用下合成第一条 DNA 互补链,这条链的末端会弯回形成一个发卡结构。

② 碱处理降解 RNA·DNA 杂合双链中的 RNA 模板链。

③ 以第一条 cDNA 链为模板,以发卡结构作为引物,在反转录酶或 DNA 聚合酶Ⅰ的作用下,加入四种三磷酸脱氧核苷,合成第二条 DNA 链。

④ 用能特异切除单链的 SⅠ酶切除发卡环部分,得到双链的 cDNA,最后进行克隆。

酶合成法合成 cDNA 过程如图 2-2 所示。

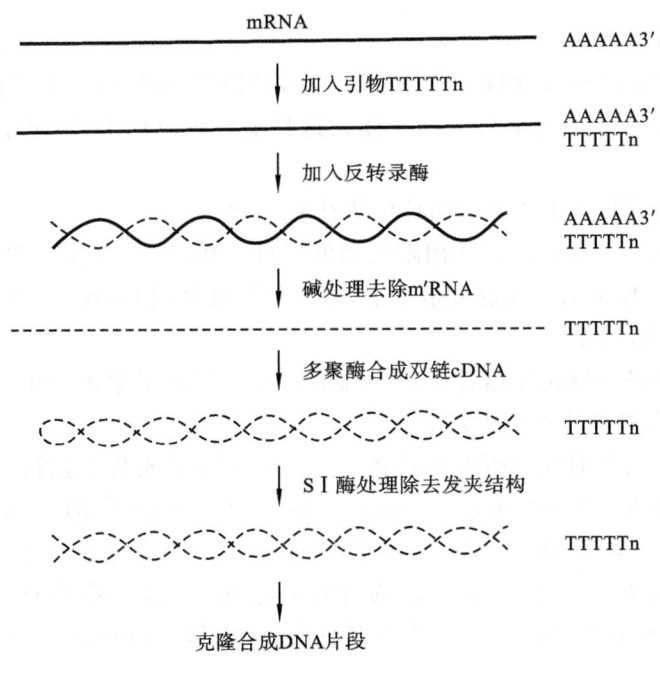

图 2-2 酶合成法合成 cDNA

(2)化学合成法 合成基因的另一个途径是利用化学合成的方法或化学法与酶合成

法相结合来实现的。

1972 年,霍拉纳等人用化学法合成了酵母丙氨酸 tRNA 的结构或基因,但未实现表达。在此之后他们又开始进行大肠杆菌酪氨酸校正 tRNA 前体基因的合成,于 1979 年完成。20 世纪 80 年代,DNA 的结构分析手段和重组 DNA 技术迅速发展,大大促进了化学合成的发展。DNA 合成仪的问世,使任何 DNA 片段的合成都成为可能。目前,在市场上可以买到许多合成基因,例如胰岛素基因、干扰素基因、乳糖操纵基因等。

(二) DNA 片段与载体 DNA 体外重组

分离得到带有目的基因的 DNA 片段后,要选择一种自我复制的复制子 DNA 作为载体,在体外进行人工重组,以便导入受体细胞。被用做 DNA 载体的有质粒、噬菌体和黏粒等,这些载体很重要。DNA 片段与载体 DNA 的体外重组首先是使用某种方法将 DNA 分子进行剪切,然后进行两种 DNA 分子的连接。

1. DNA 分子的剪切

这一步骤是将带有目的基因的 DNA 片段和载体 DNA 同时使用某种方法进行处理,创造一种可将它们连接起来的条件。

最常用的方法是使用限制酶进行剪切。20 世纪 70 年代以前,人们还没有办法将双链 DNA 分子切成彼此分离的片段。自从 1970 年在流感嗜血杆菌中发现了第一种限制酶——*Hind* Ⅲ,这一问题便得到了解决。

除了用限制酶剪切 DNA 分子外,还可用特异的核酸内切酶处理、化学降解和机械剪切等方法。

2. DNA 分子的连接

带有目的基因的 DNA 片段与载体 DNA 在用限制酶剪切后产生了黏性末端,两者在末端处相结合形成了一个有缺口的结合体。这种缺口可以用 DNA 连接酶缝补,形成一个完整的双链。

将 DNA 片段连接成为人工重组体的方法有三种。

(1)黏末端法 这种方法是使用限制酶处理目的基因 DNA 片段和载体 DNA 片段,产生相同的单股黏性末端。在退火条件下,末端单股碱基配对,在 DNA 连接酶的作用下形成一个新的 DNA 分子。

退火(anneal)是一种在加热后逐渐冷却的过程。在分子遗传学中,应用在不同来源的核苷酸形成杂合核酸分子的研究中。

(2)接尾法 有的时候,DNA 不具备产生黏性末端的条件,这就需要采用某种方法在 DNA 片段上制造一个黏性末端。例如,在目的基因片段的 3′端加上单股的 poly dT 或 dC,这样利用 A═T 和 G≡C 碱基配对,可以使两种 DNA 片段连接起来。

(3)人工接头法 使用人工接头法的目的也是为两种拟连接的 DNA 片段制造连接的条件。目前,使用较普遍的人工接头有三种类型,即接头(linker)、衔接子(adaptor)和克隆盒(clone box)。

① 接头 接头是人工合成的含有一种或几种限制内切酶位点的平头末端双链 DNA 片断。分子的序列中设计有一个特异的限制酶识别位点。图 2-3 所示为一个 *Eco*R Ⅰ接头。

使用这种接头，可以使一个平端的插入序列片段进入具有 $EcoR$ Ⅰ克隆位点的载体。接头本身是平端分子，在 T4 DNA 连接酶的作用下，可以与插入序列连接起来。尽管平端连接的效率低，但是有过量的接头可以解决这个问题。然后，用一种合适的限制性酶（如 $EcoR$ Ⅰ）处理连有接头的插入片段，使其端部产生黏性末端。接下来就可以用常规方法将插入片段克隆入载体了。整个过程总结于图 2-4 中。

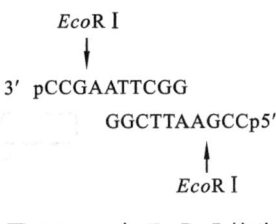

图 2-3　一个 $EcoR$ Ⅰ接头

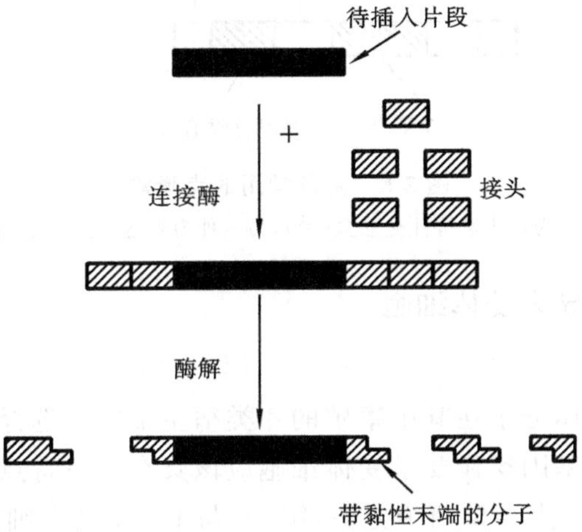

图 2-4　利用 $EcoR$ Ⅰ接头进行克隆

② 衔接子　衔接子是一种带有黏性末端的 DNA 片段。有的衔接子一侧为平端，另一侧为黏端。这种衔接子接到一个平端分子上便可使后者形成一个黏端。有的衔接子的两端为黏端，接到一个已有黏端的分子上，可改变原有黏端的性质。

③ 克隆盒　克隆盒是一种接头和其他序列的结合体。最简单的形式是两侧为含有多克隆位点的 DNA 片段，中间是一种抗生素抗性基因。在基因操作中，根据不同的用途使用不同的克隆盒。图 2-5 所示为两种常用的克隆盒。

总之，利用人工接头法，几乎可以使所有的 DNA 片段插入现有的载体分子中去进行无性繁殖。

3. 碱性磷酸酶的作用

在 DNA 分子的连接过程中，常常要使用碱性磷酸酶。使用这种酶的目的是防止 DNA 分子片段发生自我连接。

碱性磷酸酶具有从核酸分子中去除 5′末端磷酸基的能力。因此，用碱性磷酸酶处理载体，去除了连接所必需的磷酸基团，载体 DNA 分子自身的连接就不可能发生了。在实际操作中，碱性磷酸酶的处理是在载体 DNA 已被酶切后和与插入序列连接前进行的。在加入插入 DNA 片段之前，载体 DNA 溶液中磷酸酶应去除干净，否则插入的 DNA 也会被脱磷酸，而影响连接反应。如果使用的碱性磷酸酶在 75 ℃条件下持续处理几分钟，便会使磷酸酶失活。若继续使用酚和氯仿去除蛋白质，会使 DNA 溶液中任何酶的活性降到最低。

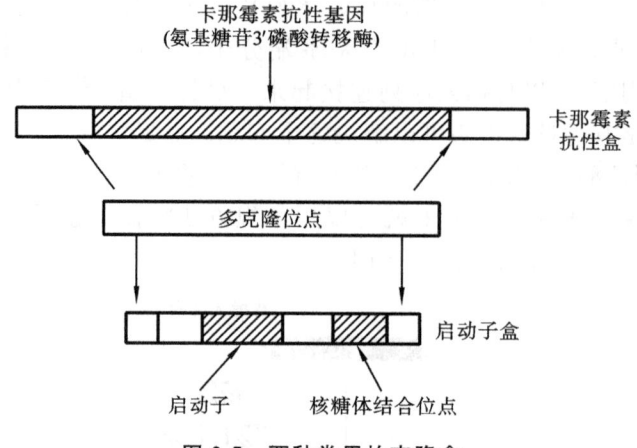

图 2-5　两种常用的克隆盒

一种为抗生素抗性克隆盒(上),另一种为表达型克隆盒(下)

(三) DNA 重组体导入受体细胞

1. 受体细胞

受体细胞是指重组体分子在其中繁殖的一类宿主细胞。选择合适的受体细胞和选择正确的载体一样重要。基因操作要求受体细胞应该具有以下特点。

(1) 高转化率　这一点涉及两个方面:第一,与 DNA 进入细胞的能力有关;第二,与细胞内 DNA 降解系统的存在和缺失有关。

(2) 保持质粒稳定　一个重组体一旦进入宿主细胞,便会遇到细胞的限制酶系统的限制。假设它成功地避免了一切限制酶的作用,并有一个合适的复制起点,也仍然不能长时间地维持正常的生存。这是因为会发生重组体的重排,重排的结果可能造成部分分子的缺失。所以在宿主细胞中具有抑制重排(或重组)的突变将有助于保证转化分子的稳定性。

(3) 营养缺陷型　为了避免带有重组体的宿主细胞在实验室外繁殖,应该优先选择具有某些突变的品系。常常选用营养缺陷性的菌株作为受体细胞,即必须在培养基中添加某种特殊的代谢物,菌株才能进行繁殖。

(4) 其他标记　受体细胞具有某种遗传性标记是非常有用的,可以用标记来识别正确的菌株。通常选用易于选择的标记,例如,抗生素抗性。但是,应该注意受体细胞的抗生素抗性等标记需要与使用过的载体上的标记不同。

2. DNA 重组体导入受体细胞

下面以质粒为载体的重组体为例,介绍重组 DNA 分子是如何进入受体细胞的。主要的途径被称为转化(transformation)。转化是细胞直接吸收裸 DNA 的途径。在许多细菌种类中,转化是增加基因组多样性的重要自然途径。具有吸收裸 DNA 的能力的状态称为感受态(competence)。自然的转化常发生在生长的特殊阶段(如稳定期),并且与称为感受态蛋白(competence proteins)的一类蛋白质的合成诱导有联系。

进行基因操作时,必须人为地诱导像大肠杆菌这样的受体细胞进入感受态,主要有以下两种途径。

（1）化学处理　感受态的化学诱导传统上包括低温（水浴）处理和二价阳离子非生理浓度处理，随后是短暂的热击。这种方法的应用机理还不清楚。最简单的方法是用 $CaCl_2$ 溶液处理受体细胞。通常如果 5% 的受体细胞处于感受态，那么每微克的 pBR322（一种常用的质粒载体）可产生 10^9 个转化体。

（2）电击法　用高压电击的处理方法也能使细胞吸收 DNA 分子，这种方法又称为电穿孔法（electroporation）。电击可以导致细胞膜的去极化，而形成孔洞。当然，电击的后果也可能造成细胞组分的丢失。这种方法的效率很高，每微克 DNA 可产生 5×10^{10} 个转化体。

除了转化，DNA 重组体还可以通过接合和噬菌体感染两个自然过程进入受体细胞。另外还有一种被称为"biolistic"的方法，DNA 被包被在一个小的发射弹表面，像子弹一样被射入靶细胞。

（四）重组体克隆的筛选和鉴定

重组体克隆的筛选与鉴定方法较多，这里介绍两种较为常用的方法。

1. 表型直接筛选法

这种方法是利用载体的遗传标记、噬菌斑的形成等特点来选择重组子。下面举例说明。

一般质粒载体上都具有抗药性标记。外源 DNA 插入载体 DNA 的某一抗药性基因的酶切位点中，便引起了这一抗药性基因的失活。例如，pBR322 的 *Pst* I 位点插入外源 DNA 后会引起抗氨苄青霉素基因失活；在 *Hind* III、*Bam*H I 和 *Sal* I 位点插入，可引起抗四环素能力的丧失。人们可以在药物选择平板上根据抗性的消失来选出重组体。

2. 菌落或噬菌斑原位杂交

在筛选和鉴定基因文库中的某一特定 DNA 重组体克隆时，常用的方法是菌落或噬菌斑的原位杂交。方法是将菌体或噬菌斑从培养平板转移到硝基纤维膜上；然后用溶菌酶来处理膜，使 DNA 释放出来；经过变性和烘干过程，将 DNA 固定在膜上；用 ^{32}P 标记的探针 DNA 与膜上的 DNA 进行杂交；通过放射与显影，确定要选择的菌落。

除了以上介绍的两种方法外，还有免疫化学法、遗传互补法等方法。在筛选出重组体后，还必须将重组 DNA 作进一步的鉴定。一般的鉴定方法有 DNA 测序、凝胶电泳分析和电镜观察等。

（五）外源基因的表达

外源基因的表达是基因操作的重要组成部分。成功的表达是基因操作的目的，其标准是外源基因在表达体系中，既能保持原来的生物活性又能高效地产生蛋白质。

目前使用的表达体系有三种，即大肠杆菌、酵母菌和哺乳动物细胞。大肠杆菌表达体系研究较深入，是最早得到应用的表达体系。真核细胞表达体系建立较晚，下面重点介绍原核细胞的表达体系。

1. 启动子（promoter）

启动子是能与 DNA 聚合酶全酶相结合，并决定 RNA 合成速度的一段特定的调控序

列。原核基因的功能单位是操作子系统,一组编码蛋白质的结构基因受控于启动子和操纵基因(operon gene)。一个操纵子的基因转录是由 RNA 作用于启动子开始的。

不同的启动子都有保守的共同序列,包括 RNA 聚合酶识别和结合位点。mRNA 合成的第一个核苷酸位置用 +1 表示,转录方向的核苷酸次序用正值表示,上游区域序列则用负值表示。启动子内保守的共同序列主要集中在 −10 和 −35 两个区域。

(1) −10 序列(Pribnow box) 绝大多数的原核基因的启动子中,在转录开始位点上游 −10 区域都可以识别一个 6 bp 序列,即 TATAAT 序列。这段序列大致出现在 −13~ −4 bp,位置有时略有变化,这一序列被称为 −10 序列或普里卜诺框(Pribnow box)。这段序列的每一个核苷酸并不是永久不变的,但是出现的频率很高,其保守性在 45%~ 96%,$T_{80}A_{95}T_{45}A_{60}A_{50}T_{96}$,其中数字表示出现频率的百分数。

−10 序列的功能为 RNA 聚合酶牢固结合的位点,是启动子的关键部位。

(2) −35 序列(Sexfama box) RNA 聚合酶的结合位点需要向上游延伸一段区域,在 −35 区域是一段必要的保守序列,被称为 −35 序列,其序列是 TTGACA,保守性程度为 $T_{82}T_{84}G_{78}A_{65}C_{64}A_{45}$。

−35 序列的功能是原核 RNA 聚合酶全酶依靠 λ 因子的初始识别位点。这一序列的核苷酸结构在很大程度上结合了启动子的强度。

(3) 启动子的种类 大肠杆菌的不同启动子具有不同的功能。强启动子起始合成 mRNA 的效率较高,弱启动子则效率较低。要使外源基因在大肠杆菌中获得高效表达,必须将它置于强启动子控制之下。

目前常用的启动子有以下几种。

① lac 启动子(乳酸启动子) 这是一个中等强度的启动子。受阻遏蛋白的调控,可被诱导物 IPTG(异丙基-β-D-硫代半乳糖苷)所诱导启动子下游的基因进行转录。

② trp 启动子(色氨酸启动子) 启动子受阻遏物色氨酸的调控,在细菌培养物中加入 3′-吲哚乙酸(IAA)或 3-β-吲哚丙烯酸可以去阻遏。色氨酸的缺乏能诱导该基因工作,当色氨酸达到一定浓度时又能阻遏 trp 启动子。启动强度属中等。

③ tac 启动子 这是一种组合的启动子,它是由 trp 的 −35 区、lac 的 −10 区和 lac 操纵基因组合而成的。受阻遏蛋白的阻遏,需要 IPTG 才能表达。作用强度比 trp 启动子和 lac 启动子要高出许多倍。

④ λPL 启动子 这是一种常用的启动子,它受 cI 阻遏蛋白的调控,在 cIts857 溶源性细菌中,32 ℃ 时 cI 基因可以正常地表达,抑制了 λPL 启动子的工作。在温度为 42 ℃ 时,cI 基因不能表达,λPL 的抑制被解除。这样可以利用温度的变化来控制基因的状态。

2. 核糖体结合位点

对于外源基因,在宿主细胞中的高效表达非常重要。一个外源基因的表达,首先要确保这一基因的 mRNA 与核糖体形成一种翻译起始复合物。大肠杆菌 mRNA 的核糖体结合位点由两部分组成:① 起始密码子 AUG;② SD 序列。SD 序列(Shine-Dalgarno-sequence)是细菌 mRNA 翻译起点上游与 16S rRNA 互补的序列。SD 序列是 mRNA 能否与核糖体结合的关键。每个原核基因都有它的特异性 SD 序列。SD 序列与共同序列之间的差异以及与 AUG 的距离是影响翻译效率的重要因素。所以,将启动子的结构及

SD 序列称为原核基因表达的重要元件。

有三个主要因素能够影响 mRNA 在大肠杆菌中的翻译效率：

（1）SD 序列与 AUG（或 ATG）之间的距离以及其间的核苷酸序列；

（2）mRNA 中 SD 序列与 16S rRNA3′端的互补程度；

（3）AUG 两侧－20～＋13 之间的核苷酸序列。

由于 mRNA 5′端区域形成的二级结构可以影响其与核糖体的结合，在选择外源基因 N 端氨基酸密码子时，应尽量避免在 mRNA 5′端形成二级结构。

3. 真核基因在大肠杆菌体系中的表达

真核基因在大肠杆菌中的表达应具备以下三个条件：

（1）真核基因的编码区不被内含子隔开；

（2）真核基因应被置于大肠杆菌启动子下游的有效控制之下，使 RNA 聚合酶在识别启动子后能有效地进行转录；

（3）真核基因的 mRNA 必须能被大肠杆菌核糖体有效地翻译。

外源基因的表达产物常常被宿主酶系统迅速地分解，使产物的得率很低。后来，有人发现以融合蛋白形式出现的表达产物可以在某种程度上解决这一问题。

外源基因在大肠杆菌中的表达形式主要有三种。

（1）非融合基因—非融合蛋白 这种形式的载体结构框架为：原核启动子—SD 序列—ATG—真核结构基因—终止密码子。

真核基因从起始密码子 ATG 开始受到原核调控元件的控制，ATG 通过适当的限制性酶切位点与真核基因连接。使用人工接头，可以保证真核基因保持原有的阅读框架，其产物的 N 端不会含有细菌的多肽序列。

（2）融合基因—融合蛋白 载体结构框架为：原核启动子—原核 SD 序列—原核起始密码子—原核结构基因—真核结构基因—原核终止密码子。

以这种方式形成的蛋白是一种融合蛋白。这种融合蛋白可以增加真核蛋白在细菌细胞中的稳定性。还可以利用细菌分泌蛋白的信号肽，使表达产物能够分泌。采用这种方式时，应该注意保持真核基因的阅读框架与原核基因的相符合。

（3）融合基因—非融合蛋白 载体结构框架为：原核启动子—SD 序列—原核 ATG—原核结构基因—TGATG—真核结构基因—终止密码子。

在这种形式的设计中，巧妙地利用了 TGATG 这一结构。结构中的 TGA 可以终止前面原核基因序列的翻译，ATG 启动真核基因的翻译。第二个 ATG 启动的翻译效率比第一个 ATG 的效率高 6 倍。

人类干扰素基因在大肠杆菌中的克隆和表达就是采用了这种方式。

五、基因工程的工具酶

基因工程的重要特点之一是在体外实行 DNA 分子的切割、修饰、加工与连接等操作。因此，要使基因工程得以实施，首先要为体外 DNA 分子提供一系列的工具酶。这些工具酶是分子生物学家在 DNA 操作过程中必不可少的基本工具，其中最为重要的是能

在特异性的碱基序列部位切割 DNA 分子的限制性核酸内切酶和能将两条 DNA 分子或片段连接起来的 DNA 连接酶以及合成基因或其中一个片段的 DNA 聚合酶。基因工程中所要用的酶统称为工具酶。

基因工程涉及众多的工具酶,可粗略地分为限制酶、连接酶、聚合酶和修饰酶四大类。其中,以限制性核酸内切酶和 DNA 连接酶在分子克隆中的作用最为突出。

随着越来越多的酶分子被人们所发现,这类工具酶的数量和用途不断增加,而人们对酶反应的细节也有了进一步的了解。许多厂商已经能够生产并广泛供应各种优质的工具酶。这种进展不仅大大简化了分子克隆的操作,而且拓宽了基因工程的研究领域。

下面介绍常用的几种工具酶。

(一) DNA 限制性内切酶

1. 限制性内切酶

它是生物体内能识别并切割特异的双链 DNA 序列的一种内切核酸酶。它是可以将外来的 DNA 切断的酶,即这种酶能够限制异源 DNA 的侵入并使之失去活力,但对自己的 DNA 无损害作用,这样可以保护细胞原有的遗传信息。这种切割作用是在 DNA 分子内部进行的,故名限制性内切酶(简称限制酶),主要是从原核生物中分离纯化出来的。

2. 限制性内切酶的种类

限制性核酸内切酶是一类专一性很强的核酸内切酶,与一般的 DNA 水解酶不同之处在于它们对碱基作用的专一性以及对磷酸二酯键的断裂方式上,具有一些特殊的性质。它们在基因的分离、DNA 结构分析、载体的改造及重组中均起着重要的作用。内切酶品种多,使用时应注意温度、缓冲液用量等反应条件。

根据限制性核酸内切酶的限制和修饰活性、相对分子质量、酶蛋白结构、切割位点及限制作用所需的辅助因子等,目前已经鉴定出三种不同类型的限制性核酸内切酶,即 I 型限制酶、II 型限制酶和 III 型限制酶。

(1) I 型限制酶 它是早期提取的酶类,一般是大型的多亚基蛋白质复合物,相对分子质量大,在 30 万左右,需要 Mg^{2+}、ATP 和辅助因子才能表现出正常的限制活性。虽然 I 型限制酶也能够识别 DNA 分子中特定的核苷酸序列,但由于它们的切割点基本是随机的,因此在基因克隆中没有什么实用价值。

(2) II 型限制酶 只有一种多肽,相对分子质量较小,为 2 万～10 万,是简单的单功能酶,作用时不需辅助因子或只需 Mg^{2+}。它能识别双链 DNA 上特异的核苷酸序列,底物作用的专一性强,而且其识别序列与切割序列相一致,切割后形成一定长度和顺序的 DNA 片段。因此,II 型限制酶对于 DNA 操作是极为重要的。据统计,迄今已经从各种不同的微生物当中,分离出了 2 000 多种 II 型限制性 DNA 内切酶,可识别 200 多种不同的 DNA 序列。在基因操作中,一般所说的限制酶,除非特指,均指 II 型核酸制限酶。 II 型核酸制限酶具有以下特点:

① 内切酶活性与甲基化酶活性分开;

② 需 Mg^{2+} 激活,但不需 ATP 辅助因子;

③ 特异识别，识别序列一般 4～6 bp，偶尔 7 bp；

④ 识别顺序往往有回文结构（指该部位的核苷酸序列呈 180°反向重复）；

⑤ 特异切割，切口有平切和错切两种类型。

（3）Ⅲ型限制酶　介于Ⅰ型限制酶和Ⅱ型限制酶之间，数量相当少，也需要在 Mg^{2+}、ATP 和辅助因子的条件下才能呈现出对 DNA 分子的切割活性。Ⅲ型限制酶的识别序列是非对称性的，它如同Ⅰ型限制酶一样，在基因操作中没有什么实际意义。

3. 限制性核酸内切酶的应用

通过切割不同来源 DNA 双链的特异碱基序列，产生含有黏性末端或平端的、长度不同的 DNA 片段。用于 DNA 重组、制备探针、分子杂交、DNA 序列分析等。

（二）连接酶

1. DNA 连接酶的性质

要将不同来源的 DNA 片段组成新的杂种 DNA 分子，必须将它们彼此连接并封闭起来。能将两段 DNA 拼接起来的酶称为 DNA 连接酶（DNA ligase）。它是一种封闭 DNA 链上缺口酶，借助 ATP 或 NAD 水解提供的能量催化 DNA 链的 5′-磷酸基团与另一 DNA 链的 3′-羟基之间形成磷酸二酯键。但这两条链必须是与同一条互补链配对结合的（T4 DNA 连接酶除外），而且必须是两条紧邻 DNA 链才能被 DNA 连接酶催化成磷酸二酯键。只能连接切口（nick 或 nike），不能连接缺口（gap）。这类酶的发现，使两个 DNA 片段在体外连接形成重组 DNA 成为可能。它在 DNA 合成、DNA 复制、基因重组中的应用及对基因工程技术的创立与发展具有十分重要的意义。DNA 连接酶既可以进行黏接（连接黏性末端），也可以进行端接（连接平头末端），但黏接的效果比端接的效果要好许多倍。

2. DNA 连接酶的种类

连接酶有 T4 噬菌体 DNA 连接酶、T4 噬菌体 RNA 连接酶、大肠埃希菌 DNA 连接酶等。反应需有 Mg^{2+} 和 ATP 存在，pH7.5～7.6。最常用 T4 噬菌体 DNA 连接酶，最适温度 37 ℃，30 ℃以下活性明显下降，但考虑到被连接 DNA 的稳定性和黏性末端的退火温度，一般平端连接用 20～25 ℃，黏端连接用 12 ℃左右。

DNA 连接酶的反应条件如下：

Tris-HCl	50～100 mmol/L，pH7.5
$MgCl_2$	2～10 mmol/L
ATP	0.5～1 mmol/L
DTT	5 mmol/L
体积	10～20 mL
TT	4～15 ℃，4～16 h

（三）聚合酶

聚合酶又称 DNA 聚合酶，是专门用于生物催化合成脱氧核糖核酸（DNA）和核糖核酸（RNA）的一类酶的统称。最常用的 DNA 聚合酶有以下四种：①依赖 DNA 的 DNA 聚合酶；②依赖 RNA 的 DNA 聚合酶；③依赖 DNA 的 RNA 聚合酶；④依赖 RNA 的 RNA

聚合酶。

前两者是 DNA 聚合酶,它使 DNA 复制链按模板顺序延长,如在原核生物中仅就大肠杆菌中已被发现的就有三种(分别简称为 P01Ⅰ、P01Ⅱ和 P01Ⅲ);DNA 聚合酶只能在有引物的基础上,即在 DNA 或 RNA 引物的 3′-OH 端延伸,此 DNA 的合成方向记为 5′→3′。换言之,DNA 聚合酶催化反应除底物(αNTP)外,还需要 Mg^{2+}、模板 DNA 和引物,迄今细胞内尚未发现可从单体起始 DNA 的合成。同样,上述③和④是催化 RNA 生物合成反应中最主要的 RNA 合成酶,它们以四种三磷酸核糖核苷(NTP)为底物,并在有 DNA 模板以及 Mn^{2+} 及 Mg^{2+} 存在的条件下,在前一个核苷酸 3′-OH 与下一个核苷酸的 5′-P 聚合形成 3′,5′-磷酸二酯键,其新生链的方向也是 5′→3′。RNA 聚合酶也大量存在于原核和真核生物的细胞中。如大肠杆菌 RNA 聚合酶相对分子质量为 $4.8×10^5$,由 5 条多肽链组成。真核生物 RNA 聚合酶相对分子质量大于 $5×10^5$,由 10～12 个大小不等的亚基组成。聚合酶除作为自然界生命活动中不可缺少的组分外,在实验室中大多用做生命科学研究的工具酶类之一。

(四)核酸酶

核酸酶有 DNase、RNase、核酸酶 S1 等,可水解相应的 DNA 和 RNA,核酸酶 S1 可降解单链 DNA 和 RNA,用量增大也可降解双链核酸。它可用于切去 ds-cDNA 合成中产生的发夹环。

末端转移酶在 Mg^{2+} 存在下,选择 3′-OH 端单链 DNA 为引物加成核苷酸,在 Co^{2+} 存在下,选择 3′-OH 端双链 DNA 为引物加成核苷酸,形成多聚核苷酸尾。常用于核酸末端标记和核酸连接的互补多聚尾(连接器)。

(五)修饰酶

体内有些酶可在其他酶的作用下,将酶的结构进行共价修饰,使该酶活性发生改变,这种调节称为共价修饰调节(covalent modification regulation),这类酶称为修饰酶(prosessing enzyme)。

碱性磷酸酶去除 5′-P,可防止两分子 DNA 片段 5′端 P 基团自身空间障碍影响 DNA 分子之间的连接,一般用碱性磷酸酶处理载体 DNA 除去 5′端 P 基团,在连接酶作用下,目的基因的 5′端 P 先与载体 3′端 OH 连接,再通过复制修复另一条链,使两条链完全连接。该方法大大提高了连接效率。

六、基因工程中常用的克隆载体

基因分子克隆的一个重要环节是基因运载体(vector)的设计和应用。目的基因 DNA 片段(外源 DNA)一般很难进入不同种属的细胞中。即使能单独进入细胞中,也不能进行复制增殖,它必须与具有自我复制能力的 DNA 共价键结合后才能被复制。这种具有在细胞内进行自我复制的 DNA 分子就是外源基因的运载体,又称为克隆载体或无性繁殖载体。有了基因运载体,外源 DNA 就不仅能进入受体细胞,而且能在受体细胞中生存和繁殖,从而使基因工程得以成为一种现实可行的技术。

（一）基因载体的作用

基因载体是把基因导入细胞的工具，它的作用如下：

（1）运载目的基因进入宿主细胞；

（2）使之能得到复制和进行表达。

（二）作为载体必须满足的条件

作为载体，必须满足以下条件：

（1）有多种限制性内切酶的切点，但每一种酶最好只有一个切点；

（2）外源 DNA 插入以后，载体在受体细胞中自我复制；

（3）有便于选择的标记基因；

（4）具有促进外源 DNA 表达的调控区。

（三）基因载体的分类

基因载体根据来源分为质粒载体、噬菌体载体和病毒载体，根据用途分为克隆载体和表达载体，根据性质分为温度敏感型载体、融合型表达载体和非融合型表达载体。

目前使用的载体主要有四类：质粒、λ 噬菌体、单链噬菌体和黏粒。它们在大小和结构上相差很大，但是均具有以下共同特点：

（1）在与外源 DNA 片段连接之后，仍能在寄主细胞中进行自我复制；

（2）载体 DNA 易与宿主核酸分离，并能提纯；

（3）在结构上均含有一些对自身增殖非必要的区域，可供外源 DNA 插入，插入的新部分可以像载体的正常部分一样进行复制和增殖。

（四）主要质粒载体

质粒(plasmid)是在许多种细菌中发现的染色体外的遗传因子。它是闭合性双链 DNA 分子，大小从 1 kb 到 200 kb 不等，能自主复制，但是要利用寄主细胞复制染色体的同一酶系。有某些基因，如抗药性基因，对寄主的生长是有利的。

1. 质粒的基本特征

（1）质粒的复制　通常一个质粒含有一个相应的顺序作用控制要素结合在一起的复制起始区（整个遗传单位定义为复制子）。在不同的质粒中，复制起始区的组成方式是不同的，有的可能决定复制的方式，如滚环复制和 θ 复制。在大肠杆菌中使用的大多数载体都带有一个来源于 pMB1 质粒或 ColE1 质粒的复制起始位点。

（2）质粒的拷贝数　质粒的复制分松弛型和严谨型两种。松弛型质粒是指质粒的复制跟细菌染色体的复制不同步，一般在一个菌体内复制 10～100 拷贝；严谨型质粒是指质粒复制跟染色体同步，一般含有 1～10 拷贝。

（3）质粒的不相容性　两个质粒在同一宿主中不能共存的现象称为质粒的不相容性。它是指在第二个质粒导入后，在不涉及 DNA 限制系统时出现的现象。不相容的质粒一般利用同一复制系统，从而导致不能共存于同一宿主中。两个不相容性质粒在同一个细胞中复制时，在分配到子细胞的过程中会竞争，随机挑选，微小的差异最终被放大，从而导致在子细胞中只含有其中一种质粒。

（4）转移性　质粒具转移性。它是指在自然条件下,很多质粒可以通过细菌接合作用转移到新宿主内。它需要转移基因 *mob*、转移基因 *tra*、顺序基因 *bomuo* 及其内部的转移缺口位点 nic。

2. 作为载体的特性

（1）一个复制起点　如果没有复制起点,载体不能复制,当细胞分裂后只有一个子细胞保留了载体,那么永远也不能得到转化细胞的菌落。

（2）可选择的标记　这是鉴定细胞是否携带载体所必需的。比如质粒 pBR322 中的可选择的标记是氨苄青霉素抗性。pBR322 的这个抗性基因是来自另一个叫 pRST2124 质粒的转座子。转座子是基因组中能够移动或转座到不同地方的 DNA。

（3）合适的单一限制酶酶切位点　如果限制酶的酶切位点不是单一的,就会把载体裁切成不止一段。这样,质粒与一段插入序列在连接过程中重新装配时,至少需要 3 分子反应。另外,限制位点还应位于质粒复制的非主要区域,使得外源 DNA 的插入不影响质粒的正常繁殖。

（4）插入标记　这种标记是用来观察外源基因是否插入。例如,pBR322 的四环素抗性基因便是一种 DNA 插入标记。当有外源基因插入后,抗性便消失,这样便通过含有四环素的培养基来筛选转化子。如果使用的克隆位点不位于任何功能序列上,观察外源基因插入的唯一方法是,分离质粒 DNA,用合适的酶消化,进行电泳检测。虽然这是可行的,但是这种方法非常麻烦,尤其是在离解反应强于分子间反应时,转化细胞中的大多数将不是重组体。因此,载体中含 DNA 插入标记是很有必要的。

（5）大小合适　质粒应该相对小些。小质粒不易受物理损伤,而且限制酶的酶切图谱较简单。另外,小质粒一般具有较高的拷贝数。

（6）高拷贝数　基因操作应选择具有高拷贝数的松弛型质粒为载体。不同的质粒有不同的拷贝数。例如,F 因子在每个细胞中的拷贝数很低,1 个或 2 个;质粒 pSC101(最早应用于基因工程的质粒之一)的拷贝数也很低,不超过 5 个;pBR322(应用最广泛的质粒之一)的典型拷贝数为每个细胞 15～20 个;pUC 质粒(一种优秀的载体)的拷贝数可达 500～700 个。后两种质粒目前还在应用中。实际上,pBR322 和 pUC 质粒中编码 RNA 分子的区域上存在突变,复制起点就位于突变上。这个突变使控制质粒复制的抑制系统降低了效率。许多包含 pMB1 起点的低拷贝数质粒的拷贝数能够通过氯霉素来增加。氯霉素能阻止细菌蛋白质的合成,阻止了染色体 DNA 的复制,因为特异蛋白质是染色体复制所必需的。蛋白质不能合成,也阻断了细胞分裂,细胞分裂与染色体 DNA 复制是紧密联系的。由于质粒的复制只需要那些存活时间较长的酶,因此,当染色体 DNA 复制和细胞分裂停止时,质粒复制仍可继续。最后,当像 DNA 多聚酶这样的通用复制蛋白质耗尽时,质粒 DNA 复制也将停止,但平均拷贝数已有极大的增加。

（7）不易丢失　从最早的基因操作实验开始,重组体 DNA 分子逃跑(escaping)到环境中并丢失的可能性就已经引起了注意。如果质粒处于某种无能状态下,这种可能性就减少。*mob* 基因是一种能带动质粒转移到其他细菌中去所必需的基因。许多质粒,像 pBR322,通过去除 *mob* 基因就能使质粒处于无能状态。然而,如果这种无能质粒能从所在的细胞中存在的其他种类的质粒获得转移必需的蛋白,问题还是存在。解决办法是从可被转移的质粒中去除 nic 和 bom 位点(与转移有关的位点)的区域就可阻断这种转移。pUC 系列即是去除了这些区域的质粒。

3. 质粒载体的种类

(1)克隆载体 克隆载体主要用于扩增或保存 DNAu 片段,是最简单的载体。主要有 pBR322、pUC18 和 pUC19。

(2)穿梭载体 穿梭载体是指具有多个复制子、能在两个以上的不同宿主细胞复制和繁殖的载体。

(3)表达载体 表达载体是指能将目的基因在人工控制下置于生物宿主中大量生产的载体。

4. 利用质粒进行克隆

理论上,利用质粒克隆外源基因十分简单。用限制酶分别切割质粒 DNA 和外源 DNA,并在离体条件下,使两者 DNA 连接,然后用所产生的重组质粒转化细菌。但是在实际操作时,应该注意的事项很多。必须谨慎选择载体,以尽量减少鉴定重组体所需的工作量。主要的困难是区别含有外源 DNA 序列的质粒和无外源序列而重新环化的载体 DNA 分子。

现在已建立了一些方法,可以减少质粒的自身环化,或者通过遗传技术将重组体和非重组体分开。

这里介绍一种简单而实用的利用质粒克隆外源基因的方法——插入失活法。

克隆基因的主要步骤如下。

(1)用一种限制酶(如 $BamHI$)酶解外源 DNA 和提纯的质粒 DNA。这种酶可以识别一个位于质粒的四环素抗性基因区域的单一酶切位点。

(2)在适当的浓度下,用 DNA 连接酶将两种 DNA 连接起来。

(3)用连接混合物转化宿主细菌(如大肠杆菌)。质粒的进入使对氨苄青霉素敏感的大肠杆菌变为抵抗型。这样能使在含有氨苄青霉素培养基上生长的菌落含有重组质粒或重新环化质粒。

(4)筛选具有外源 DNA 的重组质粒菌株。

将在含有氨苄青霉素培养基上生长的细菌菌落在含 Tet(四环素抗性基因)和 Amp(氨苄青霉素抗性基因)的平板上划线接种。同一菌落接种到相同的位置上,在 37 ℃条件下培养过夜。只有在 Tet 培养基上消失,而在 Amp 培养基上出现的菌落才是要筛选的具有外源 DNA 片段的转化子。因为外源 DNA 片段的插入使原来的 Tet 抗性基因失活,故不能在 Tet 培养基上存活。

筛选出的菌落(氨苄青霉素抗性、四环素敏感)可作进一步的分析,如测序等。

七、基因文库的构建

构建基因文库是基因工程研究中的一个重要内容。基因文库就是随机克隆的集合。基因文库主要包括三大类:①基因组文库;②cDNA 文库;③特殊序列文库。基因组文库是由一种生物的所有基因组 DNA 构建而成的,cDNA 文库是利用 RNA 序列反转录形成

的 cDNA 序列构建的,特殊序列文库是针对某些特殊基因或序列而建立的。

构建文库所使用的载体主要有 λ 噬菌体、黏粒、质粒和酵母人工染色体。利用 λ 噬菌体为载体构建的文库形成的是在细菌培养平板上的一系列噬菌斑,每个菌斑含有特定 DNA 插入序列的一类噬菌体。利用黏粒和质粒为载体时,形成的是许多菌落,每个菌落包含一种插入有特定 DNA 序列的黏粒和质粒。酵母人工染色体是为构建高等真核生物基因文库设计的。下面介绍几种基因文库。

(一) 基因组文库(genomic libraries)

1. 原理

基因组文库是指把某种细胞的整个基因组 DNA,按一定的长短要求酶解成若干片段,在与适当的载体分子重组后,引入相应宿主细菌的细胞中,形成一大批含有重组 DNA 分子的细胞克隆群体。这样的克隆群体即成为基因组文库。

有了基因组文库,就意味着只要有适当的选择方法就可以把要研究的特定目的基因分离出来。

建立基因组文库,取决于两项技术系统的建立和发展:一是具有包装能力的载体系统,二是离体包装系统。

(1) 载体系统 具有包装能力的载体系统主要有两类,即 λ 噬菌体和黏粒。

① λ 噬菌体 λ 噬菌体经过改造后可以用来构建基因组文库。一种载体作为插入型,只有一个可供外源 DNA 插入的酶切位点;另一种载体为取代型,具有两个酶切位点,两位点之间的 DNA 片段可以被外源 DNA 取代。第二种类型的载体被广泛使用。比如 λEPBL1-4 是一类取代型载体序列。在拟取代片段的两侧,设计了一些内切酶能识别的多接头序列。在内切酶消化后,被取代的片段无须经超速离心或凝胶电泳除去,而只需经过一次异丙醇沉淀就可以使它不能参与重组分子的构成,使用起来很方便。

② 黏粒 黏粒作为载体的特点是,除了具有一般质粒的特性外,还能装载大片段的外源 DNA,并带有可以识别噬菌体包装的"cos"位点。包装时,只有能够达到所需片段的相对分子质量标准的重组子才能被装入噬菌体的外壳内,形成有感染能力的颗粒。然后,经过转导将外源 DNA 克隆化,从而达到建库的目的。

(2) 离体包装系统 离体包装系统对于基因组文库的构建具有非常重要的意义,主要体现在以下两个方面。

① 对带有外源 DNA 的杂合分子有一个直接筛选和富集的作用。现以 λ 噬菌体为例来说明这一特点。λ 噬菌体外壳的包装有一个特性:野生型 λ 噬菌体外壳只能包装长度为自身 DNA 分子总长度 75%～105% 的 DNA 片段,即 λ 噬菌体只能调节超出它正常大小 5% 左右的 DNA,形成正常大小的噬菌斑。按野生型 λ 噬菌体长度为 50 kb 计算,则只有 37.5～52.5 kb 的 DNA 分子能够被有效地包装,这样便起到了一种筛选和富集的作用。

② 大大提高了重组 DNA 分子产生克隆的频率。按理论计算,每微克野生型 λDNA 可形成 1.8×10^{10} 个噬菌斑。如果用未经酶切割的 λDNA,通过 $CaCl_2$ 转染方法,每微克可产生大约 10^6 个噬菌斑。如果用 20 kb 大小的 DNA 片段与酶切的 λDNA 连接后,其转染

频率下降为 2×10^3 pfu/μgDNA(pfu,plaque forming unit,为噬菌斑形成单位)。若以这样的效率构建基因组文库,按一个哺乳动物文库需要 7×10^5 个重组克隆计算,需要制备有接头的 20 kb DNA 片段 $100 \sim 400$ μg,这是十分困难的。

如果采用离体包装系统,在体外形成有感染能力的颗粒后,再进行转导,其效率可达 $1.5 \times 10^6 \sim 2 \times 10^7$ pfu/μgDNA。这样,只要有 1 μg20 kb 大小的 DNA 片段即可构建一个完整的基因组文库。

2. 构建的程序

构建基因组文库的程序如下:

(1) 基因组 DNA 大片段的制备;

(2) 载体 DNA 的制备;

(3) 载体与外源 DNA 连接;

(4) 重组 DNA 的离体包装;

(5) 重组 DNA 的筛选与鉴定。

(二) cDNA 文库

1. 原理

构建 cDNA 文库时,是以生物体的 RNA 序列(通常用 mRNA)为模板,经反转录形成 cDNA 分子,再予以克隆。这类文库不仅体现了生物体的表达序列,更重要的是这些表达序列已经过了转录后的加工(如添加 polyA),所以用处很大。例如,如果将 cDNA 序列与相应的基因组序列对比,便可确定内含子的位置及 polyA 添加的位点等,因为用以克隆的 cDNA 分子通常只有几个 kb 大小,所以很适合用质粒做载体;但是一些具有序列筛选特点的插入型 λ 载体,比如 λgtll,仍然被广泛地使用。

真核基因常常含有内含子和特定的调控结构,所以真核基因的表达与原核基因的表达有很大的区别,为了对某些真核基因进行研究,常常采用的策略是构建 cDNA 文库。

2. 构建的程序

构建 cDNA 文库的程序如下:

(1) 制备含 polyA 的 RNA;

(2) cDNA 的合成;

(3) cDNA 与载体的连接;

(4) 转化。

(三) 特殊序列文库

有时需要构建特殊的 DNA 或 cDNA 的文库,尤其是在试图克隆某一特定的基因而又对它知之甚少的时候。下面简单介绍几种特殊文库。

1. 架式库(shelves)

有时通过一种探针与经酶消化的基因组 DNA 进行的 Southern 杂交,得到一个带有特定基因的限制性片段,便可构建这个特殊基因的文库。其方法是,用相同的酶重新消化基因组 DNA,并进行电泳回收有相似长度的 DNA 片段。由于克隆的片段比构建这个基因文库 20 kbp 随机片段短,所以可以用质粒做载体。这种特殊的文库通常称为架式库,这是因为它仅是基因组大文库中的一个亚单位而已。

2. 染色体分类库

有时目的基因被定位于某个特定的染色体上,从而可以构建一个关于那条染色体的文库,并可进一步扩增目的基因。

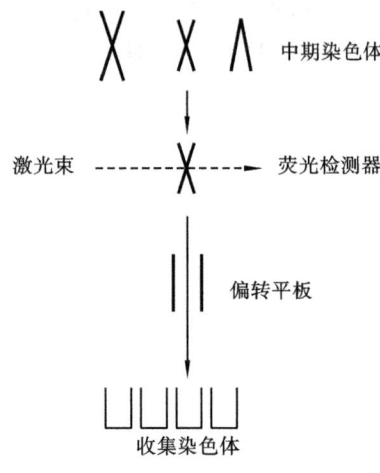

常用的方法是利用荧光激活器分离完整的染色体。使用此种方法时,染色体最好处于中期,此时的染色体处于高度集缩状态,易于操作。首先裂解处于分裂期的细胞,获得染色体,然后用荧光染料(如溴化乙啶)处理染色体。经染色的染色体在分类器中,将一个个地在电场的引导下通过激光束,并产生荧光。荧光的量的大小依赖于染色体所含染料的多少,而后者又取决于染色体的长短。荧光的量由一个检测器来测量,当染色体通过加有电场的偏转平板时,分类器便根据荧光的量而收集特定的染色体,如图 2-6 所示。当收集到足够的材料时,便可将这些染色体脱蛋白,而用于构建文库。

图 2-6 染色体分类简图

3. 显微切割(microdissection)法建库

如果一个基因被定位于一条特定的染色体或染色体上的某个区域,可以采用显微切割法来获取材料。首先,在光学显微镜下观察被染色的染色体;然后,用显微镜处理器将整条染色体或某一片段移开,并用移液管收集材料;最后,用收集到的材料建库。

(四)酵母人工染色体

酵母人工染色体(YAC)是一种可以用来构建高等真核生物基因文库的新型载体。在大肠杆菌系统中,黏粒的装载容量上限为 50 kb,质粒则更低。它们均不能满足构建染色体 DNA 大片段文库的需要。酵母人工染色体的出现为解决这一问题开辟了新的途径。YAC 容纳的 DNA 片段可达 10^6 bp,基本上解决了高等真核生物基因文库的载体问题。

酵母人工染色体主要由以下几部分组成。

(1)端粒(TEL)序列 TEL 序列储存有染色体端粒形成所需的信息,具有防止染色体末端被降解的功能。

(2)着丝粒(CEN) 这一部分的功能是保证染色体向两极运动。它是细胞分裂不可缺少的部分。

(3)自主复制序列(ARS) ARS 具有复制起始功能,它是插入的 DNA 片段在酵母细胞中维持独立复制的保证。

(4)SUP-4 这是外源 DNA 插入失活的选择性标记,用于受体细胞筛选重组克隆。SUP-4 是 TrptRNA 的一个抑制突变,基因内分布有 EcoR I 和 Sma I 等酶切位点。当外源片段插入后,抑制基因被破坏,受体细胞形成红色菌落。

(5)URA3 和 TPR1 URA3 和 TPR1 分别位于外源 DNA 插入位点两侧的臂上,其功能是纠正受体细胞的营养缺陷型,便于转染细胞的筛选。

任务二　基因工程在食品工业中的应用

生物技术在食品工业中的应用是其最早开发应用的领域。含醇饮料(酒类)、发酵调味品(酱油、醋等)和发酵乳制品(奶酪、酸奶)等的制造,均属传统生物技术。至今这类产品的产量和产值仍居生物技术产品的首位。用近代发酵和酶反应技术以及结合基因工程等现代生物技术,生产食品原料(葡萄糖、麦芽糖、果葡糖浆、脂肪等)及面包酵母、味精、柠檬酸、甜味肽和乳酸菌类生物活性制剂等,则是新型的食品生物技术。据报道,目前食品工业中生物技术产业(酒精、氨基酸、柠檬酸、酶制剂、酵母等)的总值达 2000 亿美元以上。我国利用生物技术生产的味精、柠檬酸产量居世界首位,啤酒产量居世界第二。

基因工程的兴起和发展为传统食品生物技术的突破性进展提供了技术基础。食品工业本质上说是农副产品加工业,许多食品加工都需要通过酶的催化作用或利用微生物进行物质转化,采用 DNA 重组技术培育生物良种和优良的工程菌株,对优化资源、开拓原料基地、简化工艺、改善产品质量、降低原材料消耗和能耗、降低成本和提高经济效益均有特殊意义。

一、基因工程与酶制剂

基因工程使食品工业中酶制剂的研究发展很快,如 α-淀粉酶的研究,美国、日本等国的科学家都已成功地实现 α-淀粉酶基因克隆化,分别使产酶能力提高 3～5 倍,该工程菌株已用于 α-淀粉酶的工业生产中;又如,在奶酪工业中需要大量的凝乳酶,以往凝乳酶来源于小牛的胃,现已将小牛凝乳酶基因引入酵母细胞,构建了基因工程菌,并已实现了工业化生产,为奶酪工业提供了廉价而充足的凝乳酶;此外,运用基因工程技术提高葡萄糖异构酶、葡萄糖淀粉酶等酶活力的研究也取得了一定成绩。

利用基因工程技术,不但可成倍地提高酶的活力,还可将生物酶基因克隆到微生物中,构建基因菌,使许多酶基因得以克隆和表达。在这方面较为成功的是牛皱胃凝乳酶的克隆,除此以外,α-淀粉酶、乳糖酶、脂酶以及一些蛋白酶都得以克隆与表达,蛋白酶、葡萄糖淀粉酶、α-淀粉酶和葡萄糖异构酶已大量生产。丹麦 NovoNordise 公司用重组技术合成的单一成分酶如纤维素酶、木聚糖酶已商品化。

采用基因工程手段改良产酶菌株,还可用于超氧化歧化酶(SOD)和生产高果葡糖浆的葡萄糖异构酶的生产。除了上述酶制剂,近年来随着基因工程技术的发展,我们可以按照需要来定向改造酶,甚至创造新的酶。

二、基因工程改良食品加工的原料

(一) 植物类原料

在植物食品品质的改良上,基因工程技术得到了广泛的应用,并取得了丰硕成果。其

中主要集中于改良蛋白质、碳水化合物及油脂等食品原料的产量和质量。

1. 蛋白质类原料

蛋白质是人类不可缺少的营养素之一,虽然有许多食物富含蛋白质,但真正高品质的蛋白质很少。植物是人类主要的蛋白质供应源,蛋白质原料中有 65% 来自植物。与动物蛋白质相比,植物蛋白质的生产成本低,而且便于运输和储藏,然而其营养也较低。谷类蛋白质中赖氨酸(Lys)和色氨酸(Trp)、豆类蛋白质中蛋氨酸(Met)和半胱氨酸(Cys)等一些人类所必需的氨基酸含量较低。通过基因导入技术,即通过人工合成基因、同源基因或异源基因导入植物细胞的途径,可获得高产蛋白质或高产氨基酸的作物。

植物体中有一些含量较低,但氨基酸组成十分合理的蛋白质,如果能把编码这些蛋白质的基因分离出来,并重复导入同种植物中去使其过量表达,理论上就可以大大提高蛋白质中必需氨基酸含量及其营养价值。例如,豆类植物的主要储存蛋白质——球蛋白中的蛋氨酸含量很低,它是豆类植物的第一限制性氨基酸,但豆类中赖氨酸含量很高,与谷物作物中的蛋白质正好相反,通过基因工程技术,可将谷物类基因导入豆类植物,开发蛋氨酸含量提高的转基因大豆。此外,还可有针对性地将富含某种特异性的氨基酸的蛋白导入目的植物,以提高相应的植物中特定氨基酸的含量。例如通过分析发现,玉米的 β-phaseolin 富含蛋氨酸,将此蛋白基因导入豆类植物,就可以大大提高豆类植物种子储存蛋白质的蛋氨酸含量,而蛋氨酸正是豆类植物种子储存蛋白质缺少的成分。

我国学者把玉米种子中克隆得到的富含必需氨基酸的玉米醇溶蛋白基因导入马铃薯中,使转基因马铃薯块茎中的必需氨基酸提高了 10% 以上,含硫氨基酸尤为显著。美国 Florida Gainesville 大学的科学家将外来的高相对分子质量面筋蛋白基因导入一普通小麦中,获得了含量更多的高相对分子质量面筋蛋白质的小麦,这样的小麦面筋蛋白具有良好的延伸性和弹性。

2. 油脂类原料

人类日常生活及饮食所需的油脂 70% 来自植物,改良植物油是世界上最重要的油脂之一。食用油有三个重要的质量指标,即营养价值、氧化稳定性和功能性,但这三个指标存在着矛盾。含较多的高不饱和脂肪酸的食用油对人的健康是有益的,但存在着氧化稳定性差的缺点;制造人造奶油和起酥油等需要高熔点的植物油,但这种油通常含高比例的饱和脂肪酸成分。为了获得氧化稳定、饱和程度高的煎炸油和烹调油以及为制造人造奶油和起酥油等提供高熔点的食品加工油,食品工业采用的方法是对植物油进行氢化处理,但在氢化过程中不可避免地会产生反式构型脂肪酸。反式构型脂肪酸会增加血液中低密度脂胆固醇的水平,最新研究成果表明,反式构型脂肪酸摄入量与心脏病的发病率呈线性关系。基因工程技术与传统的育种方法相结合,为人们提供了改善植物油质量的新途径,它不仅可增加植物油脂肪酸的饱和度,而且不会带来反式构型脂肪酸问题,提供对人体健康有用的植物油。如将硬脂酸 CoA 脱饱和酶基因导入作物后,可使转基因作物中饱和脂肪酸的含量有所下降,而不饱和脂肪酸的含量则明显增加。

另外,高等植物体内脂肪酸的合成由脂肪合成酶(FAS)的多酶体系控制,因而改变FAS的组成还可以改变脂肪酸的链长,以获得高品质、安全及营养均衡的植物油。目前,控制脂肪酸链长的几个酶的基因已被成功克隆,如通过导入硬脂酸-ACP 脱氢酶反义基因,可使转基因油菜种子中硬脂酸的含量从 2% 增加到 40%;美国 CaCalgene 公司正在开发高硬脂酸含量的大豆油和芥花菜油,新的大豆油和芥花菜油将含 30% 以上的硬脂酸,这些新油可以取代氢化油用于制造人造奶油、液体起酥油和可可脂替代品,而不含氢化油中含有的反式构型脂肪酸产物。

通过对链长短的控制以及饱和度的调节来改变脂肪的含量,可以同时减少脂肪氧化和酸败,去除不好的气味,让人们可以接受一些原来有着不好气味的食品。

此外,利用基因工程改良油料作物品质,提高含油量是目前国际上植物基因工程研究的一个热点。

3. 对碳水化合物的改进

利用基因工程来调节淀粉合成过程中特定酶的含量或几种酶之间的比例,从而增加淀粉含量或获得性质独特、品质优良的新型淀粉。高等植物体中涉及淀粉合成的酶类主要有 ADPP 葡萄糖焦磷酸酶(ADP-AGPP)、淀粉合成酶(SS)和分支酶(BE)。农作物淀粉含量的增加或减少都有其利用价值。增加淀粉含量,就可能增加干物质,使其具有更高的商业价值;减少淀粉含量,可生成其他储存物质,如储存蛋白的增加。目前,在增加或减少淀粉含量的研究方面都有成功的报道。

淀粉由直链淀粉和支链淀粉组成,淀粉的质量与其组成有关,植物细胞内的淀粉合成酶(GBSS)和分支酶分别控制直链淀粉和支链淀粉的合成。淀粉的用途不同,对其质量的要求也不同,食品工业上一般需要直链成分尽可能少的淀粉。人们通过转入淀粉粒结合淀粉合成酶,基因反义 RNA 的方法,将内源和外源的 GBSS 反义基因成功地导入马铃薯中,使其 GBSS 的活性降低了 1 倍,减少直链淀粉的含量。如 GBSS 表达完全受到抑制,则可在淀粉总量不变的前提下获得不含直链淀粉的马铃薯淀粉,它特别适合制作烘烤食品,这在以马铃薯为主的国家具有特别重要的意义。Monsanto 公司开发了淀粉含量平均提高了 20%～30% 的转基因马铃薯,油炸后的产品更具马铃薯风味,具有更好的构质,吸油量较低,油味较少。

转基因技术可使植物具有抗病虫害的能力,具有深远的经济意义。土豆原产地在南美,但由于气候和病虫害以及灌溉、肥料、农药等原因,其产量和美国相差很大,利用基因工程技术可以减小这种差距。我国及菲律宾培育出"超级水稻"和"超超级水稻",为人口日益增长、粮食日益短缺的世界带来一线光明。DNA 重组技术和细胞融合技术相结合,培育出高产、抗病、抗虫、生长快、抗逆、高蛋白的基因改良植物,对食品工业具有重要意义。

(二)动物类原料的基因工程

要改善家畜和家禽的遗传特性,如产奶量、产毛品质、增重快慢、下蛋频率等,往往需要进行多代杂交选择,在每一代中选择那些具有优良性状的动物作为下一次交配的种畜和种禽。最后,培育出接近为纯种的高产动物品种。这种传统的动物育种方法将交配与选择相结合,尽管费用昂贵,但效果很好,目前大多数用于生产的家畜、家禽品种都是用这种方法选育出来的。然而,这种方法也有它的不足之处,那就是一旦育成了一个较好的品种,再想要通过杂交引入其他的遗传性状就非常困难,因为带有新的有益遗传性状的品种

可能也携带有一些有害基因,杂交后有可能降低原有产量。因此,又需要重新进行多代杂交和严格筛选,确保新的品种既保留原有的优良品质又引入了新的有用性状。

随着现代生物技术的发展,传统的杂交选择法的各种缺陷日益明显,而现代分子育种技术显示出越来越强大的生命力,逐渐成为动物育种的趋势和主流。通过运用将 DNA 导入细胞的技术,结合从细胞中分离出细胞核移植到去核卵母细胞中的核移植方法,科学家们可以把单个有功能的基因或基因组插入高等生物的染色体中去,并在其中表达。从理论上讲,要采取的步骤很简单:

(1)将克隆的外源基因注射到一个受精卵细胞中;

(2)接种后的受精卵移植到雌性受体的子宫,使其顺利完成胚胎发育;

(3)移植后的受精卵发育生长为后代,其中的部分后代的细胞都携带有转入的外源基因;

(4)利用这些能产生外源基因的动物作为种畜或种禽,培育新的纯合体。

20 世纪 80 年代,经过科学家的不懈努力,这种运用受精卵基因导入技术对动物进行基因工程改造的想法终于变成了现实。像许多新兴学科一样,人们创造出了一套术语以方便交流,例如,导入了外源基因的动物称为转基因动物(transgenic animal)。如今,国内外研究者在转基因牛、转基因羊、转基因猪、转基因鱼等转基因动物方面取得了进展并创造了经济效益。

转基因动物尚未达到高等转基因植物的发展水平,但人们仍设法用它来表达高价值蛋白。转基因技术在家畜及鱼类培育上初见成效。中科院水生生物研究所在世界上率先进行转基因鱼的研究,成功地将人生长激素基因和鱼生长的激素基因导入鲤鱼,育成当代转基因鱼,其生长速度比对照组快,并从子代测得生长基因激素的表达。中国农业大学生物学院瘦肉型猪基因育种取得初步成果,获得第二、三、四代转基因猪 215 头。我国已生产出生长速度快、节约饲料的转基因鱼上万尾,为转基因鱼的实用化打下了基础。1997 年 9 月上海医学遗传研究所与复旦大学合作的转基因羊的乳汁中含有人的凝血因子,既可以食用,又可以药用,使人类药物研究迈出了重大的一步。

三、基因工程改造传统的发酵工业的菌种

发酵工业的关键步骤之一是如何获取优良的菌株,除常用的诱变、杂交和原生质体融合等传统方法外,与基因工程结合,大力改造菌种给发酵工业带来生机,如能表达目的基因的“基因工程菌”的开发。微生物的遗传变异性及生理代谢的可塑性都是其他生物难以比拟的,故其资源的开发有很大的潜力。

(一)利用基因工程菌株改善发酵食品品质和风味

1. 酱油

酱油风味的优劣与酱油在酿造过程中所生成氨基酸的量的多少密切相关,参与此反应的羧肽酶和碱性蛋白酶的基因已被克隆并转化成功,在新构建的基因工程菌株中碱性蛋白酶的活力可提高 5 倍,羧肽酶的活力可提高 13 倍。

酱油酿造中和压榨性有关的多聚半乳糖醛酸酶、葡聚糖酶和纤维素酶、果胶酶的基因

均已被克隆,当用高纤维素酶活力的转基因米曲霉生产酱油时,可使酱油的产出率明显提高。另外,在酱油酿造过程中,木糖可与酱油中的氨基酸反应产生褐色物质,从而影响酱油的风味。而木糖的生成与制造酱油用米曲霉中木聚糖酶的含量和活力密切相关。现在,米曲霉中木聚糖酶基因已被成功克隆。用反义 RNA 技术抑制该酶的表达所构建的工程菌株酿造酱油,可大大地降低这种不良反应的进行,从而酿造出颜色浅、口味淡的酱油,以适应特殊食品制造的需要。

2. 啤酒

在正常的啤酒发酵过程中,由啤酒酵母产生的 α-乙酰乳酸经非酶促的氧化脱羧反应会产生双乙酰。当啤酒中双乙酰的含量超过阈值($0.02 \sim 0.10$ mg/L)时,就会产生一种令人不愉快的馊酸味,严重破坏啤酒的风味与品质。去除啤酒中双乙酰的有效措施之一就是利用 α-乙酰乳酸脱羧酶。但由于酵母细胞本身没有该酶活性,因此,利用转基因技术将外源 α-乙酰乳酸脱羧酶基因导入啤酒酵母细胞,并使其表达,是降低啤酒中双乙酰含量的有效途径。

基因工程技术还可以将霉菌的淀粉酶基因导入,并将此基因进一步导入酵母细胞中,使之直接利用淀粉生产酒精,省掉高压蒸煮工序,可节省约 60% 的能源,生产周期大为缩短。美国的 Bio-Technica 公司克隆了编码黑曲霉的葡萄糖淀粉酶基因,并将其导入啤酒酵母中,在发酵期间,由酵母产生的葡萄糖淀粉酶将可溶性淀粉分解为葡萄糖,这种由酵母代谢产生的低热量啤酒不需要增加酶制剂,且缩短了生产时间。

3. 奶酪

在奶酪工业中,近年来成功地将牛胃蛋白酶的基因克隆入微生物体内并使其表达,由此构建的基因工程菌可用来生产牛胃蛋白酶,彻底解决了奶酪工业受制于牛胃蛋白酶来源不足的问题。

(二) 基因工程在焙烤业的应用

第一个采用基因工程改造的食品微生物是面包酵母(*Saccharomyces cerevisiae*),把具有优良特性的酶基因转移至该菌中,使该菌含有的麦芽糖透性酶(maltose permease)及麦芽糖酶(maltase)的含量比普通面包酵母高,面包加工中产生的 CO_2 气体的量也较高,产品膨发性能良好,松软可口。

在烘烤工业中,将含有地丝菌属 HP_2 基因的质粒转化到面包酵母中,可以使面包蓬松,内部结构较均匀,优化了加工工艺。

(三) 基因工程在氨基酸生产中的应用

氨基酸作为鲜味剂(味精)、抗氧化剂和营养强化剂在食品工业中具有极其广泛的用途,氨基酸的大规模工业化生产主要有蛋白质降解和微生物发酵两种方法。微生物发酵生产氨基酸时使用棒状细菌,主要包括棒状菌属(*Corynebacterium*)以及短杆菌属(*Brevibacterium*)。DNA 重组技术出现以后,人们开始考虑利用 DNA 重组技术调控某一个特定的代谢途径中的某一个特定的成分,以达到提高氨基酸产量的目的。世界上第一种氨基酸的基因工程菌是由苏联 Debabov V. G. 等构建的产苏氨酸的重组大肠杆菌,随后又对该工程菌进一步改造,使其苏氨酸产量提高约 30 倍,高达 86.4 g/L。与此同

时,高产苏氨酸的棒状杆菌基因工程菌的构建也获得成功,苏氨酸产量达到 33 g/L 以上。此后日本也大量报道了这方面的工作。我国也成功地克隆了苏氨酸基因,苏氨酸产量可达 11 g/L。

氨基酸工程菌的构建思路有下列几种:第一,借助于基因克隆与表达技术,将氨基酸生物合成途径中的限速酶编码基因导入生产菌中,通过增加基因剂量和(或)更换表达调控元件,强化其表达,导入的限速酶编码既可以是生产菌自身的内源基因,也可以是来自非生产菌(如大肠杆菌)的外源基因;第二,采取类似的方法,强化表达氨基酸输出系统的关键基因,或者降低某些基因产物的表达速率,最大限度地解除氨基酸及其生物合成中间产物对其生物合成途径可能造成的反馈抑制;第三,将一种完整的氨基酸生物合成操纵子导入另一种氨基酸的生产菌中,构建能同时合成两种甚至多种氨基酸的工程菌。

(四)利用基因工程生产维生素等食品添加剂

利用微生物方法生产的食品添加剂包括酸味剂、防腐剂、增稠剂、凝固剂和着色剂等。由基因工程改造后的菌种,不仅可以使产品的产量和风味获得改变,而且可以使原来从动植物中提取的各种食品添加剂(如天然香料、天然色素)由微生物直接转化而来。

分离 *Corynebacterium* 中的 2,5,-二酮葡萄糖酸还原酶基因,然后把这个基因导入 *Erwinia herbicola* 中进行表达,这样就可以实现在 *Erwinia herbicola* 中利用葡萄糖生产出 2,5,-二酮葡萄糖酸以后,接着在 2,5,-二酮葡萄糖酸还原酶的作用下把 2,5,-二酮葡萄糖酸变成 2-酮古洛糖酸,提取 2-酮古洛糖酸后进行酸处理就可以得到维生素 C。

通过基因工程方法已成功地使不产类胡萝卜素的产朊假丝酵母(*Candida utilis*)合成类胡萝卜素,如番茄红素、β-胡萝卜素和虾青素等。将细菌类胡萝卜素生物合成途径中的相关基因,根据产朊假丝酵母密码子利用情况改造后,转到产朊假丝酵母中表达,用代谢工程方法改变其甲基戊酸途径,用抑制固醇代谢途径的方法减少异戊二烯焦磷酸的消耗,这样得到的工程菌番茄红素的产量达到 7.8 mg/g 干重。

大部分来源于细菌、真菌和高等植物的类胡萝卜素生物合成相关酶的基因均能在大肠杆菌中表达。另外,现已获得带有不同抗性标记、属不同于不相容性群的质粒,这样就可用它们携带不同基因同时转化大肠杆菌,以便产生类胡萝卜素,其前体供应问题就可通过脱氧-D-木酮糖-5-磷酸途径的代谢工程来解决。用脱氧-D-木酮糖-5-磷酸合成酶、脱氧-D-木酮糖-5-磷酸还原异构酶和异戊基焦磷酸异构酶基因转化大肠杆菌,并使其表达,结果类胡萝卜素的产量达到 1.5 mg/g,相当含量的虾青素大肠杆菌工程菌也已获得。

四、基因工程改善食品加工工艺

(一)提高牛乳的稳定性

在牛乳加工中,如何提高其热稳定性是关键问题。牛乳中的酪蛋白分子含有丝氨酸磷酸,它能结合钙离子而使酪蛋白沉淀。现在采用基因操作增加 K-酪蛋白编码基因的拷贝数和置换,K-酪蛋白分子中 Aua-53 被丝氨酸所置换,可提高其磷酸化程度,使 K-酪蛋白分子间斥力增加,从而提高牛奶的热稳定性,这对防止消毒奶沉淀和炼乳凝结起到了重要作用。

（二）改善保鲜性能

用基因工程的方法将 ACC 还原酶和 ACC 氧化酶的反义基因和外源的 ACC 脱氨酶基因导入正常植株中，获得乙烯缺陷型植株，达到控制果实成熟的目的，已在番茄中实现。把鱼中抗冻蛋白基因整合植入蔬菜和水果中时，可明显改善果蔬食品冷冻后的品质。

（三）提高产量

1983 年美国将大白鼠的生长激素基因注射到小白鼠的受精卵内，成功地培育出"超级鼠"，体重比一般小白鼠增加 2 倍。1999 年 2 月 19 日在我国诞生的首例转基因试管牛"陶陶"，年产奶量可高达 10 000 kg。

利用基因工程对食品进行改良，可以提高食品产量和质量，改善风味，使人们吃到更多、更好的食品。

五、开发和生产新一代食品

（一）保健食品和食品疫苗

2002 年，中国农科院生物技术研究所已通过重组 DNA 技术选育出具有抗肝炎功能的番茄。这种番茄被人食用后，可以产生类似乙肝疫苗的预防效果。将一种有助于心脏病患者血液凝结溶血作用的酶基因克隆至牛或羊中，牛乳或羊乳中就含有这种酶。

食品疫苗就是将致病微生物的有关蛋白（抗原）基因，通过转基因技术导入动植物受体中，得以表达，成为具有抵抗相关疾病的疫苗。已获成功的有狂犬病病毒、乙肝表面抗原、链球菌突变株表面蛋白等 10 多种转基因马铃薯、香蕉、番茄的食品疫苗。口服不耐热肠毒素转基因马铃薯后即可产生相应抗体。在国外，成功克隆了"多莉"羊的英国科学家则宣布，他们将培养一种新型生物鸡，这种鸡所产的鸡蛋里具有抗肿瘤因子，癌症患者食用鸡蛋后体内癌细胞的扩散就会受到抑制。

（二）转基因食品

1. 转基因食品的概念

转基因食品（genetically modified foods，GMF）是利用现代分子生物技术，将某些生物的基因转移到其他物种中去，改造生物的遗传物质，使其在形状、营养品质、消费品质等方面向人们所需要的目标转变。以转基因生物为直接食品或为原料加工生产的食品就是转基因食品。

2. 转基因食品的发展

自 1983 年世界上第一例转基因作物（烟草）问世以来，转基因植物的研究得到了迅速发展。1986 年，美国和法国首先将转基因植物移入大田。1994 年美国孟山都公司研制的延熟保鲜转基因番茄在美国批准上市。1996 年，全世界有 600 多项植物生物技术研究成果进入田间实验。1997 年，抗虫转基因水稻、玉米、马铃薯、棉花和南瓜在美国、加拿大获得试种之后，转基因农作物开始大面积推广。1998 年，全球转基因作物的种植面积高达 476 万公顷（不包括中国），比 1997 年增加了 2.5 倍；1999 年全球种植面积达 3 990 万公顷，主要是 7 种转基因作物（依面积大小排列为：大豆、玉米、棉花、油菜、水稻、西葫芦和番

木瓜)。其中,作为食品应用的占 6 种,种植面积约占全球总面积的 87%。2000 年,全球转基因作物种植面积达到 4 420 万公顷;2001 年,全球范围内经批准的基因工程品系已达到 74 种,涉及各类作物 17 种,有 28 种基因被稳定整合进作物基因组,全球种植面积达到 5 260 万公顷,比上年增加 19%。2002 年,全球种植面积达 5 800 万公顷,比上年增加 12%,其中,转基因大豆、玉米、棉花、油菜分别为 3 610 万公顷、1 224 万公顷、672 万公顷和 296 万公顷,全球有 16 个国家近 600 万农民选择种植转基因作物。美国、阿根廷、加拿大、澳大利亚、墨西哥、西班牙、法国、南非是世界上应用转基因技术较多的国家。美国的转基因作物种植面积最大,转基因食品已达 4 000 多种。日本被批准商品化的转基因作物有 29 种,包括大豆、玉米、油菜、马铃薯、番茄、棉花等。

1996—2006 年 10 年间,转基因作物种植面积增长了 60 倍。2006 年全球转基因作物种植面积猛增 1 200 万公顷,首次突破 1 亿公顷大关。据国际农业生物技术产业应用服务组织统计,转基因作物种植大国已发展至 14 个(包括 9 个发展中国家和 5 个发达国家),2007 年全球转基因作物种植面积扩大了 1 230 万公顷,达到 1.143 亿公顷,比 2006 年度增加 12.1%,是过去 5 年来的第二大增幅。全球有 50 多个国家或地区开展了转基因作物种植实验,其中美国、阿根廷、巴西、加拿大、印度和中国的转基因作物种植面积占全球种植总面积的 95%。

2010 年全球转基因作物种植面积突破 10 亿公顷,2009 年至 2010 年间,转基因作物种植面积增加了 1 400 万公顷,这就意味着转基因作物已经开始稳固发展。

转基因技术将给人们带来更丰富、更有利于健康、更富有营养的食品。目前,美国农业生物技术科学家正在研究的营养成分增强型番茄和成熟期滞后型番茄将大大提高蕃茄红素含量,改善口感;一种口感好、易消化、含糖量高的改良型食品级大豆即将在美国上市。瑞士苏黎世研究人员正在研究的被称为"金色稻谷"的富含 β-胡萝卜素的转基因新稻种,将给维生素 A 贫乏症患者带来福音。日本预防高血压的水稻品种、预防缺铁性贫血的水稻品种等已相继完成实验室阶段的研究。我国正在研究的转基因植物种类已有 48 种,涉及各类基因 103 个,有 6 种转基因植物被批准进行商品化生产,其中有华中农业大学的转基因耐储藏番茄,北京大学的转查尔酮合酶基因矮牵牛、抗病毒甜椒、抗病毒番茄,中国农科院抗虫棉花等。

3. 转基因食品的优点

(1) 增加食物的种类,改进食品的营养。

通过基因工程技术可以培育出新的转基因食品,使其营养成分的配比、组成更加合理,可以改善其食用品质或加工特性,使食物中不良成分种类减少,含量降低。例如,转基因食品改变传统食品的营养成分组成与比例,如富含维生素 A 的前体物质 β-胡萝卜素的大米,提高大米的营养价值;能够使食物中不良成分种类减少,含量降低,如通过转基因减少大米中米胶蛋白含量,可以减少对大米食物不耐症状的发生;通过基因工程技术,能使食品从色、香、味、营养价值等方面满足消费者的需要。

(2) 抗病虫害能力增强,减少农药和杀虫剂的使用。

病虫害是造成粮、棉、油、果蔬等作物减产、绝收的主要原因之一,植物基因工程的迅速发展为防治病虫害提供了一条全新的途径。近年来利用 DNA 重组技术、细胞融合技术等基因工程技术将抗病毒、抗虫基因导入棉花、小麦、番茄、辣椒等植物中,并获得了稳定的转基因新品系,大大减少了农药使用所造成的环境污染、人畜伤亡等事故,同时也解决了发展与代价的矛盾,有利于实现现代农业可持续发展的战略目标。

(3)缩短了生长期,增加了作物产量。

全球人口的迅猛增长,耕地面积的不断减少,使粮食问题成为全球面临的一个棘手问题。转基因技术可以改变作物特性,培育出高产、优质的生物新品种,缩短生长期,增加作物产量,从而从根本上缓和需求与供给、人口与资源的矛盾,解决粮食短缺问题,进而带动相关产业的发展。

(4)使作物具有耐寒、耐热、耐干旱、耐涝等不同特性,从而适应不同的生长环境。

利用生物技术定向改造生物,可以改变作物的生长特性,更加有效地获得人类预想的作物和食品。一批具有耐寒、耐热、耐干旱、耐涝等不同特性的转基因作物涌现出来,以适应不同的生长环境。

(5)延长食品的货架期。

番茄、香蕉、草莓、荔枝等果蔬产品在产后的储藏、运输及销售过程中,特别容易软化、过熟、腐烂变质,而传统的储藏保鲜技术难以满足要求,造成巨大损失。如今,随着对果蔬成熟及软化机理的深入研究和基因工程技术的迅速发展,通过基因工程的方法直接生产耐储藏果蔬品种成为可能,目前国内外都已有商品化的转基因耐储番茄。

(6)发展功能性食品,满足人体健康需要。

现代社会生活节奏快,生存压力大,患有糖尿病、心血管病、高血压的人群不断增加。此外,人口老龄化压力也不断增加,开发有助于增强人体健康、具有保健功能的食品很有必要。如通过转移病原体原基因或毒素基因至粮食作物或果树中,人们吃了这些食品疫苗,能够起到预防疾病、调节生理功能、促进健康的作用。

转基因食品外表上和天然食品没有多大差别,味道与天然食品相似,有的甚至更好一些。转基因生物因为产量高,所以其成本很低。可以这样说,转基因食品并不可怕,人们早就享受了杂交水稻煮出的饭香,而杂交水稻就是一次性转移了无数个基因,也可以算是转基因植物。我国每年从美国进口的 1 500 万吨大豆中有 60% 以上的都是转基因大豆。因此,应该加强对转基因食品的安全性管理,以科学、理智的态度对待它,使其为人类带来巨大的好处,并可以生产出更有风味、更安全、更有营养和促进人体健康的转基因食品。应该加强对转基因食品的监管,督促商家给转基因产品贴上说明标签,还消费者一个知情权,让消费者正确认识转基因食品,科学地利用和消费转基因食品。

实训一　重组子的筛选鉴定

一、实训目的

学会用酶切法筛选重组质粒转化成功的克隆菌。

二、实训原理

利用转化后宿主菌所获得的抗菌素抗性性状,筛选出获得质粒的菌落克隆。再从这些菌落中鉴定出质粒上带有外源基因插入片段的克隆菌落。

三、试剂与仪器

1. 仪器

恒温培养箱、超净工作台、琼脂糖凝胶电泳仪。

2. 试剂和材料

LB 培养基(含 50 g/mL 氨苄青霉素)、碱裂解法质粒提取液、65% 甘油、琼脂糖。

四、方法与步骤

(1)在超净工作台中取 3 支无菌摇菌管,各加入 3 mLLB 培养基(含 50 g/mL 氨苄青霉素),做好编号标记。

(2)在超净工作台中将 70% 乙醇浸泡的小镊子头用酒精灯烤过,夹取一只无菌牙签。用牙签的尖部接触转化的平板培养基上的一个白色菌落,然后将牙签放入盛有 3 mLLB 培养基(含 50 g/mL 氨苄青霉素)的摇菌管中。用此法随机取 3 个白色菌落,分别装入 3 支摇菌管中。

(3)37 ℃摇菌过夜后,用碱裂解法分别提取质粒。摇菌管中的剩余菌液在冰箱中 4 ℃保存。

(4)将提取到的 3 管质粒样品与空质粒同时电泳,根据相对分子质量判断和选取有插入片段的质粒,然后可用酶切,与目的片段一同电泳来鉴定其上的外源插入片段大小是否与预期相符。

(5)将经过鉴定判断为正确的质粒保存。按照编号找到冰箱中原菌液。根据需要进行放大培养提取其质粒或进行诱导表达,或取 500 mL 菌液与 500 mL 65% 甘油混合后 −80 ℃保存。

五、实训报告

根据实训结果,写出实训报告。

 项目小结

基因工程是指核酸分子经体外加工,将不同来源的基因按照设计组成新的基因组,再把它导入宿主细胞中,使之表达的技术。也可简单地归纳为:通过体外基因操作,引起生物遗传性状改变的技术。基因工程也可称为基因克隆或 DNA 分子克隆。

基因工程的研究内容如下:①特定目的基因的分离或合成;②构建重组 DNA 分子;③转化宿主细胞;④筛选重组 DNA 菌落;⑤目的基因的有效表达。

基因工程的特点如下:①能像工程一样按照人们的意愿事先设计和控制;②是人工

的、离体的分子水平上所进行的遗传重组;③在动植物和微生物间进行任意的定向的超远缘杂交。

基因工程的基本操作程序主要包括五个方面的内容:①带有目的基因的 DNA 片段的制备;②DNA 片段与载体 DNA 体外重组;③DNA 重组体导入受体细胞;④重组体克隆的筛选与鉴定;⑤外源基因的表达。

基因工程的重要特点之一是在体外实行 DNA 分子的切割、修饰、加工与连接等操作。因此,要使基因工程得以实施,首先要为体外 DNA 分子提供一系列的工具酶。基因工程中所要用的酶统称为工具酶。基因工程的工具酶可分为限制酶、连接酶、聚合酶和修饰酶四大类。其中,以限制性核酸内切酶和 DNA 连接酶在分子克隆中的作用最为突出。

基因分子克隆的一个重要环节是基因运载体的设计和应用。目的基因 DNA 片段(外源 DNA)一般是很难进入不同种属的细胞中的,即使能单独进入细胞中,也不能进行复制增殖,它必须与具有自我复制能力的 DNA 共价键结合后才能被复制。这种具有在细胞内进行自我复制的 DNA 分子就是外源基因的运载体,又称为克隆载体或无性繁殖载体。有了基因运载体,外源 DNA 就不仅能进入受体细胞,而且能在受体细胞中生存和繁殖,从而使基因工程得以成为一种现实可行的技术。

构建基因文库是基因工程研究中的一个重要内容。基因文库就是随机克隆的集合。基因文库主要包括三大类:①基因组文库;②cDNA 文库;③特殊序列文库。构建文库所使用的载体主要有 λ 噬菌体、黏粒、质粒和酵母人工染色体。

基因工程在食品工业中的应用主要包括:基因工程与酶制剂;基因工程改良食品加工的原料;基因工程改造传统的发酵工业的菌种;基因工程改善食品加工工艺;开发和生产新一代食品等。

 复习思考题

一、名词解释

基因工程　cDNA　启动子　受体细胞　酶活力单位　核酸外切酶　DNA 酶　连接酶　质粒　黏粒　基因组文库　cDNA 文库　转基因食品

二、选择题

1. 下列五个 DNA 片段中含有回文结构的是(　　　)。

A. GAAACTGCTTTGAC

B. GAAACTGGAAACTG

C. GAAACTGGTCAAAG

D. GAAACTGCAGTTTC

2. 若载体 DNA 用 M 酶切开,则下列五种带有 N 酶黏性末端的外源 DNA 片段中,能直接与载体拼接的是(　　　)。

	M	N
A.	A/AGCTT	T/TCGAA
B.	C/CATGG	ACATG/T
C.	CCC/GGG	G/GGCCC

D. G/GATCC   A/GATCT

E. GAGCT/C   G/AGCTC

三、问答题

1. 基因工程的特点是什么?

2. 基因工程的主要研究内容是什么?

3. 简述基因工程的基本操作程序。

4. 简述 DNA 片段与载体 DNA 的体外重组。

5. 重组 DNA 分子导入受体细胞的主要方法有哪些?各有何优缺点?

6. 如何鉴定重组 DNA 分子?方法有哪些?各有何优缺点?

7. 试述影响限制酶效果的主要因素。

8. 基因工程对食品加工原料的改进表现在哪些方面?

9. 利用基因工程可改进哪些食品工艺?

10. 用于构建基因文库的载体有哪几种?各自有什么特点?

11. 举出几种从基因组文库中筛选重组 DNA 的方法。

项目三

蛋白质工程及其在食品工业中的应用

 知识目标

通过本项目的学习,了解蛋白质工程的产生背景及目前的发展状况;理解蛋白质工程的主要研究过程及具体操作手段;掌握蛋白质工程的概念并明确其研究的目标。

 能力目标

通过本项目的学习,能够运用蛋白质工程的基本原理解析在实际生产、生活中蛋白质工程应用的实例,尤其是蛋白质工程技术在食品工业中的一些应用实例,提高分析问题和解决问题的能力。

任务一　蛋白质工程概述

随着人类社会的不断进步、发展,现在我们根据遗传中心法则已经认识到蛋白质是生命活动的主要体现者。20 世纪 80 年代初,随着蛋白质晶体学和结构生物学的发展,人们对蛋白质的结构有了开创性的认识,并通过对蛋白质结构与功能的了解,借助计算机辅助设计,利用基因定位诱变等先进生物工程手段改造基因,实现了对蛋白质某些性质的改进。伴随着这些发展、进步,一门新的技术学科诞生了,它就是蛋白质工程。

"蛋白质工程(protein engineering)"这一名词据说最早是在 1981 年由美国一家基因公司的厄尔默(Ulmer)提出的,当时该公司为此还建立了专门的蛋白质工程研究部门,并随之制订了相应的研究计划。1982 年,Winter 等人首次对通过基因定位诱变获得改性酪氨酸 tRNA 合成酶的实验进行了报道;1983 年,厄尔默又在《科学》杂志上发表了以 "Protein Engineering"为题的专论,这标志着新一代的基因工程就此产生了,它意味着人们将能够根据自己的意愿创造出新的基因,并随之能相应地表达出具有不同功能的蛋白质。因此,有人又形象地称蛋白质工程为第二代基因工程。蛋白质工程研究在过去的 20 多年间发展迅速,已取得了不错的成果,并逐渐应用到医学、农业、轻工等领域中,均收到

43

了较好的经济和社会效益。

一、蛋白质工程的含义

究竟什么是"蛋白质工程"呢？简单地说，就是运用蛋白质结构与功能及分子遗传学方面的知识，从改变或合成基因入手，定向地改造天然蛋白质或者设计创造出新的蛋白质的过程。

具体地说，所谓蛋白质工程，就是根据对蛋白质已知结构和功能的了解，借助计算机辅助设计，利用基因定点诱变等技术，特异性地对现有蛋白质结构基因进行改造，借以改善蛋白质的物理和化学性质，如提高蛋白质的热稳定性、酶的专一性等，或者利用化学和物理手段，对目标基因按预期设计进行修饰和改造，合成新的蛋白质，并可以借此对蛋白质的结构与功能的关系进行更加深入的研究。蛋白质工程的出现，为认识和改造蛋白质分子提供了强有力的手段。

二、蛋白质工程的目标及研究过程

根据蛋白质工程的定义可知，蛋白质工程的目标便是根据人们的需要改造天然蛋白质或设计创造自然界原来没有的全新蛋白质。实现蛋白质工程的研究目标一般需要经过三个步骤。首先，要获得目的蛋白质晶体，并利用 X 射线技术通过晶体衍射仪收集衍射数据，然后对晶体进行测量、分析，确定蛋白质的空间结构。其次，要借助电子计算机对蛋白质进行饰变，通过建立数据库和人工智能等途径确定目标蛋白质的结构和功能的关系，确定所要修饰的位点。最后，需运用定点突变技术等一系列基因操作技术手段来改变编码蛋白质的基因，从而实现对蛋白质结构的改变。同时，这也是对所饰变的蛋白质的结构和功能深入认识的过程。不过在实际工作中，由于蛋白质工程要实现的目标不同，那么对应的工作起点也有可能不同。若要对已存在的蛋白质进行改造，就要从结构测定这步入手；若要创造原来不存在的全新的蛋白质，则要根据已有的蛋白质结构和功能的信息资料先进行分子设计，然后经过基因表达，再对表达产物的结构和功能进行检测、分析。总而言之，要获得一个理想的蛋白质工程产品，往往要经过多轮的饰变、分析、检测与修改的过程才能实现。

概括地说，蛋白质工程的研究过程就是在对目标蛋白质的结构-功能关系深入理解的基础上，通过严格的分子设计，把它定向地改造成一个具有预期的新特性的蛋白质。这类研究中一般有两种情况：一种是对天然蛋白质进行改造；另一种是完全重建一个自然界原来没有的新的蛋白质。在具体操作中，前者是对天然蛋白质中的少数几个氨基酸残基进行的替换（小改），分子剪裁（中改），或者局部重建（大改）；后者是从头设计一个全新的蛋白质。目前的蛋白质工程研究中主要进行的是"小改"和"中改"，而对于"大改"和"从头设计"来说，只有当我们全面掌握了一级结构决定高级结构的规律，掌握了高级结构与生物功能的相关性，才有可能真正实现。然而现存的蛋白质数据库（protein data bank）还是远远不能满足对蛋白空间结构研究的需要，更不用说对蛋白空间结构和功能关系的研究。所以人们只能从现存数据库的数据出发，对少数蛋白质的某些方面总结出"结构-功能"的规律性,只可以尝试性地做一些"大改"或"从头设计"的工作。目前对蛋白质分子的从头设计的成功案例并不多,只限于几种较小的多肽。

三、蛋白质的改造——改变现有蛋白质的结构

目前,蛋白质工程侧重于改造现有的蛋白质这一领域,主要通过"小改"和"中改"技术来实现。

(一)"小改"——少数几个氨基酸残基的替换

"小改"是指对已知结构的蛋白质进行少数几个氨基酸残基的替换,这是目前蛋白质工程中最广泛使用的方法。该方法通过定点突变技术或盒式替换技术有目的地改变目标蛋白质中的几个氨基酸残基,借以改善其性质和功能。例如,蛋白质的稳定性是蛋白质正常发挥生物活性的重要前提,因此改善蛋白质的稳定性成为蛋白质设计和改造的重要目标之一。在改造中如何恰当地选择突变残基是一个关键问题,这不仅需要分析残基的性质,同时还需要借助于已有的三维结构或分子模型。例如,可以通过蛋白质工程途径引入二硫键,期望能提高蛋白质的稳定性,但面临的一个问题就是怎样选择合适的突变位点。因为蛋白质中的二硫键具有一定的结构特征,随机选择突变位点引入二硫键会给整体分子带来不利的张力,不但不会提高蛋白质的稳定性,反而会使其降低。于是为了解决该问题,人们尝试了分子力学方法、分子动力学方法等多种方法,并编制了一些实用程序,以便可以在实验之前筛选可能的以及较好的突变位点。目前对于其他类型的突变也可以实现预测,已有许多方法和程序可以实现在已知天然蛋白质结构的基础上预测突变体的结构和性质。

定点突变是目前蛋白质工程研究的主要技术手段。至 21 世纪初,人们已经对枯草杆菌蛋白酶、T_4 溶菌酶、二氢叶酸还原酶、胰蛋白酶以及核糖核酸酶等许多种类的蛋白质进行了改造实验。

(二)"中改"——分子剪裁

分子剪裁是指在对天然蛋白质的改造中替换一个肽段或一个结构域。Winter 等已将分子剪裁技术成功地用于抗体分子的改造中。他们通过将小鼠单克隆抗体分子重链的互补决定域用基因操作方法插到人体的抗体分子的相应部位上,把小鼠单抗分子所具有的抗原结合专一性成功地转移到人体的抗体分子上。该实验的完成为医学研究作出了很大的贡献。

四、蛋白质的全新设计

对蛋白质的全新设计所应用的技术手段是前面所提到的"大改"或"从头设计"工作。

从头设计蛋白质是在人们认识蛋白质、掌握其结构规律并了解其结构与功能关系的基础上进行的。同时它也是人们更加全面、深入认识蛋白质的一个过程,它的目的是人工创造出自然界中不存在的蛋白质分子,使之具有人们所需要的特殊结构和功能,为人类所利用。根据蛋白质结构与功能关系的研究结果,利用计算机对信息进行分析,通过实验,便可设计出一种预定空间结构的全新多肽和蛋白质分子,再利用基因重组、基因克隆和基

因表达等技术即可制造出具有全新化学性质、生物学活性的蛋白质。

然而设计合成全新的蛋白质是一项十分复杂的工作,虽已有报道合成了某种模拟蛋白质,但目前该技术仍处于初级实验阶段。不过我们相信,随着蛋白质工程技术的不断发展进步和蛋白质数据库的不断完善,全新蛋白质的设计合成工作也会取得突破性的进展。

任务二　蛋白质工程在食品工业中的应用

一、蛋白质的功能特性

蛋白质是一类生物大分子,在细胞中含量丰富、种类繁多,一般占细胞干重的70%以上。蛋白质在生物体内分布广泛,几乎存在于所有的器官和组织中,是一切生命活动的物质基础。生物物种的多样性、新陈代谢的类型和各种生命现象都是通过蛋白质来实现的。因此,蛋白质又被称为"功能分子",不同蛋白质的功能不同,蛋白质的功能由其结构决定。

(一) 蛋白质的组成

组成蛋白质分子的化学元素主要有碳(50%～55%)、氢(6%～7%)、氧(19%～24%)和氮(13%～19%)。大部分蛋白质还含有少量的硫(0～4%),有些还含有微量的过渡金属元素。其中氮是蛋白质的特征性元素,而且不同的蛋白质含氮量基本恒定,平均为16%,即1 g氮相当于6.25 g蛋白质。故很多情况下,可以通过测定氮的含量来推断蛋白质的含量。

氨基酸是蛋白质的基本组成单位,也就是蛋白质水解的最终产物。蛋白质极易被蛋白酶等水解成相对分子质量不同的短肽链(两个以上的氨基酸残基组成的片段)和氨基酸,水解过程所获得的非氨基酸产物称为不完全水解或部分水解产物。

存在于自然界中的氨基酸有300多种,但组成人体蛋白质的氨基酸仅有20种(见表3-1),其中除甘氨酸和脯氨酸外,均属于L型-α-氨基酸,其结构通式如下:

$$\begin{array}{c} NH_2 \\ | \\ R—CH—COOH \end{array}$$

R为侧链基团

表 3-1　组成人体蛋白质的 20 种氨基酸及其代码

中文名	英文名	三字符代码	单字符代码	中文名	英文名	三字符代码	单字符代码
丙氨酸	alanine	Ala	A	谷氨酰胺	glutamine	Gln	Q
精氨酸	arginine	Arg	R	谷氨酸	glutamic acid	Glu	E
天冬酰胺	asparagine	Asn	N	甘氨酸	glycine	Gly	G
天冬氨酸	aspartic acid	Asp	D	组氨酸	histidine	His	H
半胱氨酸	cysteine	Cys	C	异亮氨酸	isoleucine	Ile	I

续表

中文名	英文名	三字符代码	单字符代码	中文名	英文名	三字符代码	单字符代码
亮氨酸	leucine	Leu	L	丝氨酸	scrine	Ser	S
赖氨酸	lysine	Lys	K	苏氨酸	threnine	Thr	T
蛋氨酸	methionine	Met	M	色氨酸	tryptophan	Trp	W
苯丙氨酸	phenylalanine	Phe	F	酪氨酸	tyrosine	Tyr	Y
脯氨酸	proline	Pro	P	缬氨酸	valine	Val	V

(二)蛋白质的结构

蛋白质的一级结构(primary structure)是指多肽链中氨基酸残基的排列顺序。通常由左至右,从氨基端开始,以羧基端结尾。一级结构可由肽链中的氨基酸缩写符号从氨基端向羧基端依次书写。蛋白质的一级结构是由基因上的遗传信息所决定的。一级结构是蛋白质分子的基本结构,也是蛋白质空间结构的基础。

蛋白质一级结构内部不同的氨基酸残基之间可形成氢键等化学键,肽链由此发生卷曲、折叠,形成二级结构。蛋白质二级结构有5种基本的构象,分别为 α-螺旋、β-折叠、β-转角、无规则卷曲和无序结构。

蛋白质分子在二级结构的基础上进一步盘曲、折叠形成的空间结构即为蛋白质的三级结构。

然而有一些蛋白质不止含有一条肽链,如我们所熟知的血红蛋白,它是由四条肽链组成的,这些肽链之间通过氢键、离子键等次级键结合联系在一起还会形成四聚体功能单位,这种四聚体形成的结构即为蛋白质的四级结构,四级结构中具有三级结构的球状蛋白叫做亚基。因此,蛋白质的四级结构可以说是由多亚基蛋白质形成的三维结构。蛋白质的二、三和四级结构统称为蛋白质的空间结构。

(三)蛋白质结构与功能的关系

无论是蛋白质的一级结构,还是蛋白质的空间结构,都与其功能活性密切相关。实践证明,蛋白质结构分子的细微改变都会影响蛋白质的功能活性。

1. 蛋白质一级结构与功能的关系

(1)相似的结构具有相似的功能。

一级结构相似的多肽或蛋白质,其空间结构及功能也相似。例如,神经垂体释放的催产素和抗利尿激素都是九肽,它们的一级结构中只有两个氨基酸残基不同,因此,催产素和抗利尿激素有相似的生理功能,即催产素兼有抗利尿激素的作用,而抗利尿激素也兼有催产素的作用。

(2)不同结构具有不同的功能。

尽管抗利尿激素和催产素具有相似的功能,但毕竟其结构并不完全相同,因此它们的生物学活性又存在着很大的差别。如催产素对子宫平滑肌和乳腺导管的收缩作用远强于抗利尿激素,而抗利尿激素对血管平滑肌的收缩效应和利尿作用又远远强于催产素。因此,一级结构不同的蛋白质,其功能尽管相似但有所不同。所以,当蛋白质一级结构发生

改变后,其功能也必然发生相应的变化。

2. 蛋白质空间结构与功能的关系

蛋白质的功能与其空间结构密切相关。蛋白质的空间结构是其生物活性的基础,空间结构发生改变,其功能活性也必然随之改变。例如,核糖核酸酶是由 124 个氨基酸残基组成的单链蛋白质,分子的空间结构由 4 个二硫键及许多氢键维系。若在核糖核酸酶溶液中加入尿素和巯基乙醇,则尿素会破坏氢键,巯基乙醇可以将二硫键还原为巯基,导致该酶的正常构象(二级、三级结构)发生改变。此时,即便是核糖核酸酶的一级结构并未受到破坏,该酶的活性也会逐渐消失。不过,倘若再除去尿素和巯基乙醇,并经过氧化(使多肽链上的巯基重新形成二硫键),则随着酶分子三级结构的逐渐恢复,该酶的活性也可得到恢复。

二、食物蛋白的改性

随着食品工业的发展,近年来,消费者对食品功能性和营养性的要求越来越高,这就迫切需要大量具有功能特性(functional property)和营养特性(nutritional property)的蛋白质,作为食品的原料成分或添加基料,因此,对蛋白质的开发或改性已成为一个重要的研究课题。一方面,要大力开发具有优良特性的蛋白质资源;另一方面,就是要对现有的蛋白质(尤其是植物蛋白质)进行改造,以满足人类的特殊要求,这就是通常意义上的改性蛋白质(modified protein)。由于现有的大多数蛋白质来源丰富,价格低廉,所以采用特定目的的改性技术,就可获得较高的经济效益。

蛋白质的改性是指通过物理、化学和生物(酶)的方法改变蛋白质的结构,从而改善它们的功能特性,使之达到食品所需要的品质特性,以扩大蛋白质在不同类型食品体系中的应用范围。一般改性的方法包括物理法、化学法和酶法等。从分子水平看,改性的实质是利用生化或物理因素切断蛋白质分子中的主链或是对蛋白质分子的侧链基团进行修饰,从而引发蛋白质空间结构及理化性质的改变,最终获得具有较好功能特性和营养特性的蛋白质。

三、蛋白质工程在食品工业中的应用

蛋白质工程自问世以来,短短十几年的时间,已取得了引人注目的进展,它的成果在诸多领域中得以应用,尤其在医学和工业用酶等方面获得了良好的应用前景,它在食品工业中的应用也主要体现在工业用酶方面。

蛋白质工程方法在工业用酶方面的应用,不但起步早,而且进展快,原因大概有以下几个方面:

(1)工业酶的制备量大,售价低,一般都较早地被用做研究蛋白质结构功能的样品,因此,都有较好的酶学研究基础;

(2)工业用酶中很多都是用微生物发酵生产的,长期以来使用经典遗传学方法诱变和筛选优良菌种,因此它们的遗传学研究背景比较清楚,一般比较容易开展遗传工程方面的研究和应用;

（3）它们的蛋白质工程产物不会像医用蛋白制品那样，必须考虑经过改变结构的蛋白是否会引起免疫问题或者产生其他副作用，而需要经过较长时间的医学鉴定。因此，比较容易对工业用酶进行分子设计，而且所得产物也能较快地投入应用。

一种工业用酶能否得到较好的生产和应用，除了它必须具备的特定的酶学性质以外，往往还取决于它在特定条件下的活性和稳定性，如对氧化剂、有机溶剂、重金属、极端的pH或者极端的温度等的稳定性。因为工业用酶一般要进行大规模的生产、运输和保存，又要求成本尽可能低，因此对所用的方法和条件的要求就不能很高；工业用酶往往需要在各种非生物体内的条件下使用，因此，一般会在不同程度上遇到上述各种情况中的某几种。用蛋白质工程方法改进酶在这些方面的特性，也就理所当然地成为工业用酶的蛋白质工程的首要研究目标。下面介绍几种在食品工业中较常应用的酶制剂通过蛋白质工程技术手段得到改进的实例。

（一）蛋白水解酶

在自然界的动物、植物以及细菌当中，存在大量的催化多肽或蛋白质水解酶，简称蛋白酶。食品行业中，脂肪酶催化的醇解和酯化反应可以用来生产各种香脂，做调料剂；酶作用后释放出的链较短的脂肪酸可以增加和改进食品的风味和香味。可是在蛋白酶的生产过程中存在着很多限制。

枯草杆菌蛋白酶（subtilisin）是由枯草芽孢杆菌（*Bacillus subtilis*）合成的一种丝氨酸蛋白酶，根据来源的不同可分为 Carlsberg、E、BL、YaB 等多种。它可以催化蛋白质，把蛋白质水解成氨基酸，具有重要的应用价值，被广泛应用在洗涤剂、制革及丝绸工业中，是一种重要的工业用酶。该酶的缺点是极易被氧化而失去活性。不过随着科技的发展、进步，该酶的三维结构及编码基因目前都已经基本了解了，而且配有合适的克隆、表达系统以及准确的定量分析催化活性的方法，因此它的缺点目前已经可以通过蛋白质工程得到弥补了。不仅如此，现在还可以运用基因定点诱变技术对它的许多理化性质，诸如酶的稳定性、催化速率、底物专一性、pH效应以及抗氧化作用、耐热和耐碱等性能进行改进，可以获得符合生产要求的各种蛋白酶突变株。

迄今为止，对枯草杆菌蛋白酶所做的定点诱变已有 400 多个，在理论和应用方面均取得了相当大的进展和成功。下面仅举一例。由于枯草杆菌蛋白酶对于弄脏衣料的各种蛋白质有广泛的特异性消化能力，因此，早在几十年前枯草杆菌蛋白酶就被开发成为商用的纺织品洗涤剂的添加酶，目前仍然是最基本、最重要，也是使用最广泛、最成熟的洗涤用酶。但是在使用初期，人们发现枯草杆菌蛋白酶在被添加到商用的纺织品洗涤剂后，使得该种洗涤剂无法与漂白剂共同使用，因为漂白剂可以导致枯草杆菌蛋白酶失活。就此通过一系列的科学分析，科技工作者认识到造成这种失活效应的原因是，枯草杆菌蛋白酶的第 222 位甲硫氨酸残基（Met-222）发生了氧化作用，致使该酶的活性丧失 90%。针对该问题，科技工作者应用蛋白质工程中常用的定点诱变技术，进行了多次用非野生型的氨基酸密码取代 Met-222 密码子的实验，获得了一系列相应的突变基因。进而将这些突变基因分别克隆到表达载体上，最终表达出了 19 种不同的枯草杆菌蛋白酶突变株。通过对这些突变蛋白酶活性的检测，显示出以 Ala-222 取代 Met-222 的突变蛋白酶其活性虽然仅

为野生型的 53%,但它的抗氧化性已得到了大大提高,而且即便在 1 mol/L 的 H_2O_2 中保存 1 h,仍然可以保留其原有的活性。当把该突变蛋白酶与漂白剂共同使用时,其活性也不会被抑制。因此,应用这种定点改造后的枯草杆菌蛋白酶制成的洗涤剂,便可以实现与漂白剂共同使用的目标了。

枯草杆菌蛋白酶在作为蛋白质工程的研究对象过程中,不仅仅使它自身的诸多性能得到了改善,更为重要的是在研究它的过程中,蛋白质工程的研究理论同时也得到了极大的丰富,这为蛋白质工程技术应用于其他酶的研究,尤其是对其他工业酶的性能改造提供了极具科学价值的范例和理论指导。

(二) 溶菌酶

溶菌酶(lysozyme)又称胞壁质酶(muramidase),是一种能水解致病菌中黏多糖的碱性酶。它是一种天然酶,是安全绿色的添加剂,无抗药性。溶菌酶由于其自身的很多优点,因此在工业中得到了广泛的应用。例如,它不会因为有机溶剂的处理而失活,当转移到水溶液中时,活力可全部恢复;可被冷冻或干燥处理,且活力稳定;适宜 pH 为 $5.3\sim6.4$,可用于低酸性食品防腐;生产成本较低;抗菌谱较广;安全性高等。

溶菌酶由于本身是一种无毒、无副作用的蛋白质,而且具有一定的溶菌作用,因此被用做天然食品防腐剂。现在已广泛应用于水产品、肉食品、蛋糕、清酒、料酒及饮料中的防腐;还可以添加到乳粉中,使牛乳人乳化,以抑制肠道中腐败微生物的生存,直接或间接地促进肠道中双歧杆菌的增殖。总而言之,溶菌酶是一种广泛用于食品工业的酶制品。由于溶菌酶的催化速率随温度的升高而升高,因此,该酶的热稳定性是提高其应用潜力的重要指标。

科技人员通过对 T_4 溶菌酶蛋白质晶体结构研究,发现其分子由一条肽链构成,并在空间上折叠形成两个相对独立的单元,酶活性中心位于这两个结构域之间。该酶分子的一个重要特性是第 97 位和 54 位残基是两个未形成二硫键的半胱氨酸,由此可以推断野生型的溶菌酶是不含二硫键的蛋白质分子。二硫键是一种稳定蛋白质分子空间结构的重要共价键,像建筑所用的钢筋一样,能将分子中的不同部位牢固地联结在一起。因此,提高酶热稳定性最常用的办法便是在分子中增加一对或数对二硫键。

基于对空间结构模型的仔细分析,采用蛋白质工程中的定位突变技术,在 T_4 溶菌酶中取得了成功。也就是使溶菌酶肽链第三位上的异亮氨酸(Ile-3)转变为半胱氨酸(Cys-3),构建了一对二硫键,并分别测定了酶活性和热稳定性。在 6 种突变蛋白中,有一种突变体(即 B,其第 9 和 164 位氨基酸残基被转换为半胱氨酸,并形成一对二硫键)的酶活性高于对照 6%,熔点温度 T_m 提高 6.4 K,所有的突变体随着二硫键数目的增加,其 T_m 值呈上升趋势;含有 3 对二硫键的突变体酶的 T_m 值比对照提高了 23.6 K,但活性全部丧失。如果同时用碘乙酸封闭第 54 位的半胱氨酸或将其突变为苏氨酸或缬氨酸,则不仅可以提高溶菌酶的热稳定性,而且可以改善该酶的抗氧化活力。

显然,新引入的"工程二硫键"能够稳定两个结构域之间的相对位置,进而稳定了由两个结构域所形成的活性中心。

引入二硫键时,必须仔细分析侧链残基碳原子的相对位置,以避免因引入二硫键后造成的分子构象改变以及所产生的酶失活效应。例如,当一对互成氢键的丝氨酸或甲硫氨酸甲基与主链上甘氨酸的次甲基毗邻时,选择突变这些残基为半胱氨酸来构建新的二硫键,则对整个分子构象产生的影响最小,也可以选择突变二个邻近的丙氨酸来构建二硫键。一般来说,增加二硫键、氢键、离子键以及分子内核疏水残基间相互作用对创造高温酶是行之有效的手段,在蛋白质工程中应予以特别重视。

(三)葡萄糖异构酶

葡萄糖异构酶也称木糖异构酶,它可以催化 D-木糖和 D-葡萄糖,把醛糖转化为相应的酮糖。葡萄糖异构酶的主要用途就是将葡萄糖异构化为高果糖浆。淀粉的浆液经过 α-淀粉酶的催化作用,形成糊精;糊精经过糖化酶的作用形成葡萄糖;葡萄糖在葡萄糖异构酶的进一步催化作用下,分子结构发生异构化。葡萄糖异构化后便形成了果糖。若把果葡糖浆中的果糖和葡萄糖分离开来,将分离出来的葡萄糖再次异构化,并反复多次,最后的混合物中果糖的含量便可达到 $70\% \sim 90\%$,这样的混合物就叫做高果糖浆。果糖与葡萄糖相比,具有很多优点,如味道纯正,具有较强的保温性、着色性和防腐性;营养价值较高,可不经消化直接被肠胃吸收,其代谢不受胰岛素调节;甜度为蔗糖的 $1.2 \sim 1.8$ 倍等。可以说,果糖是食品工业的理想原料,由此导致了葡萄糖异构酶成为食品工业中的重要用酶。

然而在葡萄糖异构酶的使用过程中,人们发现由于糖化酶反应为酸性条件,但葡萄糖异构酶的最适酸碱度为碱性条件,所以尽管某些细菌来源的葡萄糖异构酶在 80℃时稳定,但在碱性条件下,80℃将导致高果糖浆"焦化"并产生有害物质。因此,反应只能在 60 ℃下进行。如果能将酶的最适酸碱度改为酸性,则不仅可使反应在高温下进行,而且可避免反复调节 pH 值过程中所产生的盐离子,从而省去离子交换工序,其经济效益显而易见。目前,一些科学家已应用蛋白质工程中的盒式突变技术将葡萄糖异构酶分子中酸性氨基酸(Glu 或 Asp)集中的区域置换为碱性氨基酸(Arg 或 Lys),由此对于改变葡萄糖异构酶的 pH 值适应性有了积极的促进效果。

(四)磷酸丙糖异构酶

磷酸丙糖异构酶(triose-phosphate isomerase,通常简称为 TPI 或 TIM),能够催化丙糖磷酸异构体在二羟丙酮磷酸和 D 型甘油醛-3-磷酸之间的转换。磷酸丙糖异构酶在糖酵解中具有重要作用,对于有效的能量生成是必不可少的。它存在于几乎所有的生物体,包括哺乳动物、昆虫、真菌、植物和大多数细菌中。

由于在高温条件下,Asn(天冬酰胺)与 Gln(谷氨酰胺)容易脱氨而变成 Asp(天冬氨酸)和 Glu(谷氨酸),这种改变很可能导致肽链的局部构象发生改变,从而使蛋白质失去活性。因此推断,人为地将 Asn 与 Gln 突变为其他氨基酸,或许能够提高酶蛋白的热稳定性。

基于上述推断,研究人员对酿酒酵母(Saccharomyces cerevisiae)的磷酸丙糖异构酶进行蛋白质工程的诱变改造。该酶有两个相同的亚基,每个亚基含有 2 个 Asn,它们都位于亚基之间的界面上,因此可能对酶的热稳定性起决定性作用。通过寡核甘酸介导的定向诱变技术,研究人员将第 14 位和第 78 位上的 2 个天冬酰胺分别转变成 Thr(苏氨酸)和 Ile(异亮氨酸)残基,大幅度地提高了突变酶的热稳定性。进一步检验酵母磷酸丙糖异

构酶对蛋白水解作用的抗性表明,酶的热稳定性与蛋白水解作用的抗性成正比例关系。由此可见,通过对磷酸丙糖异构酶蛋白质中非必需的 Asn 进行突变,该酶的蛋白热稳定性确实得到了明显的提高。

(五)胰蛋白酶

胰蛋白酶(EC3.4.21.4)是丝氨酸蛋白酶类,它是一条单链肽,由 223 个氨基酸残基组成,N 末端为异亮氨酸,主要作用于精氨酸或赖氨酸羧基端的肽键。在脊椎动物中,作为消化酶而起作用。在胰脏中是作为酶的前体胰蛋白酶原而被合成的。作为胰液的成分而分泌,受肠激酶或胰蛋白酶的限制分解成为活化的胰蛋白酶,它是肽链内切酶,能把多肽链中赖氨酸和精氨酸残基中的羧基端切断。它不仅起消化酶的作用,而且能限制分解糜蛋白酶原、羧肽酶原、磷脂酶原等其他酶的前体,起活化作用。它是特异性最强的蛋白酶,在决定蛋白质的氨基酸排列中,它成为不可缺少的工具。

不过胰蛋白酶极易自溶,即便是在温和的条件下,也很容易发生自溶现象。自溶产物经层析分离后,会得到 4 个具有胰蛋白酶活性的片段。通过对 N 末端残基的分析,表明这些活性产物是由于 Arg^{117}-Val^{118}、Lys^{145}-Ser^{146} 及 Lys^{159}-Ala^{160} 处发生断裂而出现的。针对这种情况,人们运用了蛋白质工程手段,对 Arg^{117} 位自溶点进行了缺失突变,最终得到了稳定性明显提高的突变株。

此外,科学工作者还把蛋白质工程技术应用于改造胰蛋白酶的催化专一性方面。例如,通过将酶分子表面的正电荷改变成负电荷,来提高胰蛋白酶催化活性中心 His^{57} 的 pK_a 值,从而使胰蛋白酶在 pH 值较高的条件下对精氨酸具有更高的专一性。

但是目前因为动物蛋白酶来源较少,价格昂贵,所以在食品工业中的应用还不甚广泛,有待进一步的开发。

以上介绍的应用蛋白质工程技术手段改进酶的应用性的诸项研究都已在不同程度上获得了部分阶段性成果,并使人们的生活由此获益。

蛋白质工程作为一种新兴的生物高技术,也是复杂的综合性技术,它汇集了当代分子生物学等学科的一些前沿领域的最新成就,以及物质结构乃至信息论的理论和技术。蛋白质工程将蛋白质与酶的研究推进到崭新的时代,为蛋白质和酶在工业、农业和医药方面的应用开拓了诱人的前景。蛋白质工程开创了按照人类意愿改造、创造符合人类需要的蛋白质的新时期。

 项目小结

蛋白质工程就是运用蛋白质结构与功能及分子遗传学方面的知识,从改变或合成基因入手,定向地改造天然蛋白质或者设计、创造出新的蛋白质的过程。它的出现标志着人们将可以根据自己的意愿、需求改造或创造出新的基因,并能表达出具有不同功能的蛋白质,因此又可称其为第二代基因工程。

蛋白质工程的目标便是根据人们的需要改造天然蛋白质或设计创造自然界原来没有的全新蛋白质。蛋白质工程的研究过程就是在对目标蛋白质的结构-功能关系深入理解的基础上,通过严格的分子设计,把它定向地改造成一个具有预期的新特性的蛋白质。

目前,蛋白质工程侧重于改造现有的蛋白质这一领域,主要通过"小改"和"中改"技术来实现。"小改"是少数几个氨基酸残基的替换,是指对已知结构的蛋白质进行少数几个氨基酸残基的替换,这是目前蛋白质工程中最广泛使用的方法;"中改"是分子剪裁,是指在对天然蛋白质的改造中替换一个肽段或一个结构域。

对蛋白质的全新设计所应用的技术手段是"大改"或"从头设计"工作。从头设计蛋白质是在人们认识蛋白质、掌握其结构规律并了解其结构-功能关系的基础上进行的。根据蛋白质结构与功能关系的研究结果,利用计算机对信息进行分析,通过实验,便可设计出一种预定空间结构的全新多肽和蛋白质分子,再利用基因重组、基因克隆和基因表达等技术即可制造出具有全新化学性质、生物学活性的蛋白质。

蛋白质工程的出现使人类对生命的主体——蛋白质有了更加深入的认识。在过去的几十年间,蛋白质工程的研究发展迅速,取得了不错的成果,并已逐渐应用到医学、农业、轻工食品等各个领域,产生了较大的经济和社会效益。以蛋白水解酶、溶菌酶、葡萄糖异构酶、磷酸丙糖异构酶及胰蛋白酶为例,介绍了蛋白质工程技术在食品工业生产实际中的应用情况。

 复习思考题

1. 什么是蛋白质工程?它的研究过程如何阐述?
2. 什么是改性食物蛋白?请举例说明。
3. 请阐述蛋白质工程技术手段在食品工业中的应用实例。
4. 根据你对蛋白质工程的理解,举例说明人们生产生活中还有哪些产品是通过蛋白质工程的技术手段获得的。

项目四

酶工程及其在食品工业中的应用

 知识目标

熟悉酶的微生物发酵生产、酶的分离提纯技术及固定化酶技术；了解酶工程的发展概况、酶的修饰技术和酶的非水相催化；掌握酶在食品加工与保藏中的应用。

 能力目标

通过本项目的学习，能够知道酶在淀粉糖制品、焙烤食品、果蔬加工、酒类、乳制品、肉蛋鱼制品、调味品、保健品等食品生产中和食品保鲜、食品检测等方面的应用实例，提高分析问题与解决问题的能力。

任务一　酶工程概述

一、酶工程发展概况

早在几千年前，我们的祖先就曾有酿酒、制醋、做酱的历史，这些都是酶的应用，但是有关酶的理论形成和深入研究，是 19 世纪末期从欧洲开始的。酶是活细胞产生的具有高效催化功能、高度专一性和可控性的一类活性蛋白质及具活性的某些核糖核酸。它可高效、专一地催化特定的化学反应，并具有反应条件温和、产物易纯化等特点。酶促反应能耗低，污染少，操作简单，易于控制。因此它与传统的化学反应相比，具有较强的优势。此后，随着酶生产的不断发展，对于酶的探讨和开发应用越来越广泛。现在，酶工程已在医药、食品、工业、农业、饲料、环保、能源、科研等领域中广泛应用，成为基因工程、细胞工程、蛋白质工程等新技术领域的科学研究和技术开发中不可取代的工具。

酶工程是利用酶的催化作用进行物质转化的技术，是将酶理论与化工技术结合而形成的新技术。也就是利用酶或微生物细胞、动植物细胞、细胞器的特定功能，借助于工程学手段来为我们提供产品的一门科学。酶工程是从规模生产的角度采用酶催化技术,在生物反应器中控制性地将原料成分转化为人类所需产品的工程技术。酶工程主要研究酶源开发、酶的发酵生产、酶的分离纯化、酶的细胞固定化、酶的分子修饰以及酶制剂的大规模开发应用等。

人类有意识地利用酶已经有好多年历史了。酶工程的发展经历了如下过程:自然酶的开发和利用—固定化酶和固定化细胞—多酶反应器仿生技术。开始的时候,人们直接从动植物或微生物体内提取酶做成酶制剂,用于产品生产,这种方法直到现在仍被延用。由于从动植物中提取酶比较麻烦,数量也有限,人们普遍看好通过微生物大规模培养,然后从中提取酶,以获取大量酶制剂的方法。目前很多的商品酶,如淀粉酶、糖化酶、蛋白酶等,主要是来自于微生物的。所以酶工程离不开微生物发酵工程,也可以说是发酵工程的产物。对已知分子结构的酶,可以用人工合成法获得。例如,1969年美国科学家首次采用化学合成法获得含124个氨基酸的核糖核酸酶。化学合成法成本较高,而且只能合成那些已知化学结构的酶,所以目前仍然停留在实验室合成的阶段。

20世纪70年代以后,随着固定化酶及其相关技术的产生,酶工程才算真正登上了历史舞台。固定化技术的出现是使酶工程产业化的必要条件,固定化技术就是通过化学或物理方法将酶通过固相支持物来束缚在一定区域内之后,发挥其催化化学反应的能力。酶的固定化使之易与溶液中的底物和产物分离,且可使酶反复使用,从而为酶的工程化使用开辟了蹊径。通过固定化的方法,既可制备固定化酶,也可制备固定化细胞。若将固定化酶与适当的换能器件结合而构成分析系统,则称为生物传感器(biosensor)。它是在固定化作用的基础上,通过化工设计,使一系列生物化学反应连续化、自动化,能与仪表、自控系统、计算机系统相连接,从而高效、低耗地为我们提供产品。固定化酶正日益成为工业生产的主力军,在化工医药、轻工食品、环境保护等领域发挥着巨大的作用。不仅如此,还产生了威力更大的第三代酶,它是包括辅助因子再生系统在内的固定化多酶系统,它正在成为酶工程应用的主角。

酶在生物体内的含量是有限的,不管是哪种酶,在细胞中的浓度都不会是很高的,这也是生物机体生命活动平衡调节的需要。这样一来,直接利用天然酶解决很多化学反应的问题就受到了很大的限制。利用基因工程的方法可以解决这一难题。只要在生物体内找到了某种有用的酶,即使含量再低,只要应用基因重组技术,通过基因扩增与增强表达,就可能建立高效表达特定酶制剂的基因工程菌或基因工程细胞了。把基因工程菌或基因工程细胞固定起来,就可构建成新一代的生物催化剂——固定化工程菌或固定化工程细胞。这种新型的生物催化剂称为基因工程酶制剂。新一代基因工程酶制剂的开发研制,无疑是使酶工程如虎添翼。固定化基因工程菌、基因工程细胞技术将使酶的威力发挥得更出色,科学家们预言,如果把相关的技术与连续生物反应器巧妙结合起来,将导致整个发酵工业和化学合成工业的根本性变革。

对酶进行改造和修饰也是酶工程的一项重要内容。酶的作用力虽然很强,尤其是被固定起来之后,力量就更大了,但并不是所有的酶制剂都适合固定化,即使是用于固定化的天然酶,其活性也往往不能满足人们的要求,需要改变其某些性质、提高其活性,以便更好地发挥其催化功能。于是,酶分子修饰和改造的任务就被提出来了。一般来说,科学家

们是通过对酶蛋白分子的主链进行"切割"、"剪切"以及在侧链上进行化学修饰来达到改造酶分子的目的。被修饰、改造的酶分子,无论是物化性质,还是生物活性都得到了改善,甚至被赋予了新的功能。人工设计和合成具有生物活性的非天然大分子物质是科学家们正在努力的目标。

从现代酶工程发展而言,酶工程又可分为化学酶工程和生物酶工程,前者包括固定化酶、酶的化学修饰和有机溶剂中酶的催化作用等内容,后者则包括核酸酶、酶分子定向进化和抗体酶等。

二、酶的发酵生产

酶是一种具有活性的生物催化剂,也就是生物活细胞产生的具催化功能的物质。酶来自生物体,因此,可利用生物体(包括动物、植物、微生物)为原料,经提取、分离等技术而得到酶。早期的酶,多是从动植物中分离出的,但是动植物的生产受到地理位置、季节、气候和生长周期等多种因素的影响,不能满足工业上对酶的广泛应用的大量需求。而所有的动植物酶都可从微生物细胞中获得;微生物的种类多,菌株易诱变,菌种多样;微生物生长繁殖快,易提取酶,微生物的生长速度比农作物快 500 倍,比家畜快 1 000 倍;微生物培养基来源广泛,价格便宜,在不同环境条件下微生物可利用不同的基质并有各种各样的代谢类型;可利用基因工程、细胞工程等生物学技术,选育菌种,提高酶产率,增加新酶种;微生物的发酵生产易于实现连续化、自动化,经济效益高。酶制剂生产至今都是以微生物发酵生产为主。用于生产酶的微生物主要是细菌、真菌、霉菌和放线菌等。

(一) 酶的发酵生产类型

酶的发酵生产根据细胞的培养方式不同,可分为固体培养发酵、液体深层发酵和固定化细胞发酵。固体培养发酵是我国传统的各种酒曲、酱油曲等的生产方式,采用固态培养基发酵,设备简单,发酵基质中酶浓度高,适用于霉菌培养,但是劳动强度大,原料利用率低,生产周期长。液体深层发酵是目前酶发酵生产的主要方式,易于科学管理,机械化程度高,酶的生产效率较高,质量较好。固定化细胞发酵是一种新的发酵生产技术,需要特殊的固定化细胞反应器,只适用于胞外酶的生产,但发酵速度快,节省培养菌种所需的设备和原材料,连续发酵利于实现自动化。

(二) 培养基

微生物生长发酵产酶所需的营养成分都来自于培养基,培养基中主要包含碳源、氮源、无机盐、生长因子和产酶促进剂等。

培养基的组分(包括这些组分的来源和加工方法)、配比、缓冲能力、黏度、消毒是否彻底、消毒后营养破坏程度及原料中杂质的含量都对菌体的生长和产物形成有影响。在考虑培养基总体要求时,要注意三个方面。第一,考虑碳(氮)源时,要注意快速利用的碳(氮)源和慢速利用的碳(氮)源的相互配合,发挥各自的优势,避其所短。第二,选用适当的碳氮比。培养基中碳氮比的影响极为明显。若氮源过多,会使菌体生长过于旺盛,pH偏高,不利于代谢产物的积累;若氮源不足,则菌体繁殖量少,从而影响产量。若碳源过多,则容易形成较低的 pH;若碳源不足,则易引起菌体衰老和自溶。另外,碳氮比不当还会影响菌体按比例地吸收营养物质,直接影响菌体的生长和产物的形成。菌体在不同的生长阶段,对碳氮比的最适要求也不一样。一般碳源因为既作碳架又作能源,因此用量要比氮多。第三,要注意生理酸碱性物质和 pH 缓冲剂的加入和搭配。这是根据该菌种在现有工艺设备条件下,其生长合成产物时 pH 变化情况,以及最适 pH 控制范围等,综合考虑选用什么生理酸碱性物质及其用量,从而保证在整个发酵过程中 pH 都能维持在最佳状态(有时也可考虑用中间补料来控制 pH)。

培养基成分用量的多少,大部分是根据经验确定。但有些主要代谢的产物因为其代谢途径比较清楚,所以可以根据物料平衡计算来加以确定。在确定培养基中碳源数量时,还要考虑用于菌体生长和维持所需的消耗。在选择培养基所用的有机氮源时,特别要注意原料的来源、加工方法和有效成分的含量。有机氮源大部分为农副产品,其中所含的成分受产地、加工、储藏等的影响较大,常会引起产量的波动。例如黄豆饼粉、花生饼粉、棉子饼粉等,它们的产地不同有机氮的成分和含量也不同,如东北大豆含胱氨酸和蛋氨酸的量比华北、江南产的大豆含量高。培养基的原料在大规模工业生产中用量很大。在选用时,应就近利用较丰富的廉价原料,设法降低成本。

另外,在产酶的微生物发酵中还常常加入少量能显著提高酶产率的物质,称为酶促进剂。它们一般是酶的诱导物或表面活性剂。常用的酶促进剂有吐温 80、洗净剂 LS(脂肪酰胺磺酸钠)、聚乙烯醇、糖脂、乙二胺四乙酸(EDTA)等。

(三)发酵容器

酶制剂发酵生产采用的发酵设备大多采用机械搅拌通风发酵罐(见图 4-1),该设备采用内循环方式,用搅拌桨分散和打碎气泡,它溶氧速率高,混合效果好。罐体采用不锈

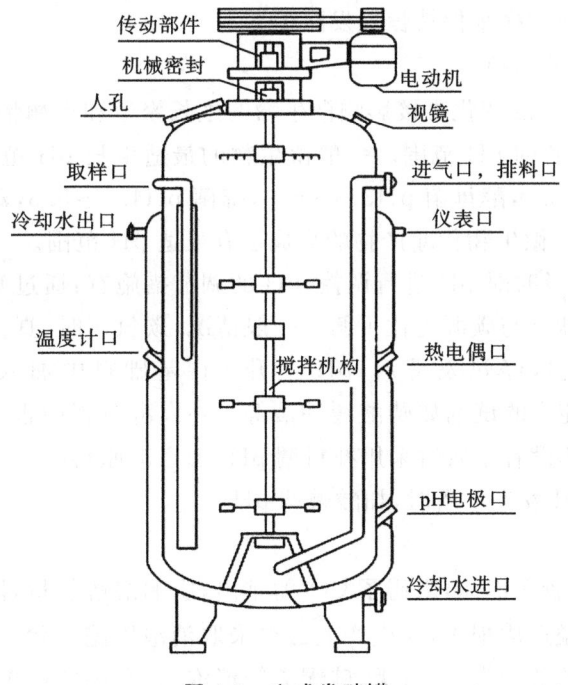

图 4-1 立式发酵罐

钢材料,罐内配有自动喷淋清洗接头,确保生产过程符合要求。另外还有自吸式、气升式、内外循环式等。

(四) 发酵法生产酶的工艺流程

(1) 固体发酵工艺流程:

麸皮或米糠等＋水→拌料→灭菌→散热→接种→装箱→保温、保湿、通风培养→发酵结束→提取分离酶

(2) 液体深层发酵工艺流程:

斜面菌种→活化→种子罐种子　　无菌空气

原料粉碎→拌料桶拌料→培养基灭菌→接种发酵→提取分离酶

(五) 液体深层发酵过程的控制

在液体发酵中,发酵效果除了和发酵菌种有关外,还和发酵过程中的温度、pH 值、溶解氧等条件有关。

1. 温度的控制

微生物生长繁殖和产酶的最适温度随着菌种和酶的性质不同而变化,两者往往不一致。前期菌量少,取稍高的温度,使菌生长迅速;中期菌量已达到产酶的最适量,发酵需要延长周期,从而提高产量,因此温度要调整到产酶最适温度,以提高酶的产量。例如,黑曲霉发酵生产糖化酶时,黑曲霉生长繁殖最适温度为 37 ℃,产糖化酶最适温度为 32～34 ℃。生产中,发酵罐在发酵过程中一般不需加热,温度的控制是采用冷却水通入发酵罐的蛇管或夹套中,进行热交换来保持恒温发酵的。

2. pH 值对发酵的影响

在发酵过程中,pH 的变化直接影响微生物的生长繁殖和产酶情况,各种微生物有其可以生长的和最适生长的 pH 范围。一般微生物的最适生长 pH 范围为:细菌 pH7.0～8.0,放线菌 pH7.5～8.5,酵母菌 pH3.8～6.0,霉菌 pH4.0～5.8,藻类 pH6.0～7.0,原生动物 pH6.0～8.0。微生物代谢产物的合成也有最适 pH 范围。

在发酵过程中要及时对 pH 进行调控,pH 的调节措施有:通过基础培养基调节 pH,适当调整碳氮比,使盐类与碳源配比平衡。一般情况,碳氮高时(真菌培养基),pH 降低;碳氮低时(一般细菌),经过发酵后,pH 上升。在基础料中加入维持 pH 的物质如 $CaCO_3$,或具有缓冲能力的试剂如磷酸缓冲液等。在发酵过程中根据碳氮消耗情况进行补料,在补料与调 pH 没有矛盾时采用补料调 pH(加富碳原料降低 pH,加富氮原料提高 pH)。当补料与调 pH 发生矛盾时,加酸碱调 pH。

3. 泡沫的影响

发酵中往往产生较多泡沫,阻碍了 CO_2 的排出,影响溶解氧量,同时泡沫过多影响补料,也易使发酵液外溢造成损失,在生产上必须采取消泡措施。除了机械消泡外,还可利用化学消泡剂,如天然的油类、聚醚类、硅酮类等消泡剂,我国常用聚氧乙烯氧丙烯甘油,也叫 GPE 型消泡剂("泡敌")。

4．溶解氧的影响

微生物发酵只能利用溶解在水中的氧气——溶解氧，氧的溶解度很小，仅为 6.4 mg/L，只能保证氧化 8.3 mg/L 葡萄糖，仅相当于常用培养基葡萄糖浓度的 1‰。在发酵中必须不断提供无菌空气，以满足细胞生长和产酶需要。生产中常采用增大通气速率、提高搅拌转速等措施，增加溶解氧的量。

5．发酵过程中补料和控制

分批补料培养是先投入一定量底物装入罐内，到发酵过程的适当时期，开始连续补加碳源、氮源或其他基质，使发酵过程中限制性底物在罐内保持一定浓度，发酵液体积达到最大工作体积时，终止发酵，醪液一次全部取出的发酵方法。它是介于分批发酵与相连续发酵之间的一种发酵技术，在发酵工业中普遍应用。发酵中通过分批补料，可以解除底物抑制、产物反馈抑制、分解代谢产物抑制，避免一次投料过多造成细胞大量生长所引起的影响，改善发酵液流变学性质，不需严格的无菌条件，生产菌不易老化变异，比连续发酵适用广泛。补料方式有单组分补料（限制性因子）和多组分补料。

三、酶的分离技术

酶的分离提纯包括三个基本环节：一是抽提，即把酶从材料转入溶剂中制成酶溶液；二是纯化，即把杂质从酶溶液中除掉或从酶溶液中把酶分离出来；三是制剂，即将酶制成各种剂型。

根据酶本身的特性，酶是具有催化活性的物质，酶的分离纯化的目的是尽可能地除去酶以外的所有杂质，所采用的方法和措施应以不破坏酶的活性为前提，在分离纯化工作中，要防止强酸、强碱、高温和剧烈搅拌等，以避免酶活力的损失。从原料开始每步都必须检测酶活力，注意防止酶的变性失活。

（一）酶活力

酶活力也称酶活性，是指酶催化一定化学反应的能力。酶活力是研究酶的特性、分离纯化以及酶制剂生产和应用时的一项不可缺少的指标。它表示样品中酶的含量。1961年国际酶学会规定，1 min 催化 1 μmol 分子底物转化的酶量为该酶的一个活力单位（国际单位 IU），而且规定反应温度为 25 ℃，在具有最适底物浓度、最适缓冲离子强度和 pH 的条件下进行。

比活力是酶纯度的量度，指单位质量的蛋白质中所具有酶的活力单位数，一般用 IU/mg 蛋白质来表示。一般来说，酶的比活力越高，酶越纯。

（二）酶溶液制备

酶溶液制备包括三项工作，即材料预处理及破碎细胞、抽提、抽提液的浓缩。

1．材料预处理及破碎细胞

酶蛋白在细胞内外的分布有三种情况：一是释放到细胞外的酶，叫做胞外酶；二是游离在细胞内的酶，叫做溶酶；三是牢固与膜或细胞颗粒结合在一起的酶，叫做结酶。后两者合称胞内酶。由于酶蛋白分布不同，提取方法有所差异。微生物胞外酶，用盐析或单宁沉淀、有机溶剂沉淀等方法从发酵液中沉淀，制成酶泥。胞内酶需收集菌体，经破碎细胞

后提取,其中对于结酶还需要破坏酶蛋白和细胞颗粒的结合。动植物细胞也需预处理。对动物材料,应剔除结缔组织、脂肪组织等;对植物材料如种子应去壳,以免单宁等物质着色污染。

进行预处理后,就是破碎细胞。细胞破碎方法有物理破碎法和化学法两大类。

(1)物理破碎法。

① 研磨　手磨法是实验室内常用的方法。用石英砂或氧化铝作助磨剂来制备无细胞抽提液。此法简单但效率低,制备量少。球磨法是将干菌体放入球磨机,经数小时研磨,用水或缓冲液抽提。石磨法是选择坚硬的石磨,装上动力研磨。细菌磨也是在实验室中使用较好的方法。

② 机械捣碎　用匀浆器和高速组织捣碎器等对细胞作机械破碎。

③ 高压法　在结实的圆柱体容器内装上菌体与助磨剂,在 $2\sim15\ ^\circ\!C$ 下,于活塞上加压冲击,以破碎细胞。

④ 爆破性减压法　将菌体悬浮在 N_2/CO_2 高压下平衡,$37\ ^\circ\!C$ 下振荡数分钟,然后突然减压,使细胞壁、膜破碎。

⑤ 快速冻融法　由于突然冰冻,胞内水形成结晶及胞内外浓度突然改变,可使某些细胞破碎。

(2)化学法。

① 渗透作用　利用渗透压的突变,造成细胞内外压力差而引起细胞破碎。先用高渗溶液使细胞脱水,发生质壁分离,再置于低渗溶液中,水分子进入细胞内,引起细胞膨胀、破裂。一般仅适用于少量样品处理。

② 自溶　向菌体中加乙酸乙酯、甲苯、乙醚及氯仿等,使细胞渗透性改变,保温一定时间后,可以使菌体自溶。

③ 溶菌酶处理　用溶菌酶专一性地分解菌体细胞壁上多糖分子的 $\beta\text{-}1,4\text{-}$糖苷键,从而破坏细胞壁,使酶释放出来。

④ 表面活性剂处理　膜结合酶在细胞破碎后很难溶解下来,常借助表面活性剂来解决。在适当 pH 及离子强度的条件下,表面活性剂能与脂蛋白形成微泡,使膜的渗透性改变或使之溶解。

⑤ 丙酮粉法　利用丙酮能使细胞迅速脱水并破坏细胞壁。丙酮还能除去细胞膜中部分脂肪,有利于酶的提取。

2.酶的抽提

酶的抽提是指在酶的分离纯化过程中,将破碎后的细胞置于一定溶液中,是被提取的目的酶与固体残渣分离的过程。由于大多数酶蛋白属于球蛋白,因此,一般可用稀盐、稀酸或稀碱的水溶液抽提酶。抽提液的具体组成和抽提条件的选择,取决于酶的溶解性、稳定性以及有利于切断酶与其他物质的连接。

(1)pH 值　选用 pH 时首先考虑酶的稳定性,选用的 pH 不应超过酶的 pH 稳定范围。其次,从抽提效果出发,最好远离待抽提酶的等电点。也就是说,酸性蛋白宜用碱性溶液抽提,碱性蛋白宜用酸性溶液抽提。第三,在某些情况下,抽提还兼有切断酶与细胞内其他成分间可能有的联系的作用,从这点出发,选用 pH4~6 为佳。

（2）盐　大多数蛋白质在低浓度的盐溶液中有较大的溶解度，所以抽提液一般采用等渗溶液。最普通的为 $0.020\sim0.050$ mol/L 的磷酸缓冲液、0.15 mol/L NaCl 溶液等。也常用焦磷酸钠和柠檬酸钠的缓冲液，有助于切断酶和其他物质的连接。少数情况下用水抽提亦佳，这可能与低渗破坏细胞结构有关。

（3）温度　温度通常控制在 $0\sim4$ ℃，当酶比较稳定时，可以例外。如胃蛋白酶可在 37 ℃保温抽提。

（4）抽提液用量　抽提液用量常采用原料量的 $1\sim5$ 倍。有时为了抽提效果更好，采用反复抽提，此时抽提溶液比例可能大些。

（5）其他　在细胞破碎以后，某些亚细胞结构也受到损伤，常给抽提系统带来不稳定的因素，因此有时还要加入一些物质，例如：加入蛋白酶抑制剂，以防止蛋白酶破坏目的酶；为防止氧化，加入维生素 C、惰性蛋白等。

溶酶在细胞破碎后，比较容易抽提。对于结合酶来说，其中有些和颗粒结合不太紧，在颗粒结构受损伤时，抽提也不难。例如，α-酮戊二酸脱氢酶、延胡索酸酶可用缓冲液抽提出来。有些和颗粒结合紧密的酶，常以脂蛋白配合物形式存在，其中有的在制成丙酮粉以后，就可以抽提出，有的却要使用强烈的手段，如正丁醇等处理。正丁醇兼有高度的亲脂性和亲水性（特别是磷酸盐），能破坏蛋白间的结合使酶进入溶液，如琥珀酸脱氢酶。近年来，广泛采用表面活性剂，如胆脂酸盐、十二烷基磺酸钠等，抽提呼吸链酶系。例如链霉菌葡萄糖异构酶的抽提，向菌体悬浮液中加入 0.1% 十二烷基吡啶氯化铵，酶的抽出率提高到 8 倍。此外，有时使用促溶剂如高氯酸，有时还用酶处理，如脂肪酶、核酸酶、蛋白酶等。

3. 酶的浓缩

提取液或发酵液的酶蛋白浓度一般很低，如发酵液中酶蛋白浓度一般为 $0.1\%\sim1\%$，为了提高发酵液或提取液中的酶蛋白浓度，利于下一步的纯化操作，抽提液的浓缩是不可缺少的一个工序。由于酶是不稳定物质，因此，其浓缩方法与一般化工浓缩不同。

常用的方法有以下几种。

（1）真空薄膜蒸发法　即将待浓缩的酶溶液在高度真空下转变成极薄的液膜，增大其蒸发面积，将液膜加热使之急速汽化，经旋风气液分离器，将蒸汽分离、冷凝而达到浓缩的目的。薄膜蒸发器有升膜式、降膜式、刮膜式、离心式等多种，根据物料不同而加以选择。

（2）冷冻干燥法　将酶溶液冻成固体后抽真空，使水分子直接从表面升华，最后酶呈干粉状。采用这种方法能使多种酶活性长期保存。但操作时需注意几个问题。首先，被冻的最好是酶的水溶液。如果混有有机溶剂，会降低水的冰点，在干燥时样品融化而起泡导致酶变性，同时，会使真空泵失效。其次，如果混有磷酸盐，在冷冻干燥时会引起 pH 的变化，例如 pH 为 7 的磷酸盐溶液，在冷冻时由于磷酸二氢钠会结晶析出，在溶液完全冷冻以前，pH 便变成 3.5 左右。因此，在冷冻前，需将酶溶液脱盐。

（三）酶的分离纯化技术

在上述浓缩液或发酵液中，除含有需要的酶以外，还不可避免地存在着其他物质。其

中大分子物质中包括核酸、黏多糖及其他蛋白质。因此,酶的分离纯化工作主要是将酶从杂蛋白中分离出来或者将杂蛋白从酶溶液中除去。现有酶的分离纯化方法都是依据酶和杂蛋白在性质上的差异而建立的。根据这些差异,有相应的分离方法。

（1）根据分子大小设计的方法,如离心分离法、筛膜分离法、凝胶过滤法等。

（2）根据溶解度大小分离的方法,如盐析法、有机溶剂沉淀法、共沉淀法、选择性沉淀法、等电点沉淀法等。

（3）按分子所带正、负电荷多少分离的方法,如离子交换分离法、电泳分离法、层析法等。

1. 沉淀分离

沉淀分离是通过改变某些条件或添加某种物质,使酶的溶解度降低,而从溶液中沉淀析出,与其他溶质分离的技术过程（见表4-1）。沉淀法适合于小规模使用。

表 4-1　沉淀分离方法及分离原理

沉淀分离方法	分 离 原 理
盐析法	利用不同蛋白质在不同的盐浓度条件下溶解度不同的特性,通过在酶液中添加一定浓度的中性盐,使酶或杂质从溶液中沉淀析出,从而使酶与杂质分离
等电点沉淀法	利用两性电解质在等电点时溶解度最低,以及不同的两性电解质有不同的等电点这一特性,通过调节溶液的 pH 值,使酶或杂质沉淀析出,从而使酶与杂质分离
有机溶剂沉淀法	利用酶与其他杂质在有机溶剂中溶解度的不同,通过添加一定量的某种有机溶剂,使酶或杂质沉淀析出,从而使酶与杂质分离

2. 离心分离

离心分离是借助于离心机旋转所产生的离心力,使不同大小、不同密度的物质分离的技术过程。要根据欲分离物质以及杂质的颗粒大小、密度和特性的不同,选择适当的离心机、离心方法和离心条件。

常速离心机又称为低速离心机,其最大转速在 8 000 r/min 以内,相对离心力（RCF）在 1×10^4 g 以下,在酶的分离纯化过程中,主要用于细胞、细胞碎片和培养基残渣等固形物的分离,也用于酶的结晶等较大颗粒的分离。

高速离心机的最大转速为 $(1 \sim 2.5) \times 10^4$ r/min,相对离心力达到 $1 \times 10^4 \sim 1 \times 10^5$ g,在酶的分离中主要用于沉淀、细胞碎片和细胞器等的分离。为了防止高速离心过程中,温度升高而造成酶的变性失活,有些高速离心机装设有冷冻装置,称为高速冷冻离心机。

超速离心机的最大转速达 $(2.5 \sim 12) \times 10^4$ r/min,相对离心力可以高达 5×10^5 g 甚至更高。超速离心机主要用于 DNA、RNA、蛋白质等生物大分子以及细胞器、病毒等的分离纯化,样品纯度的检测,沉降系数和相对分子质量的测定等。

3. 过滤与膜分离

过滤是借助于过滤介质将不同大小、不同形状的物质分离的技术过程。过滤介质多种多样,常用的有滤纸、滤布、纤维、多孔陶瓷、烧结金属和各种高分子膜等,可以根据需要选用（见表4-2）。

表 4-2 过滤的分类及其特性

类　别	截留颗粒大小/μm	截留的主要物质	过滤介质
粗滤	>2	酵母、霉菌、动物细胞、植物细胞、固形物等	滤纸、滤布、纤维多孔陶瓷、烧结金属等
微滤	0.2～2	细菌、灰尘等	微滤膜、微孔陶瓷
超滤	0.002～0.2	病毒、生物大分子等	超滤膜
反渗透	<0.002	生物小分子、盐、离子	反渗透膜

超滤是在加压的条件下,将酶溶液通过一层只允许小分子物质选择性透过的微孔半透膜,而酶等大分子物质被截留,从而达到浓缩的目的。如果采用不同孔径的膜,同时又具有分级分离的作用。这种方法具有下列优点:不需加热,更适用于热敏物浓缩;无相变化,设备简单,操作方便;能在广泛的 pH 条件下操作等。因此,近年来发展很快。超滤膜的材料主要有醋酸纤维素、各种芳香聚酰胺、聚砜和聚丙烯腈-聚氯乙烯共聚物等,膜的几何形状主要有以下几种类型。

(1) 平面膜　将膜平铺在多孔支持板上,加压下(可带有搅拌)酶溶液从膜面流过,水及小分子溶质透过膜孔而排出,大分子(如酶)被截留。

(2) 管式膜　将管式膜置于多孔硬管的外侧或内侧,酶溶液在管内或管外流动,水和小分子溶质透过超滤膜,而大分子物质被截留而浓缩。

(3) 中空纤维　将聚砜制成中空纤维膜,成束中空纤维装在圆筒真空超滤器中。

4. 层析分离

层析技术也称色谱技术,是一种物理分离方法。它是利用混合物中各组分的物理化学性质的差别,使各组分以不同程度分布在两相中,其中一相为固定的(称为固定相),另一相(称为流动相)则流过此固定相,并使各组分以不同速度移动,从而达到分离。

(1) 吸附层析　吸附层析是利用吸附剂对不同物质的吸附力不同而使混合物中各组分分离的方法。它是各种层析技术中应用最早的技术。吸附剂来源丰富、价格低廉、可再生,吸附设备简单。

吸附层析通常采用柱型装置,将吸附剂装在吸附柱中,制成吸附层析柱。

层析时,欲分离的混合溶液自柱顶加入,当样品液全部进入吸附层析柱后,再加入洗脱剂解吸洗脱。在洗脱时,层析柱内不断发生解吸—吸附—再解吸—再吸附的过程。

(2) 分配层析　分配层析是利用各组分在两相中的分配系数不同,而使各组分分离的方法。

分配系数是指一种溶质在两种互不相溶的溶剂中溶解达到平衡时,该溶质在两种溶剂中的浓度的比值。在层析条件确定后,层析系数是一常数。

在分配层析中,通常采用一种多孔性固体支持物(如滤纸、硅藻土、纤维素等)吸着一种溶剂为固定相,这种溶剂在层析过程中始终固定在多孔支持物上。另一种与固定相溶剂互不相溶的溶剂可沿着固定相流动,称为流动相。当某溶质在流动相的带动下流经固定相时,该溶质在两相之间进行连续的动态分配。

(3) 离子交换层析　离子交换层析是利用离子交换剂上的可解离基团(活性基团)对

各种离子的亲和力不同而达到分离目的的一种层析分离方法。

离子交换剂是含有若干活性基团的不溶性高分子物质。通过在不溶性高分子物质（母体）上引入若干可解离基团（活性基团）而制成。

按活性基团性质的不同，离子交换剂可以分为阳离子交换剂和阴离子交换剂。由于酶分子具有两性性质，所以可用阳离子交换剂，也可用阴离子交换剂进行酶的分离纯化。

（4）凝胶层析　凝胶层析又称为凝胶过滤、分子排阻层析、分子筛层析等。它是指以各种多孔凝胶为固定相，利用流动相中所含各种组分的相对分子质量不同而达到物质分离目的的一种层析技术。

凝胶层析柱中装有多孔凝胶，当含有各种组分的混合溶液流经凝胶层析柱时，大分子物质由于分子直径大，不能进入凝胶的微孔，只能分布于凝胶颗粒的间隙中，以较快的速度流过凝胶柱。较小的分子能进入凝胶的微孔内，不断地进出于一个个颗粒的微孔，这就使小分子物质向下移动的速度比大分子的速度慢，从而使混合溶液中各组分按照相对分子质量由大到小的顺序流出层析柱，而达到分离的目的。

常用的凝胶有葡聚糖凝胶、琼脂凝胶与琼脂糖凝胶、聚丙烯酰胺凝胶等。

（5）亲和层析　亲和层析是利用生物分子与配基之间所具有的专一而又可逆的亲和力，而使生物分子分离纯化的技术。

酶与底物、酶与竞争性抑制剂、酶与辅助因子、抗原与抗体、RNA 与互补的 RNA 分子或片段、RNA 与互补的 DNA 分子或片段等之间，都是具有专一而又可逆亲和力的生物分子对。因此，亲和层析在酶的分离纯化中有着重要应用。

根据欲分离组分与配基的结合特性，亲和层析可以分为共价亲和层析、疏水层析、金属离子亲和层析、免疫亲和层析、染料亲和层析、凝集素亲和层析。

5. 电泳分离

带电粒子在电场中向着与其本身所带电荷相反的电极移动的过程称为电泳。颗粒在电场中的移动速度主要取决于其本身所带的净电荷量，同时受颗粒形状和大小的影响。此外，还受到电场强度、溶液 pH 值、离子强度及支持体的特性等外界条件的影响。

电泳方法按其使用的支持体的不同，可以分为纸电泳、薄层电泳、薄膜电泳、凝胶电泳、自由电泳、等电聚焦电泳。

6. 萃取分离

萃取分离是利用物质在两相中的溶解度不同而使其分离的技术。萃取分离中的两相一般为互不相溶的两个液相。有时也可采用其他流体。

按照两相的组成不同，萃取可以分为有机溶剂萃取、双水相萃取、超临界萃取、反胶束萃取。

7. 酶的结晶

结晶是指分子通过氢键、离子键或分子间力按规则并且周期性排列的一种固体形式。由于各种分子间形成结晶的条件不同，也由于变性蛋白质和酶之间不能形成结晶，因此，结晶既是一种酶是否纯净的标志，又是一种酶和杂蛋白分离的方法。结晶的方法一般有盐析结晶、有机溶剂结晶、透析平衡结晶、等电点结晶等。

四、酶制剂与保存

酶制剂通常有下列四种剂型。

1. 液体酶制剂

液体酶制剂包括稀酶液和浓缩酶液。一般除去固体杂质后,不再纯化而直接制成,或加以浓缩而成。这种酶制剂不稳定,且成分复杂,只用于某些工业。

2. 固体酶制剂

固体酶制剂由发酵液经杀菌后直接浓缩或喷雾干燥制成。有的加入淀粉等填充料,用于工业生产。有的经初步纯化后制成,用于洗涤剂、药物生产。用于加工或生产某种产品时,必须除去起干扰作用的杂酶,才不会影响质量。固体酶制剂适于运输和短期保存,成本也不高。

3. 食品级固体酶制剂

食品级固体酶制剂对纯度不一定要求严格,但必须安全、卫生,严格按照国家规定的标准执行,一般采取沉淀提取,然后喷雾干燥制成粉状成品。

4. 纯酶制剂

纯酶制剂如结晶酶等,通常用做分析试剂和医疗药物,要求较高的纯度和一定的活力单位数。用做基因工程的工具酶要求不含非专一性的核酸酶,或完全不含核酸酶。对于医疗注射酶,还必须除去热原。

五、酶的分子修饰

酶的化学组成及其一定的天然空间构象决定了酶的性质和功能,所以天然酶稳定性差,导致催化效率低,缺乏商业价值。酶分子修饰就是通过各种方法使酶分子的结构发生某些改变,从而改变酶的某些特性和功能的技术过程。主要是利用修饰剂所具有的各类化学基团的特性,直接或经一定的活化步骤后与酶分子上的某种氨基酸残基(一般尽可能选用非酶活必需基团)产生化学反应,从而改造酶分子的结构与功能。即采用各种方法和手段对天然酶进行改造,使其物性和活性都得到改善。

通过酶分子的修饰,可以提高酶的活力,增强酶的稳定性;降低或消除酶的抗原性;允许酶在一个变化的环境中起作用;改变最适 pH 或最适温度;改变酶的特异性使其催化不同的底物;改变催化反应的类型;消除抗原性和免疫原性。

酶分子修饰的方法主要有以下几种。

(一) 金属离子置换修饰

把酶分子中的金属离子换成另一种金属离子,使酶的特性和功能发生改变的修饰方法称为金属离子置换修饰。例如,α-淀粉酶中的 Ca^{2+},谷氨酸脱氢酶中的 Zn^{2+},过氧化氢酶分子中的 Fe^{2+},酰基氨基酸酶分子中的 Zn^{2+},超氧化物歧化酶分子中的 Cu^{2+}、Zn^{2+} 等。只适用于在分子结构中含有金属离子的酶,用于酶分子置换修饰的金属离子往往是二价金属离子,如 Ca^{2+}、Mg^{2+}、Mn^{2+}、Zn^{2+}、Co^{2+}、Cu^{2+}、Fe^{2+} 等。

α-淀粉酶分子中大多数含有 Ca^{2+},有些则含有 Mg^{2+} 或 Zn^{2+} 等其他离子,所以一般的

α-淀粉酶是杂离子型的。若把其他离子都换成 Ca^{2+}，则可提高酶活力并增加酶的稳定性。

(二) 大分子结合修饰

大分子结合修饰是酶分子修饰的重要方法，主要是利用大分子物质与酶结合，在酶分子外围形成保护层，保护酶的空间构象，使酶的稳定性大大提高。常用右旋糖酐、聚乙二醇(PEG)、明胶、淀粉、琼脂糖、β-环糊精、蔗糖聚合物(Ficoll)、聚氨基酸等水溶性大分子与酶蛋白的侧链基团共价结合，使酶分子的空间结构发生某些精细的改变，从而改变酶的特性与功能。如超氧化物歧化酶(SOD)在血浆中的半衰期仅为 6～30 min，与右旋糖酐结合后，半衰期延长至 7 h，与聚乙二醇结合后，半衰期延长至 35 h。

(三) 酶分子的侧链基团修饰

酶分子的侧链基团修饰是采用一定的方法(一般为化学法)使酶蛋白的侧链基团发生改变，从而改变酶分子的特性和功能的修饰方法。可以用于研究各种基团在酶分子中的作用及其对酶的结构、特性和功能的影响。在研究酶的活性中心中的必需基团时经常采用。

酶蛋白的侧链基团是指组成蛋白质的氨基酸残基上的功能团，主要包括氨基、羧基、巯基、胍基、酚基、咪唑基、吲哚基、酚羟基、甲硫基等。这些基团可以形成各种副键，对酶蛋白空间结构的形成和稳定有重要作用。侧链基团一旦改变将引起酶蛋白空间构象的改变，从而改变酶的特性和功能。

(四) 分子内交联修饰

采用含有双功能团的化合物与酶分子内两个侧链基团反应，在分子内形成共价交联，可使酶分子的空间构象更加稳定，从而提高酶的催化稳定性，并增加酶在非水溶液中的使用价值，这种修饰方法称为分子内交联修饰。

常用的分子内交联剂有二氨基丁烷、戊二醛、己二胺等。利用双或多功能交联剂对酶进行分子间和分子内交联，已取得较好的研究进展。

(五) 氨基酸置换修饰

酶蛋白的基本组成单位是氨基酸，在特定位置上的各种氨基酸残基是酶的化学结构和空间结构的基础。若将肽链上的某一个氨基酸残基换成另一个氨基酸残基，则会引起酶蛋白的化学结构和空间构象的改变，从而改变酶的某些特性和功能，这种修饰方法称为氨基酸置换修饰。

(六) 物理修饰

通过各种物理方法(高温、高压、高盐、极端 pH 值等)，使酶分子的空间构象发生某些改变，从而改变酶的某些特性和功能的方法称为物理修饰。

物理修饰的特点在于不改变酶的组分和基因，酶分子中的共价键并不发生改变，只是在物理方法的作用下，副键发生某些变化和重排。例如，γ-羧肽酶经高压处理后，底物特异性发生改变，有利于催化肽的合成反应，而水解反应的能力降低。用高压方法处理纤维素酶以后，该酶的最适温度有所降低，在 30～40 ℃的条件下，高压修饰酶比天然酶的活力提高了 10%。

（七）肽链有限水解修饰

利用肽链的有限水解，使酶的空间结构发生某些精细的改变，从而改变酶的特性和功能的方法，称为肽链有限水解修饰。将酶分子经肽链有限水解，使其相对分子质量减小，就会在保持其酶活力的前提下，使酶的抗原性显著降低甚至消失。

例如，将木瓜蛋白酶用亮氨酸氨肽酶进行有限水解，使其全部肽链的三分之二被水解除去，该酶的酶活力保持不变，而其抗原性大大降低。又如，酵母的烯醇化酶经有限水解除去由 150 个氨基酸残基组成的肽段后，酶活力仍可保持，而抗原性显著降低。

对酶进行肽链有限水解，通常使用专一性较强的蛋白酶或肽酶为修饰剂。

（八）基因水平的修饰

无数的研究工作表明，酶分子内某些氨基酸残基的微小改变可使酶的催化能力和立体选择性产生很大的改善。生物技术的发展，尤其是基因工程和蛋白质工程所取得的成就，为酶蛋白的基因水平修饰奠定了基础。

1. 定点突变技术

定点突变技术是指在 DNA 系列中的某一特定位点上进行碱基的改变，从而获得突变基因的操作技术。定点突变技术是在基因水平上的酶分子修饰技术，是氨基酸置换修饰中最常用的技术。

利用定点突变技术可以改变酶的底物专一性，从而开发出一些新型的酶制剂。但由于定点突变只是用天然氨基酸进行取代，有一定的局限性，仍然无法满足有机合成的需要，因此，将定点突变所得酶再进行化学修饰，从而得到一些新型的酶制剂。

2. 酶分子的定向进化技术

人为地创造特殊的进化条件，模拟自然进化机制，在体外对基因进行随机突变，从一个或多个已经存在的亲本酶（天然的或者人为获得的）出发，经过基因的突变和重组，构建一个人工突变酶库，通过一定的筛选或选择方法最终获得预先期望的具有某些特性的进化酶。

定向进化技术使发生在自然界中漫长的进化过程能在实验室中得以模拟，使人类可以按照自己的意愿和需要改造酶分子，甚至设计出自然界中原来并不存在的全新酶分子（全新蛋白质）。

六、酶的非水相催化

（一）酶的非水相催化的概念及类型

酶在非水相介质中进行的催化反应称为酶的非水相催化。酶的非水相催化主要包括以下几种。

（1）有机介质中的酶催化是指酶在含有一定量水的有机溶剂中进行催化反应，适用于底物、产物两者或其中之一为疏水性物质的酶催化作用。酶在有机介质中由于能够基本保持其完整结构和活性中心的空间构象，所以能够发挥其催化功能。酶在有机介质中

起催化作用时,酶的底物特异性、立体选择性、区域选择性、键选择性和热稳定性等都有所改变。利用酶在有机介质中的催化作用进行多肽、脂类等的生产,甾体转化,功能高分子的合成,手性药物的拆分等方面的研究均取得显著的成果。

（2）气相介质中的酶催化是指酶在气相介质中进行的催化反应,适用于底物是气体或者能够转化为气体的物质的酶催化反应。由于介质的密度低,扩散容易,所以酶在气相中的催化作用与在水溶液中的催化作用有明显的不同。但是研究得不多。

（3）超临界介质中的酶催化是指酶在超临界流体中进行的催化反应。超临界流体是指温度和压力超过某物质临界点的流体。用于酶催化反应的超临界流体应当对酶的结构没有破坏作用,对催化作用没有明显的不良影响;具有良好的化学稳定性,对设备没有腐蚀性;超临界温度不能太高或太低,最好在室温附近或在酶催化的最适温度附近;超临界压力不能太高,可节约压缩动力费用;超临界流体要容易获得,价格要便宜等。

（4）离子液介质中的酶催化是指酶在离子液中进行的催化反应。离子液是由有机阳离子与有机（无机）阴离子构成的在室温条件下呈液态的低熔点盐类,挥发性低、稳定性好。酶在离子液中的催化作用具有良好的稳定性和区域选择性、键选择性等显著特点。

（二）有机介质中的酶催化

在非水相中,酶分子受到非水相介质的影响,其催化特性与在水相中催化有着较大的不同。在酶的非水相催化中,研究得最多的非水相介质是有机溶剂。常用的有机溶剂有辛烷、正己烷、苯、吡啶、季丁醇、丙醇、乙腈、己酯、二氯甲烷等。

在水溶液中,酶分子均一地溶解于水溶液中,可以较好地保持其完整的空间结构。在有机溶剂中,酶分子不能直接溶解,而是悬浮在溶剂中进行催化反应。根据酶分子的特性和有机溶剂的特性的不同,保持其空间结构完整性的情况也有所差别。极性较强的有机溶剂,如甲醇、乙醇等,会夺取酶分子的结合水,影响酶分子微环境的水化层,从而降低酶的催化活性,甚至引起酶的变性失活。因此应选择好所使用的溶剂,控制好介质中的含水量,或者经过酶分子修饰提高酶分子的亲水性,避免酶在有机介质中因脱水作用而影响其催化活性。

有机溶剂与水之间的极性不同,在反应过程中会影响底物和产物的分配,从而影响酶的催化反应。酶在有机介质中起催化作用时,由于有机溶剂的极性与水有很大差别,对酶的表面结构、活性中心的结合部位和底物性质都会产生一定的影响,从而显示出与水相介质中不同的催化特性。

酶在有机介质中由于水分子的减少,相对来说,酶分子的构象表现出比水溶液中更具有"刚性"特点,因而使通过选择不同性质的溶剂来调控酶的某些特性成为可能。例如在有机溶剂中,可以利用酶与配体的相互作用性质,诱导改变酶分子的构象,调控酶的底物专一性、立体选择性和手性选择性等。

由于引起酶变性的许多因素都与水的存在有关,因此在有机介质中酶的稳定性得到显著提高。

由于有机溶剂的存在,水量减少,大大降低了许多需要水参与的副反应,如酸酐的水解、氰醇的消旋化和酰基转移等。

在有机介质中进行的酶促反应,可以省略产物的萃取分离过程,提高收率。

酶在有机介质中可以催化多种反应,主要包括合成反应、转移反应、醇解反应、氨解反应、异构反应、氧化还原反应、裂合反应等。酯酶、脂肪酶、蛋白酶、纤维素酶、淀粉酶等水解酶,过氧化氢酶、过氧化物酶、醇脱氢酶、胆固醇氧化酶、多酚氧化酶、细胞色素氧化酶等氧化还原酶以及醛缩酶等转移酶中的十几种酶都可以在适当的有机溶剂中起催化作用,而且酶在有机介质中的热稳定性比在水溶液中显著提高。

近20年来,酶在非水相介质,特别是有机介质中的催化反应受到重视,发展很快。在理论上进行了非水相介质中酶的结构和功能、非水介质中酶的作用机制、非水相介质中酶催化作用动力学等方面的研究,初步建立起非水酶学的理论体系。并进行了非水介质中,特别是在有机介质中酶催化作用的应用研究(见表 4-3)。

表 4-3 酶在有机溶剂中的应用

酶	催 化 反 应	应 用
脂肪酶	肽合成	青霉素 G 前体肽合成
	酯合成	醇与有机酸合成酯类
	转酯	各种酯类生产
	聚合	二酯的选择性聚合
	酰基化	甘醇的酰基化
蛋白酶	肽合成	合成多肽
	酰基化	糖类酰基化
羟基化酶	氧化	甾体转化
过氧化物酶	聚合	酚类、胺类化合物的聚合
多酚氧化酶	氧化	芳香化合物的羟基化
胆固醇氧化酶	氧化	胆固醇测定
醇脱氢酶	酯化	有机硅醇的酯化

七、酶的固定化技术

(一) 固定化酶的概念及作用

酶作为一种生物催化剂,因其催化作用具有高度专一性、催化条件温和、无污染等特点,广泛应用于食品加工、医药和精细化工等行业。但在使用过程中,人们也注意到酶的一些不足之处,如酶稳定性差、不能重复使用,并且反应后混入产品,纯化困难,使其难以在工业中更为广泛地应用。为适应工业化生产的需要,人们模仿人体酶的作用方式,通过固定化技术对酶加以固定改造,来克服游离酶在使用过程中的一些缺陷。固定化酶是用物理的或化学的方法使酶与水不溶性大分子载体结合或把酶包埋在水不溶性凝胶或半透膜的微囊体中制成的,在一定的空间范围内起催化作用,并能反复和连续使用的酶。酶固定化后一般稳定性增加,易从反应系统中分离,且易于控制,能反复使用多次。便于运输和储存,有利于实现连续化和自动化生产。固定化酶是一项新的酶应用技术,在工业生产、化学分析和医药等方面有着诱人的应用前景。

（二）固定化酶的制备方法

根据不同应用目的和不同应用环境选择不同的方法，遵循如下原则：

（1）必须维持酶的催化活性以及专一性；

（2）有利于实现连续化和自动化；

（3）固定化酶应有最小的空间位阻，尽可能不妨碍酶与底物的接近，以便提高产品的质量；

（4）酶与载体必须结合牢固，便于回收储存，反复利用；

（5）固定化酶应有最大的稳定性，所选载体不应与产物或反应液发生化学反应；

（6）成本要低，以便于工业使用。

酶的固定化方法（见图 4-2）主要可分为四类：吸附法、包埋法、共价键结合法和交联法等。吸附法和共价键结合法又可统称为载体结合法。

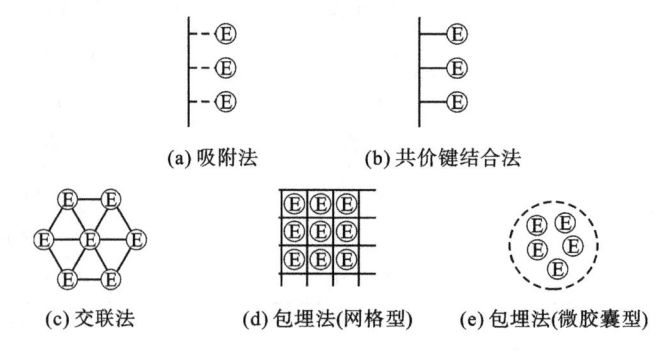

图 4-2　酶的固定化方法

1. 吸附法

吸附法（adsorption）是通过载体表面和酶分子表面间的次级键相互作用而达到固定化目的的方法，是最简单的固定化方法。酶与载体之间的亲和力是范德华力、疏水相互作用、离子键和氢键等。

吸附法又可分为物理吸附法和离子吸附法。

（1）物理吸附法　物理吸附法（physical adsorption）是通过物理方法将酶直接吸附在水不溶性载体表面上而使酶固定化的方法。它是制备固定化酶最早采用的方法，如 α-淀粉酶、糖化酶、葡萄糖氧化酶等都曾采用过此法进行固定化。物理吸附法常用的有机载体如纤维素、胶原、淀粉及面筋等，无机载体如活性炭、氧化铝、皂土、多孔玻璃、硅胶、二氧化钛、羟基磷灰石等。

物理吸附法制备固定化酶，操作简单、价廉、条件温和，载体可反复使用，酶与载体结合后，活性部位及空间构象变化不大，故所制得的固定化酶活力较高。但由于靠物理吸附作用，酶和载体结合不牢固，在使用过程中容易脱落，所以使用受到限制。常与交联法结合使用。

（2）离子吸附法　离子吸附法（ion adsorption）是将酶与含有离子交换基团的水不溶性载体以静电作用力相结合的固定化方法，即通过离子键使酶与载体相结合的固定化方法。此法固定的酶有葡萄糖异构酶、糖化酶、β-淀粉酶、纤维素酶等，在工业上用途较广。

如最早应用于工业化生产的氨基酰化酶,就是使用多糖类阴离子交换剂二乙基氨基乙基(DEAE)-葡聚糖凝胶固定化的。此外,DEAE-纤维素吸附的 α-淀粉酶、蔗糖酶作为固定化酶已商品化。

离子吸附法所使用的载体是某些离子交换剂。常用的阴离子交换剂有 DEAE-纤维素、混合胺类(ECTEOLA)-纤维素、三乙基氨基乙基(TEAE)-纤维素、DEAE-葡聚糖凝胶、410、900 等;阳离子交换剂有羧甲基(CM)-纤维素、纤维素柠檬酸盐等。其吸附容量一般大于物理吸附剂。

离子吸附法具有操作简便、条件温和、酶活力不易丧失等优点。此外,吸附过程同时可以纯化酶。

2. 包埋法

包埋法(entrapment)是将酶包埋在高聚物的细微凝胶网格中或高分子半透膜内的固定化方法。前者又称为凝胶包埋法,酶被包埋成网格型;后者又称为微胶囊包埋法,酶被包埋成微胶囊型。

(1)凝胶包埋法　凝胶包埋法常用的载体有海藻酸钠凝胶、角叉菜胶、明胶、琼脂凝胶、卡拉胶等天然凝胶以及聚丙烯酰胺、聚乙烯醇和光交联树脂等合成凝胶或树脂。

(2)微胶囊包埋法　微胶囊包埋即将酶包埋在各种高聚物制成的半透膜微胶囊内的方法。它使酶存在于类似细胞内的环境中,可以防止酶的脱落,防止酶与微囊外的环境直接接触,从而增加了酶的稳定性。常用于制造微胶囊的材料有聚酰胺、火棉胶、醋酸纤维素等。

用微胶囊包埋法制得的微囊型固定化酶的直径通常为几微米到数百微米,胶囊孔径为几埃至数百埃,适合于底物和产物为小分子的酶的固定化,如脲酶、天冬酰胺酶、尿酸酶、过氧化氢酶等。其制造方法有界面聚合法、界面沉淀法、二级乳化法、液膜(脂质体)法等。

3. 共价键结合法

共价键结合法是将酶与聚合物载体以共价键结合的固定化方法。酶蛋白上可供载体结合的功能基团中最普遍的共价键结合基团是氨基、羧基以及苯环。常用来和酶共价偶联的载体的功能基团有芳香氨基、羟基、羧基和羧甲基等。这种方法是固定化酶研究中最活跃的一大类方法,但必须注意,参加共价结合的氨基酸残基应当是酶催化活性非必需基团,如果共价结合包括了酶活性中心有关的基团,会导致酶的活力损失。

(1)重氮法　重氮法是将酶蛋白与水不溶性载体的重氮基团通过共价键相连接而固定化的方法,是共价键法中使用最多的一种。常用的载体有多糖类的芳族氨基衍生物、氨基酸的共聚体和聚丙烯酰胺衍生物等。

(2)叠氮法　叠氮法是载体活化生成叠氮化合物,再与酶分子上的相应基团偶联成固定化酶的方法。含有羟基、羧基、羧甲基等基团的载体都可用此法活化。例如,CMC、CM-Sephadex(交联葡聚糖)、聚天冬氨酸、乙烯-顺丁烯二酸酐共聚物等都可用此法来固定化酶,其中使用最多的是羧甲基纤维素叠氮法。

(3)溴化氰法　溴化氰法是用溴化氰将含有羟基的载体,如纤维素、葡聚糖凝胶、琼脂糖凝胶等,活化生成亚氨基碳酸酯衍生物,然后与酶分子上的氨基偶联,制成固定化酶的方法。任何具有连位羟基的高聚物都可用溴化氰法来活化。由于该法可在非常缓和的

条件下与酶蛋白的氨基发生反应,近年来已成为普遍使用的固定化方法。尤其是溴化氰活化的琼脂糖已在实验室广泛用于固定化酶以及亲和层析的固定化吸附剂。

(4)烷基化法和芳基化法 以卤素为功能团的载体可与酶蛋白分子上的氨基、巯基、酚基等发生烷基化或芳基化反应而使酶固定化。此法常用的载体有卤乙酰、三嗪基或卤异丁烯基的衍生物。

从上面介绍的四种制备方法可看出,用共价键结合法制备的固定化酶,酶和载体之间都是通过化学反应以共价键偶联。由于共价键的键能高,酶和载体之间的结合相当牢固,即使用高浓度底物溶液或盐溶液,也不会使酶分子从载体上脱落下来,具有酶稳定性好、可连续使用较长时间的优点。

但是采用该方法时,载体活化的难度较大,操作复杂,反应条件较剧烈,制备过程中酶直接参与化学反应,易引起酶蛋白空间构象变化,酶活回收率一般为 30% 左右,甚至酶的底物的专一性等性质也会发生变化,往往需要严格控制操作条件才能获得活力较高的固定化酶。

现在已有不少活化的商品化酶固定化载体,使用它们时不需做大量的处理工作,商品一般以干的固定相或预装柱的形式供应,一般情况下这些固定相已经活化好,酶的固定化只要将酶在适宜的 pH 和其他相关条件下,让酶循环通过柱子便可完成。

4. 交联法

交联法是使用双功能或多功能试剂使酶分子之间相互交联呈网状结构的固定化方法。由于酶蛋白的功能团,如氨基、酚基、巯基和咪唑基,参与此反应,所以酶的活性中心构造可能受到影响,而使酶失活明显。但是尽可能地降低交联剂浓度和缩短反应时间将有利于固定化酶活力的提高。

常用的双功能试剂有戊二醛、己二胺、异氰酸衍生物、双偶氮联苯和 N,N′-乙烯双顺丁烯二酰亚胺等,其中使用最广泛的是戊二醛。戊二醛和酶蛋白中的游离氨基发生希夫反应,形成希夫碱,从而使酶分子之间相互交联形成固定化酶。

以上四种固定化酶方法各有其优缺点。往往一种酶可以用不同方法固定化,但没有一种固定化方法可以普遍地适用于每一种酶。在实际应用时,常将两种或数种固定化方法并用,以取长补短。

在固定化酶的基础上,为了缩短生产流程,降低成本,又进行了固定化活细胞的研究,活细胞在温和条件下固定后仍保持细胞增殖活力和系列酶的活力,这是酶工程领域又一新进展。

任务二　酶工程在食品工业中的应用

酶是生物催化剂,酶制剂应用遍及轻工、食品、化工、医药卫生、农业以及能源、环境保护等领域,对国民经济将起到重要作用。酶的作用条件温和,加工过程中能避免剧烈反应给食品的色、香、味及营养成分带来的破坏,在食品保藏和加工中有着非常重要的作用。

作为食品级酶,具有一些特殊的要求,主要反映在安全与卫生两个方面。利用发酵法得到的食品酶制剂有可能含有来自微生物本身或制造过程中混入的有毒有害物质,影响食品的质量和安全。因此生产食品酶制剂,不仅菌种要严格控制,而且要选好原料,防止有害物的污染,并选择合理的提取工艺。联合国粮农组织(FAO)和世界卫生组织(WHO)的食品添加剂专家联合委员会(JECFA)在1977年对食品酶制剂的安全问题作出规定:凡取自动植物可食部位的组织,或由食品传统加工过程使用菌种生产的酶制剂产品,可作为食品对待,无须进行毒理实验,只需建立有关酶化学和微生物学方面的说明;凡由非致病性的一般食品污染微生物生产的酶制剂,要进行毒性实验。

对于食品酶制剂的卫生要求主要包括:按照良好的食品生产方法制造,酶制剂中不应含有发酵液残渣,酶制剂作为食品添加剂带入的细菌数目不应超过该食品所允许的限度,酶制剂在食品生产中不应带入影响人体健康的杂质。

目前我国列入食品添加剂使用卫生标准GB2760—2011的酶制剂品种已有52种。虽然目前用在食品加工中的酶的总数相对于已发现的酶的种类与数量来说不多,但酶制剂在食品加工中的应用将随着酶工程和食品工业的发展越来越广泛。目前用得最多的是水解酶,其中主要是碳水化合物的水解酶,如淀粉酶、纤维素酶、果胶酶等,其次是蛋白酶和脂肪酶;少量的氧化还原酶类在食品加工中也有应用。

酶在食品工业中的应用相当广泛,在产品的转化生成、改善食品的风味及质地、提高产品收得率、延长产品保存期等方面起着重要的作用,在革新改造传统食品行业以及农副产品深加工等方面有广阔的发展前景。目前主要应用于淀粉制品加工,乳品加工,水果加工,酒类酿造,蛋、鱼类加工,食品保藏,面包与焙烤食品的制造,以及甜味剂制造等工业。

一、酶在淀粉糖加工中的应用

近年来,伴随着玉米深加工、食品工业的发展以及酶制剂等生物技术的进步和人们消费结构的变化,我国淀粉糖行业取得了显著的发展,朝着多品种、个性化、专一化、规模化方向发展,产量大幅增加,品种结构日益完善。目前,我国淀粉糖产量仅次于美国,居世界第二位。淀粉糖工业是农业产业化和粮食深加工的重要途径之一。

淀粉糖就是淀粉原料在酶作用下水解、精制或再经深加工而获得的葡萄糖、麦芽糖、麦芽糊精、果葡糖浆、低聚糖等糖制品。以淀粉为原料选用不同的酶来水解或控制不同的水解程度可以得到不同的淀粉糖制品。

生产中常用的酶有如下几种。

α-淀粉酶又称为液化酶,是一种内切酶,它能随机水解糖链的α-1,4-糖苷键。因此,使直链淀粉的黏度很快降低,碘液染色迅速消失,而且由于生成还原基团而增加了还原力。α-淀粉酶以类似的方式攻击支链淀粉,因不能水解其中的α-1,6-糖苷键,最后使淀粉生成麦芽糖、葡萄糖与糊精。

β-淀粉酶是一种外切酶,它只能攻击多糖链的非还原性末端,以麦芽糖为单位一个一个地切下来,生成的麦芽糖能增加淀粉溶液的甜度。β-淀粉酶中的"β"表示能将淀粉中的β-1,4-糖苷键转化成β-麦芽糖。直链淀粉中偶尔出现的1,3-糖苷键和支链淀粉中的α-1,6-糖苷键不能被淀粉酶水解,反应就停止下来,剩下来的化合物称为极限糊精。当有脱支

酶去水解这些键时,β-淀粉酶可继续作用。β-淀粉酶只存在于植物组织之中,如大麦芽、小麦、白薯和大豆中含量丰富。在水果成熟、马铃薯加工、玉米糖浆、玉米糖、啤酒和面包制作过程中,淀粉酶是很重要的。

α-1,4-葡萄糖苷酶也称葡萄糖淀粉酶,此酶可以攻击 1,4-α-D-葡萄糖的非还原性末端,不断地将葡萄糖水解下来,形成的产物只有葡萄糖,这是一种外切酶。此外,它还能攻击支链淀粉中的 α-1,6-糖苷键,但水解的速率要低于 α-1,4-糖苷键,这意味着淀粉可全部降解成葡萄糖分子。因此,在食品工业上可用来生产玉米糖浆和葡萄糖。在生产葡萄糖苷酶时,重要的是要除去其中的葡萄糖苷转移酶,因后者能催化葡萄糖形成麦芽糖或其他寡糖,从而降低淀粉糖化过程中葡萄糖的产量。

此外还有支链淀粉酶和异淀粉酶,能水解支链淀粉和糖原中的 1,6-α-D-葡萄糖苷键,生成直链的片段,若与 β-淀粉酶混合使用,可生成含麦芽糖丰富的淀粉糖浆。

工业生产中淀粉加工的第一步是用 α-淀粉酶将淀粉水解成糊精,即液化;第二步是通过 β-淀粉酶、葡萄糖淀粉酶(糖化酶)、葡萄糖异构酶、脱支酶以及环糊精葡萄糖基转移酶等酶的作用,制成各种不同成分的淀粉糖制品。

利用酶水解淀粉生产葡萄糖是酶催化工业的一项重大成就,由日本在 20 世纪 50 年代末研究成功,现已在全世界普遍采用。现在国内外葡萄糖的生产绝大多数是采用 α-淀粉酶将淀粉液化成糊精,再利用糖化酶生成葡萄糖。果葡糖浆是用葡萄糖异构酶催化葡萄糖异构化生成果糖,而得到含有葡萄糖和果糖的混合糖浆。

若将异构化反应完成后,混合糖液经过脱色、精制、浓缩等过程,得到固形物含量达 71%左右的果葡糖浆,其中,含果糖 42%左右,含葡萄糖 52%左右,另有 6%左右为低聚糖。若将异构化后的混合糖液中的果糖与葡萄糖分离,再将分离的葡萄糖进行异构化,如此反复进行,可使更多的葡萄糖转化为果糖,由此可生产出高果糖浆。高果糖浆与蔗糖相比具有甜度高、不易结晶、易发酵等特点,故备受点心及冷饮加工业青睐。

以淀粉为原料,通过不同的淀粉酶分解淀粉,还可以生产出饴糖、麦芽糊精、麦芽糖浆(三糖、四糖)、高麦芽糖浆(麦芽糖达 60%)、麦芽糖、麦芽糖醇和果糖等甜味剂。

目前高麦芽糖浆的生产是采用 β-淀粉酶和支链淀粉酶的共同作用,使淀粉更多地转化为麦芽糖。糖化时,将液化后得到的糊精液调至 pH5~6,温度 50 ℃左右,加入一定比例的支链淀粉酶和 β-淀粉酶,作用 10 h 左右,得到麦芽糖含量达 80%~95%的糖化液。

糊精是淀粉的低级程度水解产物,广泛应用于食品增稠剂、填充剂和吸收剂等。糊精和麦芽糊精可用酸法和酶法生产,现在大多采用酶水解的方法生产。环状糊精是由 6~12 个葡萄糖单位以 α-1,4-葡萄糖苷键连接而成的环状结构的一类化合物,能吸附各种小分子物质,起到稳定、乳化、提高溶解度和分散度等作用,在食品工业中有广泛用途。β-环状糊精的应用比较广泛,在食品加工和保存过程中,β-环状糊精可以防止各种香料、油料、香辛料及其他易挥发物质的挥发,保持食品香味长期不变。β-环状糊精可以保持易氧化、遇光分解、遇热易变质的色素、氨基酸和维生素等营养成分的稳定,也可以改善糖精和甜蜜素等甜味剂的口感。对于含油量高的饮料,如冰激凌、咖啡饮料及其他乳化食品等,β-环状糊精均可使其形成长期稳定的乳状液。β-环状糊精用做包埋剂可以使食品防腐剂、保鲜剂缓慢释放,提高防腐效果,延长食品保质期。

功能性低聚糖是由 3～9 个单糖苷键连接而成的低度聚合糖，人体不能消化或难以消化，但摄取后能促进人体肠道内固有的有益细菌（双歧杆菌）的增殖，从而抑制肠道内腐败菌的生长，减少有毒发酵产物的产生，促进人体健康。如以淀粉为原料，通过酶转化法生产低聚麦芽糖、低聚异麦芽糖等低聚糖，具有原料来源广、价格低、入口香甜、风味独特等优点。麦芽寡糖酶水解淀粉后，通过絮凝、脱色、离子交换、纯化制成 3～8 个葡萄糖分子组成的新型淀粉糖，它不仅是一种具有功效的营养保健品，还具有易消化、低甜度、低渗透的优点。转移葡萄糖苷酶是生产低聚异麦芽糖必须使用的酶制剂。

以淀粉为原料，经调乳、液化后，在液化液中添加真菌淀粉酶、葡萄糖苷转移酶进行糖化、转苷反应，经一定时间后，便产生以异麦芽糖、异麦芽三糖和潘糖为主要成分的糖液。

表 4-4 列出了酶在淀粉加工中的应用。

表 4-4　酶在淀粉加工中的应用

产 品 名 称	酶促反应及酶制剂	用　　途
饴糖	α-淀粉酶、β-淀粉酶、细菌淀粉酶等	糖果
麦芽糊精	细菌 α-淀粉酶	粉果、冰激凌、速溶饮料
麦芽糖浆（三糖、四糖）	糖化型 α-淀粉酶	改善制品风味
高麦芽糖浆（麦芽糖达 60%）	α-淀粉酶液化后，用 β-淀粉酶糖化	广泛用于多种食品加工（欧美流行）
葡萄糖	α-淀粉酶（pH6.0，90 ℃）、糖化酶（pH5.0，55 ℃）	食品、医药
麦芽精与麦芽糖醇	β-淀粉酶、异淀粉酶配合使用	食品
偶联糖（有果糖末端的甜糊精）	环糊精葡萄糖基转移酶（CGTase）（在蔗精与淀粉共存时，可生成偶联糖）	甜度为蔗糖的 40%，用于食品不会引起蛀牙
果葡糖浆的果糖	葡萄糖异构酶（微生物酶）（可固定化使用）	冷饮，低糖食品

二、酶在焙烤食品中的应用

在焙烤食品中应用的酶制剂主要有淀粉酶、蛋白酶、葡萄糖氧化酶、木聚糖酶、脂酶等，这些酶制剂的使用可以增大面包体积，改善面包表皮色泽，改良面粉质量，延缓陈变，提高柔软度，延长保存期限。

1. 淀粉酶

焙烤中淀粉酶的主要应用是在面包的制作过程中。大量的文献资料表明，利用淀粉酶能够改善或控制面粉的处理品质和产品质量（如面包的体积、颜色、货架寿命）。面粉中添加 α-淀粉酶，可调节麦芽糖生成量，使二氧化碳产生量和面团气体保持力相平衡，添加 β-淀粉酶可改善糕点馅心风味，还可防止糕点老化。

在面包生产中采用麦芽和微生物 α-淀粉酶已有数十年的历史。随着焙烤工业的发展，以及消费者对天然食品的需求日益增加，酶在面包配方中所扮演的角色越来越重要。

实验证明，在面包粉中添加一种从基因工程改性细菌中得到的麦芽糖 α-淀粉酶，对

面包有独特的抗老化作用,能够保持面包在储存时的新鲜度。比较各种淀粉酶与单甘酯的抗老化作用机理的研究显示,与真菌 α-淀粉酶相比,细菌麦芽糖 α-淀粉酶不仅能大大改进面包的抗老化作用,而且对面包瓤的弹性也有正面的影响,从而提高面包的可口性。

在面包粉中添加适量的 α-淀粉酶,还可使面包体积较空白面包提高 10% 左右,这是因为焙烤面包时,α-淀粉酶水解部分淀粉,生成糊精和糖,降低了面团黏度,导致面团膨胀率提高,焙烤后面包体积增大,面包心柔软度变好。另外,在 α-淀粉酶降解面团中的淀粉时有少量糖产生,有利于促进焙烤时糖和蛋白质的美拉德反应,形成褐色的类黑色素,使面包上色更好。

2. 蛋白酶

蛋白酶添加到面粉中,使面团中的蛋白质在一定程度上降解成肽和氨基酸,导致面团中的蛋白质含量下降,面团筋力减弱,满足了饼干、曲奇、比萨饼等对弱面筋力面团的要求。同时,蛋白质的降解更有利于人体对营养物质的吸收。制作面包时,需要面团具有特别的柔韧性和延伸性,如果面团很硬,加入蛋白酶能改善面团物理性质和面包质量,使面团易于延伸以较快速度成熟。

在制作蛋糕过程中,鸡蛋液是关键原料,要求具有良好的乳化性和起泡性,添加蛋白酶制剂可有效地改善鸡蛋液的乳化性和起泡性。

3. 葡萄糖氧化酶

葡萄糖氧化酶具有良好的氧化性,可显著增强面团筋力,使面团不黏、有弹性,醒发后面团洁白有光泽、组织细腻,焙烤后体积膨大、气孔均匀、有韧性、不粘牙。同时随着葡萄糖氧化酶添加量的增加,面包抗老化效果也随之增加。葡萄糖氧化酶作为一种面粉改良剂有望得到广泛的应用。

4. 木聚糖酶

木聚糖酶习惯称为戊聚糖酶,也称半纤维素酶,是传统上用以改进面团机械加工性能和烘烤膨胀性能的酶,主要应用于欧式面包中调整面团的性能,使面包的体积增大。随着生物科技的发展,通过重组基因得到木聚糖酶,这种纯化的木聚糖酶的酶活力比传统的戊聚糖酶小,制成的面包更加稳定,而且用量也较少,现已逐步替代戊聚糖酶制剂。不过受小麦戊聚糖的降解影响,不论是戊聚糖酶还是木聚糖酶均会出现过量使用的情况,而破坏小麦戊聚糖的水结合能力,从而增加面团的黏性。因此,酶的添加量尤为关键。与葡萄糖氧化酶合用能阻止生面团发黏。

5. 脂酶

脂酶在面包生产中,有显著延缓老化、提高面团流动性、增加面团在过度发酵时的稳定性、增加烘烤膨胀性以使面包有更大的体积,不含起酥面团的面包瓤结构等作用。如同大多数酶一样,脂酶的烘烤膨胀性功效也取决于面粉的种类和面包的生产配方。对不添加起酥油的面包,添加脂酶在增大体积、改善面包心质地及延长保存期方面与添加 3%~6% 起酥油相似。脂酶也能改进无油配方或含油配方面包的膨胀性,但对于含有氢化起酥油的面包配方,则没有什么作用。至于在改进面包瓤的弹性方面,脂酶没有太大的作用。另外,脂肪氧化酶添加于面粉中,可以使面粉中不饱和脂肪酸氧化,同胡萝卜素发生共轭氧化作用,而将面粉漂白。

6. 酶的协同作用

戊聚糖酶或木聚糖酶与真菌淀粉酶结合使用时,能产生协同作用。一般来说,较高的纯木聚糖酶用量可使面团体积增大,但当用量过高时,面团就会变得太黏。将木聚糖酶与少量的真菌淀粉酶结合使用时,就可采用较少量的 α-淀粉酶和木聚糖酶,制得较大体积和较好总体质量的面团,并避免发黏的问题。脂酶不会使面团发黏,而且能够大大地改进面团的稳定性和面包瓤的结构,因此,木聚糖酶或淀粉酶与脂酶之间的协同作用,为改进面包质量提供了许多可行性。葡萄糖氧化酶虽能使面团强度加大却会使之干硬,而高剂量的真菌淀粉酶则能赋予面团较好的延伸性,将这两种酶结合使用,就能产生协同作用。此外,当两种酶与少量的抗坏血酸一起使用时,面团不仅非常稳定,而且能够增加 1%～2% 的水吸收能力,使面包体积有更大的增长,面包皮也更为松脆,提高面包整体的感官品质。葡萄糖氧化酶与真菌 α-淀粉酶结合使用,可取代某些面包配方中使用的溴酸盐,会使面包的体积增加约 40%,从而大大改进其外观质量。

随着生物技术的迅猛发展,人们对酶在焙烤食品中应用的兴趣更加浓厚,相信在不久的将来,会有更理想、更先进的酶产品问世。与此同时,更多的研究成果将使我们能更好地了解焙烤食品用酶的机理,进而开发出质量更上乘的酶产品,生产出绿色、优质的焙烤面包制品。

三、酶在果蔬加工中的应用

用于水果加工保藏的酶有果胶酶、柚苷酶、纤维素酶、半纤维素酶、橙皮苷酶、葡萄糖氧化酶以及过氧化氢酶等。

果蔬本身所含有的果胶、纤维素、淀粉和蛋白质等是引起果蔬汁混浊、褐变等不良因素的主要原因,以传统的压榨和过滤等生产工艺难以使果蔬汁达到较高品质,并且营养成分大量损失。而酶技术的应用,不仅克服了传统加工工艺的缺点,且大幅度增加了果蔬汁的品质。在提高果蔬出汁率方面应用最广泛的酶是果胶酶,榨汁前添加一定量果胶酶可以有效地分解果肉组织中的果胶物质,使果汁黏度降低,容易榨汁、过滤,从而提高出汁率。其次是纤维素酶,可以使果蔬中大分子纤维素降解成相对分子质量较小的纤维二糖和葡萄糖分子,破坏植物细胞壁,使细胞内容物充分释放,提高出汁率,并提高可溶性固形物含量。用于果汁处理的果胶酶一般是混合果胶酶,其中含有果胶酯酶、内切聚半乳糖醛酸酶、外切聚半乳糖醛酸酶、内切聚半乳糖醛酸裂解酶、外切聚半乳糖醛酸裂解酶、内切聚甲基半乳糖醛酸裂解酶、外切聚甲基半乳糖醛酸裂解酶。在应用果胶酶处理果汁时,要特别注意 pH 值、温度、作用时间、酶量等对果汁澄清速度的影响。

在制造橘子罐头时,用黑曲霉所生产的纤维素酶、半纤维素酶和果胶酶的混合酶处理橘瓣,可以从橘瓣上除去囊衣。

用柚苷酶处理橘汁,可以除去橘汁中带苦味的柚苷。加黑曲霉橙皮苷酶于橘汁中,可以将不溶化的橙皮苷分解成水溶性橙皮素,从而使橘汁澄清,也脱去了苦味。用葡萄糖氧化酶和过氧化氢酶处理橘汁,可以除去橘汁中的氧气,从而使橘汁在储藏期间保持原有的色香味。

澄清果汁经过滤、浓缩后仍发生白色混浊,其原因就在于果汁中含有酚类化合物,可在过滤前用漆酶处理,使之氧化聚合成不溶性高分子而过滤去除。

四、酶在酒类生产中的应用

发酵、酿造生产的进行实质上就是利用微生物所产生的各种酶的作用,因而发酵酿造食品的生产与酶的应用紧密相关。

传统的啤酒生产是以大麦芽为原料,在大麦发芽过程中,呼吸作用使大麦中的淀粉损耗很大,很不经济。因此,啤酒厂常用大麦、大米、玉米等作为辅助原料来代替一部分大麦芽,但这将引起淀粉酶、蛋白酶和β-葡聚糖酶的不足,使淀粉糖化不充分,使蛋白质和β-葡聚糖的降解不足,从而影响啤酒的风味和产率。在工业生产中,使用微生物的淀粉酶、中性蛋白酶和β-葡聚糖酶等酶制剂来处理上述原料,可以补偿原料中酶活力不足的缺陷,从而增加发酵度,缩短糖化时间。

在啤酒巴氏灭菌前,加入木瓜蛋白酶或菠萝蛋白酶或霉菌酸性蛋白酶处理啤酒,可以防止啤酒混浊,提高非生物稳定性,延长保存期。

糖化酶用于制造酒精、白酒、黄酒等产品中,主要是在糖化过程中外加糖化酶代替部分麸曲,可以加速糖化工序,缩短生产周期,提高出品率,降低生产成本等。

果胶酶、酸性蛋白酶、淀粉酶用于制造果酒,可以改善果实的压榨过滤,利于果酒澄清。

五、酶在肉、蛋、鱼类加工中的应用

动物肉的嫩度和其结缔组织中胶原蛋白含量与结构有关。胶原蛋白是纤维蛋白,由副键连接成为具有很高机械强度的结构,这种交联键可分为耐热和不耐热两种。幼动物的胶原蛋白中,不耐热交联键多,一经加热即行破裂,肉就显得嫩;老动物的肉因耐热键多,烹饪时软化较难,因而显得肉质粗糙,难以烹调,口感也差。采用蛋白酶可以将肌肉结缔组织中胶原蛋白分解,从而成功地使肉质嫩化。用木瓜蛋白酶或生姜蛋白酶、米曲霉蛋白酶等酶制剂,可以水解胶原蛋白,从而使肌肉嫩化。工业上嫩化瘦肉的方法有两种:一种是宰杀前,肌注酶溶液于动物体;另一种是将酶制剂涂抹于肌肉片的表面,或者用酶溶液浸肌肉。

提高产品的出率,肉制品的保水性是一项重要的质量指标,它不仅影响制品的色香味、营养成分、多汁性、嫩度等食用品质,而且具有重要的经济价值。利用肌肉保水力这一潜能,在加工过程中可以添加水分,提高出品率。此外,利用转谷氨酰胺酶处理香肠制品,可以避免香肠脱水收缩现象的发生,还可改善制品的质构。

鱼类加工业中,蛋白酶可将不能食用的鱼及边角料加工生产鱼油、鱼肉及鱼溶解物。另外,酶也用于鱼类去皮、去膜、去除内脏等,在鱼露的生产中酶可作为发酵的助剂。

利用蛋白酶水解废弃的动物血、杂鱼以及碎肉中的蛋白质,然后抽提其中的可溶性蛋白质,以供食用或饲料。这是开发蛋白质资源的有效措施。其中,以杂鱼的利用最为常见。

用葡萄糖氧化酶与过氧化氢酶共同处理以除去禽蛋中的葡萄糖,可以消除禽蛋产品"褐变"的现象。

六、酶在乳品加工中的应用

用于乳品工业的酶有凝乳酶、乳糖酶、过氧化氢酶、溶菌酶及脂肪酶等。凝乳酶用于制造干酪,干酪生产的第一步是将牛奶用乳酸菌发酵制成酸奶,然后加凝乳酶 k-酪蛋白,在酸性条件下,Ca^{2+} 使酪蛋白凝固,再经切块加热压榨熟化而成。过氧化氢酶用于消毒牛奶;脂肪酶可增加干酪和黄油的香味。在奶酪加工中添加一定量的溶菌酶可以防止中后期奶酪起泡、风味变差且不影响奶酪老化过程中奶酪基液的品质,同时,还能起到抑菌作用,不致引起酪酸发酵,这是其他防腐剂所无法比拟的。

牛奶中含有一定数量的乳糖,有些人由于体内缺乏乳糖酶,因而饮牛奶后常发生腹痛、腹泻等症状。由于乳糖难溶于水,常在炼乳、冰激凌中呈砂样结晶而析出,影响风味,因此需要除去牛奶中的乳糖。现在,用固定化黑曲霉乳糖酶装成酶柱,让牛奶以一定的流速通过酶柱,可以生产脱乳糖的牛奶。乳清含有大量的乳糖,是干酪生产的副产物。因为乳糖难消化,所以乳清历来作废水排放。现在,用多孔玻璃固定化黑曲霉乳糖酶可以分解乳清中的乳糖,从而使乳清可以作为饲料和生产酵母的培养基。

溶菌酶在婴儿体内可以直接或间接地促进婴儿肠道内双歧杆菌的增殖;可以促进婴儿胃肠内乳酪蛋白形成微细凝乳,延长肠道停留时间,有利于婴儿消化吸收;可以促进人工喂养婴儿肠道细菌菌群的正常化;还能够强化体内防御因子,以增强对感染的抵抗力,特别是对早产婴儿有预防体重减轻和消化器官疾病及增加体重的功效,是婴儿食品及配方奶粉等的良好添加剂。

七、酶在调味品中的应用

酶法可合成新型非糖甜味剂。阿斯巴甜(aspartame)即 L-a-天冬氨酰-L-苯丙氨酸甲酯,是一种新型甜味剂,其甜度是蔗糖的 200 倍,口感近似于白糖,发热量又大大低于白糖,即使常吃也不易使人发胖,颇受消费者欢迎,被广泛应用于糕点、果汁色拉酱与糖果(口香糖)等产品中。其酶法合成是利用一种中性蛋白酶催化 L-苯丙氨酸甲酯与天冬氨酸衍生物缩合而成。

糖化酶用于食醋的生产,主要是在糖化过程中外加糖化酶代替部分麸曲,可以加速糖化工序,便于缩短生产周期,提高出品率,降低生产成本等。

豆豉、豆酱、酱油和腐乳是我国传统的大豆发酵调味品,以其营养丰富、风味独特而深受消费者的喜爱。大豆发酵调味品是指在微生物酶的催化下,产生复杂的生化反应,将大豆原料中的不溶性高分子物质分解为低分子化合物,同时,又因为这些分解物互相组合、多级转化,以及菌体的自溶作用,生成种类繁多的营养物质和风味物质,构成了营养丰富、各具特色的一类发酵调味品。但其生产周期长、质量不稳定。用酶制剂代替部分曲来生产大豆发酵调味品,可以减少制曲原料的消耗,加强对原料的降解作用,可增加产量,缩短生产周期,降低生产成本,有利于产品质量的量化管理和实现现代化的大生产。

酶法应用于食品鲜味剂的生产。目前我国许可使用的鲜味剂有氨基酸类鲜味剂（如L-谷氨酸钠、天冬氨酸钠、L-丙氨酸、甘氨酸）和核糖核苷酸类鲜味剂（5′-鸟苷酸、5′-肌苷酸及其钠盐），以及植物水解蛋白、动物水解蛋白、酵母抽提物等。

利用蛋白质的酶水解工艺可制取食品风味前体物质。食品风味离不开风味前体物质和酶类加工过程中产生的独特风味物质。通过各种风味强化手段，可以使食品风味更加完美。在食品加工过程中，许多对热不稳定的风味物质容易被破坏，从而造成内源酶的钝化、风味的损失。而风味前体物质（酶的底物）在加工中不一定被破坏，因此可以在具有风味前体物质的肉类中添加酶类，水解出更多的风味物质，以增强食品的风味。例如，酶解鸡肉粉是指通过筛选不同种类的酶，把鸡肉中的蛋白质或核酸水解成多肽、氨基酸或核苷酸，形成更多的风味前体物质（特别是含硫氨基酸、含硫多肽、脂肽、磷酸肽、谷苷肽、核苷肽等），再通过后续工艺把鸡肉的特征味用科技手段更强烈地表现出来，为开发更美味、更有营养的调味品提供做原料的鸡肉粉物料。

八、酶在食品保鲜方面的应用

随着人们对食品要求的不断提高和科学技术的不断进步，一种崭新的食品保鲜技术——酶法保鲜技术正在兴起。酶法保鲜技术是利用生物酶的高效催化作用，防止或消除外界因素对食品的不良影响，从而保持食品原有的优良品质和特性的技术。由于酶具有专一性强、催化效率高、作用条件温和等特点，可广泛地应用于各种食品的保鲜，有效地防止外界因素，特别是氧化和微生物对食品所造成的不良影响。

葡萄糖氧化酶是一种氧化还原酶，它可催化葡萄糖和氧反应，生成葡萄糖酸和过氧化氢。将葡萄糖氧化酶与食品一起置于密封容器中，在有葡萄糖存在的条件下，该酶可有效地降低或消除密封容器中的氧气，从而有效地防止食品成分的氧化作用，起到食品保鲜作用。

利用反义基因技术抑制果实中 ACC 合成酶和 ACC 氧化酶这两种基因的表达，从而减少果实中促进果实和器官衰老的物质——乙烯的合成，达到延缓果实成熟，延长保质期的目的。利用反义 RNA 技术抑制酶活力已有许多成功的例子，其中最为成功的就是延缓成熟和软化的反义 RNA 转基因番茄。

九、酶在保健食品功能成分中的应用

保健功能性营养强化剂主要包括氨基酸、维生素和微量元素，还包括膳食纤维、功能肽、功能性低聚糖、脂肪替代品和不饱和脂肪酸等。例如，用蛋白酶分离深海鱼体中的鱼油提取 DHA、EPA，用于防治心血管病、改善智力等。用酶法从虾、蟹壳中提取壳聚糖，低聚壳聚糖具有抗肿瘤、降血脂、抗血栓及增殖双歧杆菌等功能。用酶法从海藻类中提取活性多糖。活性肽具有多种人体代谢和生理调节功能，易消化吸收，有促进免疫、激素调节、抗菌、抗病毒、降血压、降血脂等作用，且食用安全性高。生物活性肽主要是通过酶法降解蛋白质而制得。目前已从大豆蛋白、玉米蛋白、牛奶蛋白、水产蛋白的酶解物中制得一系列功能各异的生物活性肽。

十、酶在食品分析与检测方面的应用

由于酶具有特异性,因此,它适合于植物和动物材料的化合物定性和定量分析。例如,采用乙醇脱氢酶测定食品中的乙醇含量,采用柠檬酸裂解酶测定柠檬酸的含量等。另外,在食品中加入一种或几种酶,根据它们作用于食品中某些组分的结果,可以评价食品的质量,这是一种十分简便的方法。

生物传感器被认为是一种由受体、抗体或酶构成的生物感应层与换能器紧密连接而能提供环境组成信息的感应器。如测量电流以及电位的酶电极、酶热敏电阻装置、以场效应管为基础的生物传感器,以及以生物发光及化学发光为基础的纤维-光学传感器,它们都应用不同类型的固定化酶。固定化葡萄糖氧化酶传感器是其中应用最广泛的一种。

酶传感器又称为酶电极。酶电极是由感受器(如固定化酶)和换能器(如离子选择性电极)所组成的一种分析装置。自从1967年酶电极问世以来,酶电极的研究引起了不少人的极大兴趣。现在,不少酶电极已经实用化、商品化,用于测定混合物溶液中某种物质的浓度。例如,用葡萄糖氧化酶电极测定血液、尿、发酵液中的葡萄糖浓度,用脲酶电极测定血液中的尿素浓度。酶传感器的问世使食品成分的快速、低成本、高选择性分析测定成为可能,而且生物传感器技术的持续发展将很快实现食品生产的在线质量控制,降低食品生产成本,给人们带来安全可靠及高质量的食品。酶电极在临床化验、发酵生产、环境监测以及其他化学分析等方面,展示了广阔的前景。近年来,人们正在研制各种新型的酶电极,如多功能酶电极、微型酶电极、抗干扰酶电极等。

酶标免疫分析是20世纪60年代发展起来的新的免疫测定技术。酶标免疫分析是以待测抗原(或抗体)与酶标抗体(或抗原)的专一性反应为基础,然后通过酶活力测定,来确定抗原(或抗体)含量的一类分析法。现在,已建立了各种酶标免疫分析法,用于测定血液中抗原或抗体的含量,有很高的灵敏度和准确度。

实训二　淀粉生产果葡糖浆

一、实训目的

通过实训,了解酶制剂的应用,掌握淀粉生产果葡糖浆的方法。

二、实训原理

果葡糖浆又称为异构糖浆,是葡萄糖经葡萄糖异构酶作用生成果糖而制成的混合糖浆。葡萄糖的甜度是蔗糖的70%,果糖的甜度是蔗糖的150%,果葡糖浆中果糖含量为42%时的甜度就与蔗糖相当。果糖具有甜度高、热量低、易吸收、风味纯正、透明度好、渗透压高、不易结晶、保湿性强、发酵性好、食后不蛀牙、不发胖等特点。果葡糖浆中的果糖成分与水果中的果糖成分相同,其风味甜度一致,所以果葡糖浆在果汁和碳酸饮料中应用

效果最佳,清甜爽口,气味芳香,有"人造蜂蜜"的美称。在食品工业中可代替蔗糖广泛应用于饮料、糕点及焙烤制品、腌渍品、保健食品生产中,特别是在低温下果糖的甜度更显著,所以更适合于冷饮食品。作为新型食品饮料基料的果葡糖浆越来越被人们认可和重视,尤其是"协同增效、冷甜爽口"等特性,备受饮料厂家青睐,在饮料生产和食品加工中可以部分甚至全部取代蔗糖。

以淀粉为原料,先用 α-淀粉酶(EC 3.2.1.1)和葡萄糖淀粉酶(EC 3.2.1.3)将淀粉水解为葡萄糖,再经过葡萄糖异构酶的作用,使一部分葡萄糖转化为果糖。根据糖浆中果糖的含量,将糖浆分为果糖含量为 42% 的果葡糖浆、果糖含量为 55% 的高果糖浆和果糖含量为 90% 的纯果糖浆。

三、实训设备

液化罐、糖化罐、过滤机、离子交换柱、酶反应柱、真空浓缩罐等。

四、方法与步骤

1. 生产工艺流程

```
        α-淀粉酶   糖化酶                          异构酶
          ↓        ↓                              ↓
淀粉乳→液化→糖化→脱色过滤→离子交换→葡萄糖异构化→脱色过滤→离子交换
→浓缩→42%果葡糖浆→吸附分离→90%纯果糖浆
                    ↓
         结晶分离→55%高果糖浆
```

2. 操作步骤

(1)液化   将浓度为 30% 的淀粉乳,调节 pH 值为 5.7～7.0,加入耐高温 α-淀粉酶 5～10 单位/克干淀粉,温度升至 85～90 ℃,保持一定时间,取样用 20% 碘液测试至碘反应不显蓝色。

(2)糖化   调节 pH 值为 4.2～4.5,加糖化酶,控制温度 60 ℃,搅拌反应约 36 h,使 DE 值达 93%～97%,经脱色过滤,离子交换,真空浓缩至浓度为 35%～45%(异构化酶反应所需浓度)。

(3)异构化   采用诺维信固定化葡萄糖异构酶(Sweetzyme IT),它能催化 D-葡萄糖和 D-果糖间的异构化反应。工艺条件:糖化液浓度 40%、pH 为 7.5～7.8、反应温度 65 ℃,糖液中加入 40～50 mg/L 的镁离子作为稳定剂(降低有色物质生成量,提高酶稳定性)。根据经验,酶活力处于最佳 pH 值时,能充分发挥催化作用,反应速度快,时间短,糖分分解副反应的发生程度低,所得的异构化糖液的颜色浅,容易精制。如果在异构化反应中 pH 值降低只有 0.1～0.5 单位,则无须调整。

异构化反应一般采取酶柱法进行,该法将固相酶装填于竖立的保温反应柱(滤床)内,精制的糖化液由柱顶进料,流过酶柱,进行异构化反应,再从柱底出料,连续操作。一般采用几柱串联。在连续反应过程中,酶活力逐渐降低,可以相应地降低进料速度而保持一定的转化率。当连续操作一段时间后,酶活力降低到原来的 25% 左右,就需要更换新酶,再行操作。

（4）浓缩　异构化反应的糖浆须经脱色过滤、离子交换除去杂质后，再真空浓缩至70%～75%，即得42%果葡糖浆。

如果将42%的果葡糖浆中部分葡萄糖结晶分离出去，可得55%的高果糖浆。将42%的果葡糖浆进行吸附分离可得90%的纯果糖浆。

五、实训报告

根据实训结果，写出实训报告。

 项目小结

酶工程又可分为化学酶工程和生物酶工程，前者包括固定化酶、酶的化学修饰和有机溶剂中酶的催化作用等内容，后者则包括核酸酶、酶分子定向进化和抗体酶等。

酶是一种具有活性的生物催化剂，也就是生物活细胞产生的具催化功能的物质。酶来自生物体，因此，可利用生物体（包括动物、植物、微生物）为原料，经提取、分离等技术而得到酶。目前的酶制剂生产，都是以微生物发酵生产为主。用于生产酶的微生物主要是细菌、真菌、霉菌和放线菌等。

酶的发酵生产根据细胞的培养方式不同，可分为固体培养发酵、液体深层发酵和固定化细胞发酵。酶经过微生物的发酵生产，再进行细胞破碎和酶的抽提，最后经过浓缩和分离提纯而得到不同的酶制剂。酶的分离提纯包括三个基本环节：一是抽提，即把酶从材料转入溶剂中制成酶溶液；二是纯化，即把杂质从酶溶液中除掉或从酶溶液中把酶分离出来；三是制剂，即将酶制成各种剂型。从原料开始每步都必须检测酶活性，注意防止酶的变性失活。

酶制剂通常有四种剂型：①液体酶制剂；②固体酶制剂；③食品级固体酶制剂；④纯酶制剂。天然酶因稳定性问题而进行酶的修饰技术，酶分子修饰就是通过各种方法使酶分子的结构发生某些改变，从而改变酶的某些特性和功能的技术过程。主要是利用修饰剂所具有的各类化学基团的特性，直接或经一定的活化步骤后与酶分子上的某种氨基酸残基（一般尽可能选用非酶活必需基团）产生化学反应，从而改造酶分子的结构与功能。即采用各种方法和手段对天然酶进行改造，使其物性和活性都得到改善。

酶在非水相介质中进行的催化反应称为酶的非水相催化。酶的非水相催化主要包括以下几种：有机介质中的酶催化、气相介质中的酶催化、超临界介质中的酶催化、离子液介质中的酶催化。有机介质中的酶催化，常用的有机溶剂有辛烷、正己烷、苯、吡啶、季丁醇、丙醇、乙腈、己酯、二氯甲烷等。

固定化酶技术使酶能够重复利用，实现连续化生产。固定化酶是用物理的或化学的方法使酶与水不溶性大分子载体结合或把酶包埋在水不溶性凝胶或半透膜的微囊体中制成的，在一定的空间范围内起催化作用，并能反复和连续使用的酶。酶固定化后一般稳定性增加，易从反应系统中分离，且易于控制，能反复使用多次，便于运输和储存，有利于实现连续化和自动化生产。固定化酶是一项新的酶应用技术，在工业生产、化学分析和医药等方面有着诱人的应用前景。

酶工程在食品工业中的应用主要包括在淀粉糖制品、焙烤食品、果蔬加工、酒类、乳制品、肉蛋鱼制品、调味品、保健品等食品生产中和食品保鲜、食品检测等方面的应用。

复习思考题

一、名词解释

酶工程　酶活力　固定化酶

二、问答题

1. 为什么用微生物发酵法生产酶?
2. 液体深层发酵中需要对哪些因素进行管理?
3. 试述酶的分离提纯方法。
4. 食品生产中常用到哪些酶?
5. 比较 α-淀粉酶、β-淀粉酶、葡萄糖淀粉酶、支链淀粉酶的作用特点及作用产物。
6. 简述酶在各种食品生产中的应用。

项目五

发酵工程及其在食品工业中的应用

 知识目标

了解发酵工程的基本内容和基本原理,重点掌握工业微生物资源,细菌、放线菌、酵母菌、霉菌、担子菌、藻类及生物工程菌发酵培养基的组成及配制方法;掌握发酵产物类型,发酵的一般过程,分批发酵、连续发酵、补料分批发酵、固体发酵四种发酵类型的操作及工艺控制,常用发酵设备以及发酵产物的分离提取的精制过程。

 能力目标

以发酵产品生产工艺与控制为主线,着重介绍菌种管理、发酵单元操作、发酵工艺控制与条件优化,以及发酵生产实际运用等知识。通过该项目的学习,学会发酵工艺控制与发酵产品生产的操作,具备独立分析问题和解决问题的能力,并能在实际生产中有所运用。

任务一　发酵工程概述

一、发酵工程的含义

发酵工程是生物技术的重要组成部分,是生物技术产业化的重要环节,它将微生物学、生物化学和化学工程的基本原理有机地结合起来,是一门利用微生物的生长和代谢活动来生产各种有用物质的工程技术。由于它以培养微生物为主,所以又称微生物工程。

发酵工程技术主要包括提供生产菌种的菌种技术,实现低成本、大规模产品生产的发酵技术和最终获得合格产品的分离纯化技术。

（一）发酵工程的内容和特点

严格地讲,发酵工程是以细胞为催化剂的化学反应工程,但实际上发酵工程长期以来一直是,到目前为止仍然是微生物工程的代名词,本书中对发酵工程所给出的定义也是如此。即发酵工程就是微生物工程。因此,发酵工程的内容和特点讲的也是微生物工程的内容和特点。

随着科学技术的发展,发酵工程的内容不断扩展和充实。现代的发酵工程不仅包括菌体生产和代谢产物的发酵生产,还包括微生物机能的利用。其主要内容有生产菌种的选育,发酵条件的优化与控制,反应器的设计及产物的分离、提取与精制过程等。

微生物种类繁多,繁殖速度快,代谢能力强,容易通过人工诱变获得有益的突变株,而且微生物酶的种类很多,能催化各种生物化学反应。同时微生物能够利用有机物、无机物等各种营养源,不受气候、季节性等自然条件的限制,可以用简单的设备来生产多种多样的产品。因此,在酒、酱、醋等酿造技术基础上发展起来的发酵技术发展非常迅速,且有其独特的特点。

（1）发酵过程以生命体的自动调节方式进行,数十个反应过程能够像单一反应一样,在发酵设备中一次完成。

（2）发酵工程以生物化学反应为主,反应通常在常温常压下进行,条件温和,能耗少,设备较简单。

（3）原料来源广泛,原料通常以糖蜜、淀粉等碳水化合物为主,可以是农副产品、工业废水或可再生资源（如植物秸秆、木屑等）,微生物本身可以有选择性地摄取所需要的物质。

（4）发酵产品多为小分子产品,但也能很容易地生产出复杂的高分子化合物,如酶、核苷酸等;由于微生物细胞等活的生命体特有的反应机制,能高度选择性地在复杂化合物的特定部位进行氧化、还原及官能团引入等反应。

（5）富含维生素、蛋白质、酶等有用物质,除特殊情况外,发酵液一般对生物体无害。

（6）发酵过程中需要防止杂菌污染,一旦发生污染,一般会造成较大损失;设备需要进行严格的冲洗、灭菌,空气需要过滤等。

（7）通过微生物菌种的改良,尤其是基因工程等高产菌株的选育,能够利用原有设备较大幅度地提高生产水平。

（二）发酵工程的研究对象、方法与手段

发酵工程主要是研究利用微生物的新陈代谢作用生产一定的产品或达到其他社会目的的工程学科。发酵工程研究的对象应该包括微生物（菌种选育和优化）、微生物学过程（培养基设计及其制造以及发酵过程优化等）和微生物体系（生物反应器）。其中有微生物学问题、生化工程问题,也有分析与设备问题。

发酵工程研究的方法和手段既包括传统的、经典的方法和手段,也包括现代的、先进的方法和手段。例如,菌种技术既有传统的"经典"理化诱变方法手段,也有先进的基因工程改造等方法和手段。总之,一切现代生物工程的研究方法和手段都可以应用到发酵工程中去,因为发酵工程是生物工程的组成部分。

二、固体发酵及其特点

（一）固体发酵

从广义上讲,固体发酵可以指一切使用不溶性固体基质来培养微生物的工艺过程,既包括固体悬浮在液体中的深层发酵,也包括在没有(或几乎没有)游离水的湿固体材料上培养微生物的工艺过程。多数情况下是指在没有水或没有自由水存在下,在有一定湿度的水不溶性固体基质中,用一种或多种微生物发酵的一个生物反应过程。它是利用培养基进行的一种传统的微生物生产方法,现代的固体发酵不仅用于改善食品风味,更主要是用于酶制剂、单细胞蛋白、有机酸、乙醇、生物农药、生物饲料、生物燃料、生物转化、生物解毒、生物修复等方面的生产与应用。液体发酵技术在长时间的使用和研究中逐渐成熟,然而,由于消耗大量的工业用粮,以及环境污染等问题的存在,需要寻求新的发酵方法来解决。固体发酵有着液体发酵无法比拟的优势,因而引起了人们极大的关注,它是解决当前发酵工业中所遇到的能耗大、与人类竞争粮食以及环境污染严重等问题的一种有效途径。

（二）固体发酵的特点

与其他培养方式相比,固体发酵具有如下优点:

(1) 培养基简单且来源广泛,多为便宜的天然基质或工业生产的下脚料,如麸皮、米糠、豆饼、山芋粉、高粱、玉米粉、玉米皮、稻壳等;

(2) 投资少,能耗低,设备简单,适合小规模生产;

(3) 产物的产率较高;

(4) 基质含水量低,可大大减小生物反应器的体积,没有有机废水的产生,不需要进行废水处理,环境污染较少,同时后处理加工方便;

(5) 发酵过程一般不需要严格的无菌操作;

(6) 通气一般可由气体扩散或间歇通风完成,不需要连续通风,空气一般也不需严格的无菌条件。

固体发酵的缺点是占地面积大,劳动强度高,产品质量不太稳定。

在工业上已得到应用的设备有盘式、转鼓式及搅拌式反应器。压力脉动固体发酵反应器的研制成功标志着现代发酵技术的成熟,随着该项技术体系的进一步改进与完善,必将打破液体深层发酵技术一统天下的局面。同时,随着微生物基因遗传技术的应用、优良菌株的发现和筛选,以及生产工艺等方面的改进,固体发酵技术也将得到进一步的发展。

三、液体深层发酵及其发酵动力学

（一）液体深层发酵

1. 液体深层发酵的特点

液体发酵的特点是生产效率高,适于机械化和自动化生产。它有静置培养和通气培

养两种类型。前者适合于厌氧菌发酵,如乙醇、丙酮、丁醇、乳酸发酵;后者适合于好氧菌发酵,如抗生素、氨基酸、核苷酸发酵。

早期的液体发酵是浅层发酵,靠液体表面与空气接触进行氧气交换,在液面上形成一层菌膜,在缺乏通气设备时,对一些繁殖快的好氧性微生物可利用此法。随着发酵工业的兴起,引入了通气、搅拌技术,发展并形成了深层发酵法。深层发酵是在生物反应器(发酵罐)内(液体培养基内部)进行的微生物培养过程。同其他发酵方法相比,液体深层发酵具有很多优点:①液体悬浮状态是很多微生物的最适生长环境;②在液体中菌体及营养物、产物(包括热量)易于扩散,使发酵可在均质或拟均质下进行,便于控制,易于扩大生产规模;③液体输送方便,易于机械化操作;④厂房面积小,生产效率高,易进行自动化控制,产品质量稳定;⑤产品易于提取、精制等。因而液体深层发酵在发酵工业中被广泛应用。

2. 液体深层发酵类型

根据操作(反应器运行)方式的不同,液体深层发酵主要有分批发酵、补料分批发酵和连续发酵三种类型。

(1)分批发酵 分批发酵是营养物和菌种一次加入进行培养,直到结束放罐,中间除了空气进入和尾气排出,与外部没有物料交换。传统的生物产品发酵多用此方式,它除了控制温度和 pH 及通气以外,不进行任何其他控制,操作简单。但从细胞所处的环境来看,则有明显改变,发酵初期营养物过多,可能抑制微生物的生长,而发酵的中后期又可能因为营养减少而降低培养效率;从细胞的增殖来说,初期细胞浓度低,增长慢,后期细胞浓度虽高,但营养物浓度过低,生长也不快,总的生产能力不高。

分批发酵的具体操作如下:首先种子培养系统开始工作,即对种子罐用高压蒸汽进行空罐灭菌(空消),之后投入培养基,再通高压蒸汽进行实罐灭菌(实罐)。然后接种,即接入用摇瓶等预先培养好的种子,进行培养。在种子罐开始培养的同时,以同样程序进行主发罐的准备工作。对于大型发酵罐,一般不在罐内对培养基灭菌,而是利用专门的灭菌装置对培养基进行连续灭菌(连消)。种子培养达到一定菌体量时,即转移到主发酵罐中。发酵过程中要控制温度和 pH,对于需氧微生物还要进行搅拌和通气。主罐发酵结束,即将发酵液送往提取、精制工段进行处理。其工艺流程如图 5-1 所示。

根据不同发酵类型,每批发酵需要十几小时到几周时间。其全过程包括空罐灭菌、加入灭过菌的培养基、接种、发酵过程、放罐和洗罐,所需时间的总和为一个发酵周期。分批培养系统属于封闭系统,只能在一段有限的时间内维持微生物的增殖,微生物处在限制性的条件下生长,表现出典型的生长周期。如图 5-2 所示,培养基在接种后,在一段时间内细胞浓度的增加不明显,这一阶段为延滞期,是细胞在新的培养环境中表现出来的一个适应阶段。接着是一个短暂的加速生长期,细胞开始大量繁殖,很快到达对数生长期,由于培养基中的营养物质比较充足,有害代谢物很少,所以细胞的生长不受限制,细胞浓度随培养时间的延长呈指数增长,也称指数生长期。随着细胞的大量繁殖,培养基中的营养物质迅速消耗,加上有害代谢物的积累,细胞的生长速率逐渐下降,进入减速期,因营养物质耗尽或有害物质的大量积累,细胞浓度不再增加,这一阶段为静止期或稳定期。在静止期,细胞的浓度达到最大值。最后由于环境恶化,细胞开始死亡,活细胞浓度不断下降,这一阶段为衰亡期。大多数分批发酵在到达衰亡期前就结束了。迄今为止,分批发酵仍是

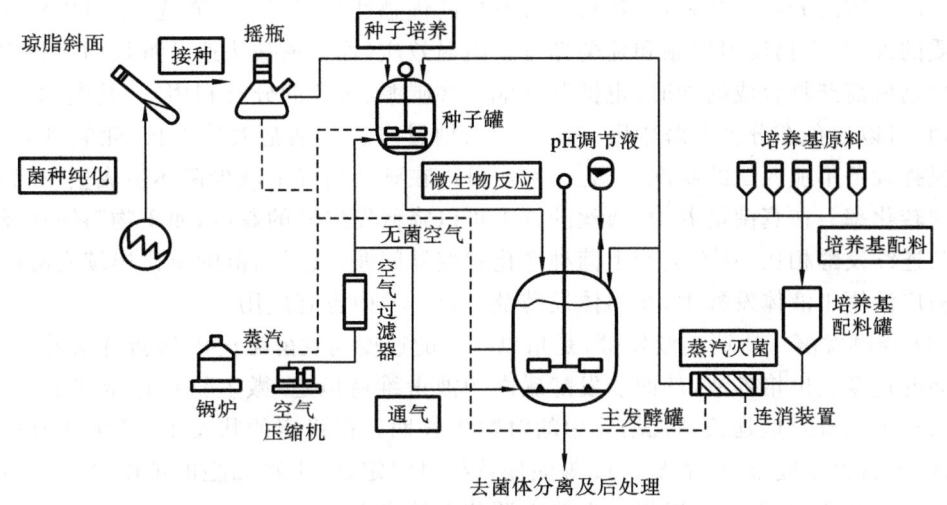

图 5-1 典型的分批发酵工艺流程图

最常用的发酵方法,广泛应用于多种发酵过程。

（2）补料分批发酵 补料分批发酵又称半连续发酵,是介于分批发酵和连续发酵之间的一种发酵技术,是指在微生物分批发酵中,以某种方式给培养系统补加一定物料的培养技术。通过向培养系统中补充物料,可以使培养液中的营养物浓度较长时间地保持在一定范围内,既保证微生物的生长需要,又不造成不利影响,从而达到提高产率的目的。

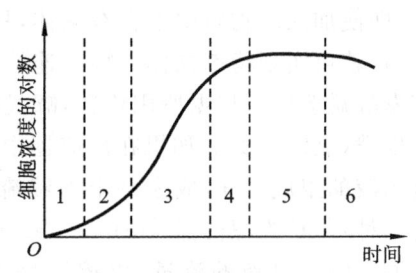

图 5-2 微生物分批培养的生长曲线
1—延滞期;2—加速生长期;3—对数生长期;
4—减速期;5—稳定期;6—衰亡期

补料技术在发酵过程中的应用是发酵技术史上一个划时代的进步。补料技术本身也由少次多量、少量多次,逐步改为流加,近年又实现了流加补料的微机控制。但是,发酵过程中的补料量或补料率,目前在生产中还只是凭经验确定,或者根据一两个一次检验的静态参数(如基质残留量、pH、溶解氧浓度等)设定控制点,带有一定的盲目性,很难同步地满足微生物生长和产物合成的需要,也不可能完全避免基质的调控反应。因而现在的研究重点在于如何实现补料的优化控制。

补料分批发酵可以分为两种类型:单一补料分批发酵和反复补料分批发酵。在开始时投入一定量的基础培养基,到发酵过程的适当时期,开始连续补加碳源或(和)氮源或(和)其他必需基质,直到发酵液体积达到发酵罐最大操作容积后,停止补料,最后将发酵液全部放出。这种操作方式称为单一补料分批发酵。该操作方式受发酵罐操作容积的限制,发酵周期只能控制在较短的范围内。反复补料分批发酵是在单一补料分批发酵的基础上,每隔一定时间按一定比例放出一部分发酵液,使发酵液体积始终不超过发酵罐的最大操作容积,从而在理论上可以延长发酵周期,直至发酵率明显下降,才将发酵液全部放出。这种操作类型既保留了单一补料分批发酵的优点,又避免了它的缺点。

补料分批发酵作为分批发酵向连续发酵的过渡,兼有两者之优点,而且克服了两者之缺点。同传统的分批发酵相比,补料分批发酵的优越性是明显的。首先,它可以解除营养物基质的抑制、产物反馈抑制和葡萄糖分解阻遏效应(葡萄糖被快速分解代谢所积累的产物在抑制所需产物合成的同时,也抑制其他一些碳源、氮源的分解利用)。其次,对于好氧发酵,它可以避免在分批发酵中因一次性投入糖过多造成细胞大量生长,耗氧过多,以致通风搅拌设备不能匹配的状况。第三,它还可以在某些情况下减少菌体生成量,提高有用产物的转化率。在真菌培养中,菌丝的减少可以降低发酵液的黏度,便于物料输送及后处理。与连续发酵相比,它不会产生菌种老化和变异问题,其适用范围也比连续发酵广。它不仅被广泛用于液体发酵中,在固体发酵及混合培养中也有应用。

(3)连续发酵　所谓连续发酵,是指以一定的速度向发酵罐内添加新鲜培养基,同时以相同的速度流出培养液,从而使发酵罐内的液量维持恒定,微生物在稳定状态下生长。稳定状态可以有效地延长分批培养中的对数生长期。在稳定的状态下,微生物所处的环境条件,如营养浓度、产物浓度、pH等能保持相对恒定,微生物细胞的浓度及其比生长速率也可维持不变,甚至还可以根据需要来调节生长速率。

连续发酵使用的反应器可以是搅拌罐式反应器,也可以是管式反应器。在罐式反应器中,即使加入的物料中不含有菌体,只要反应器内含有一定量的菌体,在一定进料流量范围内,就可实现稳态操作。罐式连续发酵的设备与分批发酵设备无根本差别,一般采用原有发酵罐改装。根据所用罐数,罐式连续发酵系统又可分为单罐连续发酵和多罐串联连续发酵(见图5-3)。如果在反应器中进行充分的搅拌,则培养液中各处的组成相同,且与流出液的组成一样,成为一个连续流动搅拌罐式反应器(CSTR)。连续发酵的控制方式有两种:一种为恒浊器(turbidostat)法,即利用浊度来检测细胞的生长状况,通过自控仪表调节输入料液的流量,以控制培养液中的菌体浓度达到恒定值;另一种为恒化器(chemostat)法,它与前者相似之处是维持一定的体积,不同之处是菌体的密度不是直接控制的,而是通过恒定输入的养料中某一种生长限制性基质的浓度来控制。

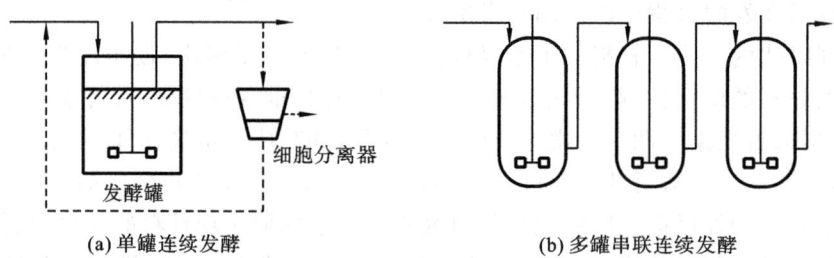

(a)单罐连续发酵　　　　　　　　(b)多罐串联连续发酵

图5-3　搅拌罐式连续发酵系统
图中虚线部分表示带循环系统的流程

与分批发酵相比,连续发酵具有以下优点:可以维持稳定的操作条件,有利于微生物的生长代谢,从而使产率和产品质量也相应保持稳定;能够更有效地实现机械化和自动化,降低劳动强度,减少操作人员与病原微生物和毒性产物接触的机会;减少设备清洗、准备和灭菌等生产占用时间,提高设备利用率,节省劳动力和工时;由于灭菌次数减少,测量仪器探头的寿命得以延长;容易对过程进行优化,有效地提高发酵产率。当然,它也存在一些缺点:由于是开放系统,加上发酵周期长,容易造成杂菌污染;在长周期连续发酵中,微生物容易发生变异;对设备、仪器及控制元器件的技术要求较高;黏性丝状菌菌体容易附着在器壁上生长和在发酵液内结团,给连续发酵操作带来困难。

由于上述情况,连续发酵目前主要用于研究工作中,如发酵动力学参数的测定、过程条件的优化实验等。另外,酒精连续发酵生产技术在俄罗斯已获得成功的应用。最近发展的一种培养方法则是把固定化细胞技术和连续培养方法结合起来,用于生产丙酮、丁醇、正丁醇、异丙醇等重要工业溶剂。

(二) 发酵动力学

1. 发酵动力学概论

发酵动力学是发酵工程的一个重要组成部分,它以化学热力学(研究反应的方向)和化学动力学(研究反应的速率)为基础,研究发酵过程中变量在活细胞作用下变化的规律,以及各种发酵条件对这些变量变化速率的影响。这一研究有助于更加深入地认识和掌握发酵过程,为工业发酵的模拟、优化和控制打下良好的理论基础。发酵动力学的研究内容主要包括:①细胞生长和死亡动力学;②基质消耗动力学;③氧消耗动力学;④二氧化碳生成动力学;⑤产物合成和降解动力学;⑥代谢热生成动力学。以上各个方面不是孤立的,而是既相互依赖又相互制约,构成错综复杂的发酵动力学体系。

发酵动力学的研究对象既然是运动着的细胞,就不能单纯地用传统的静态变量和残余基质量、溶解氧量、菌体量等进行描述,必然会涉及许多动态变量,如细胞比生长率、基质比消耗率、比耗氧率、二氧化碳比释放率、产物比生产率等。这些动态变量一般不能直接测量,只能根据动力学方程式间接估计。

按发酵动力学现有原理对发酵过程进行控制,首先必须了解达到高产所必须具备的生产菌生长状态(生长速率、形态、浓度等)、相应的基质和氧的需要率,以及各种发酵条件对这种生长状态和需要率的影响。这涉及许许多多数据的采集、处理、综合运算和参数估计,并要求具有实时性,这对于常规检测和控制手段来说是不可能做到的,必须采用在线检测技术和过程控制计算机。反过来,实施计算机系统对发酵过程的参数估计与动态优化控制,也必须以能够描述各变量变化速率之间关系的动力学方程(即数学模型)为基础。由于发酵过程的复杂性,对计算机系统的要求也就比一般工业过程控制要高得多。这方面仍处于发展和完善之中。发酵动力学的研究为实验数据的放大,为分批发酵过渡到连续发酵提供理论的依据。

图 5-4 定性地表示了分批、补料分批及连续操作时菌体及底物的浓度随时间的变化情况。目前工业上所用的微生物反应系统大部分为分批或补料分批操作。

2. 分批发酵动力学

分批发酵过程中微生物所处的环境不断变化,即培养罐内的化学及物理状态随时间变化,整个发酵过程处于非定常态。但是当菌体生长的最适条件(温度、pH 及 DO 等)与代谢产物生成的最适条件不同时,可在培养过程中人为地改变这些条件,以获得最大产率。

(1) 微生物的生长曲线。

在分批培养的条件下,把握好微生物的生长过程,对于获得最大产量至关重要。随着

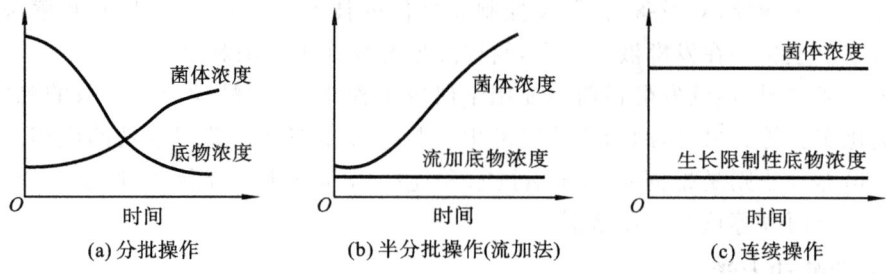

图 5-4　分批、补料分批及连续操作时菌体及底物的浓度随时间的变化

细胞浓度和代谢物浓度的不断变化,微生物的生长过程更详细地分为延滞期、加速生长期、对数生长期、减速期、稳定期和衰亡期六个阶段。

对数生长期这一阶段中,由于微生物已经调整至能适应新环境,且培养基的营养物质比较充足,有害代谢物质很少,所以微生物细胞浓度随着培养时间的延长而呈指数增长,此时,虽然培养基的成分发生改变,但细胞的生长速率维持恒定。当培养基中营养物过量时,生长速率与营养物浓度无关。因此,细胞浓度的变化率与细胞浓度成正比,故有

$$\frac{\mathrm{d}X}{\mathrm{d}t} = \mu X \tag{5-1}$$

式中:X——细胞浓度,kg(干重)/m³;

t——时间,h;

μ——比生长速率,h⁻¹。

比生长速率 μ 与细胞种类、培养温度、pH、培养基组成和限制性基质浓度等因素有关。它表示单位菌体浓度所引起的菌体生长速率,反映了对数生长期细胞生长的快慢。这是一个自催化反应,上式经积分后得

$$\ln \frac{X}{X_0} = \mu t \tag{5-2}$$

$$X = X_0 \mathrm{e}^{\mu t} \tag{5-3}$$

此外也可获得,当细胞群体增加 1 倍时,所需要的时间 t_d 为

$$t_\mathrm{d} = \frac{\ln 2}{\mu} = \frac{0.693}{\mu} \tag{5-4}$$

t_d 称为细胞倍增时间或世代时间。微生物细胞的倍增时间较短,一般细菌为 $0.25\sim1$ h,酵母菌为 $1.15\sim2$ h,霉菌为 $2\sim6.9$ h。动植物细胞的倍增时间较长,如哺乳动物的 t_d 一般为 $15\sim100$ h,植物细胞的 t_d 为 $24\sim74$ h。

在对数生长期,μ 和 t_d 是代表微生物在该时期生长特性的两个重要参数,两者均可反映菌体生长的快慢。一般来说,μ 大或 t_d 小,都表明菌体生长迅速。但实际上常用 μ 来表示某微生物的生长特性。例如,要提高对数生长期的生长速率,可考虑从提高 μ 值着手,环境对菌体生长的影响也可用生长速率 μ 与环境参数的关系来描述。

应该指出,并不是所有的微生物的生长都符合方程(5-1),从 20 世纪 40 年代开始,人们提出了许多描述微生物生长过程中比生长速率和营养物浓度的关系的数学模型。在大多数分批培养中,在特定的温度、pH、营养物类型、营养物浓度等条件下,比生长速率 μ 是

个常数。Monod于1942年最先提出营养物浓度 S 对微生物比生长速率 μ 的关系符合以下方程：

$$\mu = \frac{\mu_{max} S}{K_S + S} \tag{5-5}$$

式中：S——限制性营养物的浓度；

μ_{max}——最大比生长速率；

K_S——常数，在数值上为 $\mu = \frac{1}{2}\mu_{max}$ 时限制性营养物的浓度。

上述方程称为 Monod 方程，它是纯粹基于经验观察得出的，其曲线如图 5-5 所示，表5-1、表5-2 分别列出了部分 K_S、μ_{max} 值。在纯培养的情况下，只有当微生物生长受一种限制性营养物制约时，Monod 方程才与实验数据一致。当培养基中存在抑制剂，或培养基中有多种营养物存在时，Monod 方程必须加以修改，才能与实验数据一致。当存在多种限制性营养物时，方程可改写为

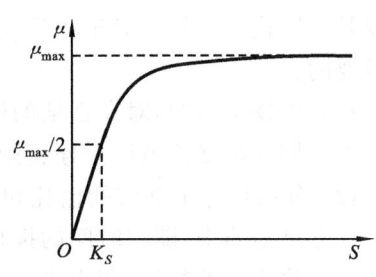

图 5-5 Monod 方程曲线

$$\mu = \mu_{max}\left(\frac{K_1 S_1}{K_1 + S_1} + \frac{K_2 S_2}{K_2 + S_2} + \cdots + \frac{K_n S_n}{K_n + S_n}\right)\frac{1}{\sum\limits_{i=1}^{n} K_i} \tag{5-6}$$

表 5-1　Monod 方程中的某些 K_S 值

限制性营养物	K_S/(mg/L)	微　生　物
葡萄糖	1.0	产期肠道菌
葡萄糖	2.0~4.0	大肠杆菌
葡萄糖	25.0	酿酒酵母
甲醇	0.7	假单胞菌
氨	0.1	产气肠道菌
镁	0.6	产气肠道菌
硫酸盐	5.0	产气肠道菌

表 5-2　几种不同的微生物的 μ_{max}

微　生　物	培养温度/℃	μ_{max}/h^{-1}
细菌	37	0.6~1.0
酵母	30	0.3~0.5
霉菌	28	0.1~0.3

除此之外，菌体生长有时也会受到培养介质中的某些组分，如营养物或产物等的抑制，前者以葡萄糖为例，后者以酒精为代表。如发生营养物抑制，则此时比生长速率 μ 与营养物浓度之间的关系将不遵循 Monod 方程，而由下式描述：

$$\mu = \mu_{\max} \frac{S}{K_S + S + S^2/k_i} \tag{5-7}$$

式中，k_i 是抑制常数，其余同前。

应当指出，除了 Monod 方程外，其他人也提出过一些类似的动力学方程。但在大多数的情况下，实验数据与 Monod 方程更为接近，因此 Monod 方程的应用更为广泛。

稳定期这一阶段可以维持相当长的时间，此时细胞质量基本维持恒定，但活细胞数有可能下降，由于细胞溶解作用，新的营养物（糖类、蛋白质）又释放出来，它们又可以作为细胞的能源，使存活的细胞发生缓慢生长，通常称为二次生长或隐性生长，二次生长的产物主要是次级代谢产物。对于积累某些代谢产物或某些酶的工业发酵过程，这个时期是相当重要的。

在微生物培养中，对衰亡期的研究一般较少，这可能是由于大多数分批培养发酵生产是在衰亡期开始之前就已经停止操作，所以衰亡期的研究对实际生产的价值不大。

（2）分批培养中基质的消耗和产物的形成。

在分批培养中，随着时间的推移，营养物逐渐消耗，产物逐渐形成。常用得率系数来描述微生物生长的特征，即生成的细胞或产物与消耗的营养物的关系，或与释放出的能量及消耗的能量的关系，分别称为生长得率系数或产物得率系数。得率系数并不是恒定不变的，而取决于生物学系数（X、μ）和化学参数（培养物中 p_{O_2}、碳氮比以及磷含量等）。在实际工作中最常用的得率系数是 $Y_{X/S}$、$Y_{P/S}$，在工业上得率系数的计算是采用在一定的时间内，测定细胞或产物的生成量以及营养物的消耗量来进行的，即

$$Y_{X/S} = \frac{X - X_0}{S_0 - S} = \frac{\Delta X}{\Delta S} \tag{5-8}$$

$$Y_{P/S} = \frac{P - P_0}{S_0 - S} = \frac{\Delta P}{\Delta S} \tag{5-9}$$

由此得出的数值为表观得率系数。根据产物生成的化学反应式，可计算产物的理论得率系数。尽管对细胞理论得率的意义的评价存在着很多争论，但是细胞理论得率为设计实验、评价实验结果提供了一个有用的指标。

（3）分批培养过程的生产率。

在评价发酵过程的成本、效率时，要利用生产率这个概念。它可以定义为

$$生产率\ P(\mathrm{g/(L \cdot h)}) = \frac{产物浓度（\mathrm{g/L}）}{发酵时间（\mathrm{h}）} \tag{5-10}$$

生产率是个综合指标，在讨论分批培养过程时，必须考虑所有的因素。在计算时间时，不仅包括发酵时间，还包括放罐、清洗、装料和消毒时间以及延滞期。式（5-11）表示整个过程中所经历的时间的典型分析，并显示了平均生产率和最大生产率。发酵总时间为

$$t = \frac{1}{\mu_{\max}} \ln \frac{X_t}{X_0} + t_c + t_f + t_t \tag{5-11}$$

式中：t_c——放罐清洗时间；

$\quad$ t_f——装料消毒时间；

$\quad$ t_t——迟滞时间；

X_0——细胞的最初浓度；

X_t——细胞的最终浓度。

如令 $t_L = t_c + t_f + t_t$，平均生产率可表示为

$$P = \frac{X_t - X_0}{\frac{1}{\mu_{\max} \ln \frac{X_t}{X_0}} + t_L} \qquad (5-12)$$

通过此方程可以估算发酵过程中各种因素的变化对平均生产率的影响。接种量大，X_0 就大，发酵过程缩短。减少 t_c 和 t_f，也能缩短周期。对于短周期发酵（18~70 h）而言，t_c 和 t_f 非常重要，而对于长周期发酵（3 d 以上），t_c 和 t_f 就不太重要。迄今为止，分批培养是最常用的培养方法，广泛应用于各种发酵过程。

3. 分批补料发酵动力学

分批补料发酵首先由 Yoshide 于 1973 年提出，在分批发酵的前提下，连续地或按一定规律向系统内补入营养物，等到一定时候便进行排料，但料并不排完，而留下 1/3~2/3，然后再补料，重复上述操作。系统内的培养液体积 V、微生物浓度 X 以及营养物浓度 S 等均随时间变化，稀释率 D 也将按下式减小：

$$D = \frac{F}{V_0 + Ft} \qquad (5-13)$$

式中：V_0——原有发酵液体积；

F——营养物补入速率；

t——补料时间。

分批补料操作是一个不稳定的过程，如果建立物料衡算式，对微生物有

$$\frac{d(VX)}{dt} = FX_0 + r_X V$$

对营养物有 $\qquad \frac{d(VS)}{dt} = FS_0 - r_S V \qquad (5-14)$

$$\frac{d(VX)}{dt} = \frac{dV}{dt}X + \frac{dX}{dt}V \qquad (5-15)$$

式中，$r_X = \mu X$，$r_S = \dfrac{r_X}{Y_{X/S}}$，以及

$$\frac{dV}{dt} = F \qquad (5-16)$$

对总物料，这里的 F 可以是时间的函数 $f(t)$，在 $X_0 = 0$ 的情况下式（5-14）可写成

$$\frac{d(VX)}{dt} = r_X V = \mu X V \qquad (5-17)$$

合并式（5-15）、式（5-16）、式（5-17）可得

$$\frac{dX}{dt} = -\frac{F}{V}X + \frac{\mu_{\max} S}{K_S + S}X \qquad (5-18)$$

同样对营养物的衡算式（5-14）可得

$$\frac{\mathrm{d}S}{\mathrm{d}t} = (S_0 + S)\frac{F}{V} - \frac{\mu_{\max}S}{K_S + S}\frac{X}{Y_{X/S}} \qquad (5\text{-}19)$$

式(5-18)、式(5-19)均是分批补料操作时的数学模型,如果操作条件及各种动力学参数给定,经解上述微分方程后,便可获得罐内 X、S、V、D 等随时间 t 的变化规律。

四、发酵工程的工艺与技术

生物工艺多种多样,但基本上包括菌种制备、种子培养、发酵和提取精制等几个过程。典型的发酵过程如图 5-6 所示。下面以霉菌发酵为例加以说明。

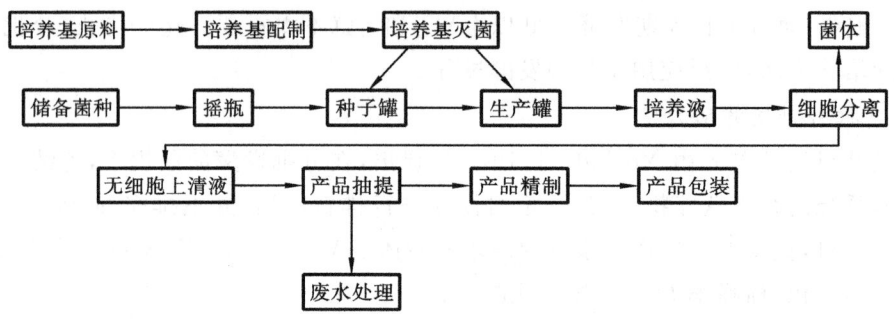

图 5-6　典型发酵基本过程示意图

(一) 发酵工程的上游技术

发酵工程技术可以分为上游技术、中游技术和下游技术三个阶段。上游技术主要是指菌种的选育。优良的菌种选育不仅为发酵工业提供高产生产菌株,还可以提供各种类型的突变株,改善其生理生化特性,去除多余的代谢途径和产物,改善发酵工艺条件,提高产品质量,增加经济效益。

1. 发酵工业常用菌种

(1) 发酵用菌种须具备的条件　在现代发酵工业中,并不是所有能产生有用发酵产品的菌种都可以用于发酵,发酵用菌种必须满足以下的要求:

① 菌种不能是病原菌,不能产生任何有害的生物活性物质或毒素,以保证产品的安全性;

② 有在较短的发酵周期内产生大量发酵产物的能力;

③ 在发酵过程中不产生或少产生与目标产物性质相近的副产物及其他产物,可提高营养物质的转化率,减小分离纯化的难度,降低成本,提高产品的质量;

④ 生长繁殖能力强,生长、反应速度快,发酵周期短,产孢菌应具有较强的产孢子能力;

⑤ 原料来源广,价格低廉,菌种能高效地将原料转化为产品;

⑥ 对需要添加的前体物质有耐受能力,且不能将前体作为产品;

⑦ 菌种纯,遗传特性稳定,抗噬菌体能力强,以保证发酵生产和产品的稳定性。

(2) 常用的微生物及其用途　详见表 5-3。

表 5-3 生产上常用的微生物及其用途

微生物类别	微生物名称	产 物	用 途
细菌	短杆菌	味精、谷氨酸	食用、医药
	枯草杆菌	淀粉酶	酒精浓醇发酵、啤酒酿造、葡萄糖制造、糊精制造、糖浆制造、纺织品退浆、铜版纸加工、洗衣业、香料加工(除去淀粉)
	枯草杆菌	蛋白酶	皮革脱毛柔化、丝绸脱胶、酱油速酿、水解蛋白、饲料、明胶制造、洗衣业
	梭状杆菌	丙酮丁醇	工业有机溶剂
	巨大芽孢杆菌	葡萄糖异构酶	由葡萄糖制造梨糖
	大肠杆菌	酰胺酶	制造新型青霉素
	短杆菌	肌酐胺	医药、食用
	节杆菌	强的松	医药
	蜡状芽孢杆菌	青霉素酶	青霉素的检定、抵抗青霉素诱惑症
酵母菌	酒精酵母	酒精	医药、食用
	酵母	甘油	医药、军工
	假丝酵母	石油蛋白	制造低凝固点石油及酵母菌体蛋白等
	假丝酵母	环烷酸	化工
	啤酒酵母	细胞色素 c	医学
	啤酒酵母	辅酶甲	医药
	啤酒酵母	酵母片	医药
	啤酒酵母	凝血素	医学
	类酵母	脂肪酶	医药、脂肪脱蜡、洗衣业
	阿氏假囊酵母	核黄素	医药
	脆壁酵母	乳糖酶	食品工业
霉菌	黑曲霉	柠檬酸	化工、食用、医药
	黑曲霉	柚苷酶	柑橘罐头脱除苦味
	黑曲霉	酸性蛋白酶	啤酒防浊剂、消化剂、饲料
	黑曲霉	单宁酶	分解单宁、制造没食子酸、酶的精制
	黑曲霉	糖化酶	酒精发酵工业
	栖土霉菌	蛋白酶	同枯草杆菌蛋白酶
	根霉	糖化酶	葡萄糖制造、酒精厂糖化用
	根霉	甾体激素	医药
	土曲霉	甲丁二酸	化工

续表

微生物类别	微生物名称	产 物	用 途
霉菌	赤曲霉	赤霉素	农业、植物生长激素
	梨头霉	甾体激素	医药
	青霉菌	青霉素	医药
	青霉菌	葡萄糖氧化酶	蛋白除去葡萄糖、脱氧、食品罐头储存、医药
	灰黄霉菌	灰黄霉素	医药
	木霉菌	纤维素酶	淀粉和食品加工、饲料
	黄曲霉菌	淀粉酶	医药、化工
	红曲霉	糖化酶	葡萄糖制造、酒精厂糖化用
放线菌	各类放线菌	链霉素	医药
		氯霉素	医药
		土霉素	医药
		金霉素	医药
		红霉素	医药
		新生霉素	医药
		卡那霉素	医药
	小单孢菌	庆大霉素	医药
	灰色放线菌	蛋白酶	同枯草杆菌蛋白酶
	球孢放线菌	甾体激素	医药

（3）常用菌种的分离和选育 直接从自然界中得到的野生型菌株往往产量不高，达不到生产要求，因此，人们在认识和了解微生物特性的基础上，运用物理、化学和生物学手段促使微生物发生变异，从中进一步筛选出优质高产菌株。

发酵工业上使用的微生物菌种，最初都是从自然界中分离筛选出来的。要从自然界找到所需要的优良菌种，首先必须把它们从许许多多的杂菌中分离出来，然后根据生产要求和菌种特性，采用各种不同的筛选方法，选出性能良好的纯种。其具体做法一般分为四个步骤：样品采集、增殖培养、纯种分离和生产性能测定。

应用微生物遗传和变异理论，用人工方法造成变化，再经过筛选，得到适合工业生产菌种的过程，称为菌种选育。它包括选种和育种两个方面，这两者是相互联系的。选种是经过比较，鉴定自然的微生物，从中分离和筛选出某种性能较强的、适合生产要求的菌种，是选育工作的第一步。育种是不断改造菌种性能，培养优良的菌株，菌种选育的目的是不断提高发酵工业产品的产量和质量，增加新产品和适应工艺改革的要求，这样才能使发酵生产全面地保持在一个高水平上。

目前菌种选育常采用自然选育、诱变育种等方法，带有一定的盲目性，属于经典育种的范畴。随着微生物学、分子生物学的发展，出现了转化、转导、原生质体融合、代谢调控和基因工程等较为定向的育种手段。目前成功地运用在生产上的例子还不多,但随着这些技术的进步和日益成熟,正在越来越多地被使用,必将成为今后育种的主要方法。

(4) 菌种保藏 通过自然选择或遗传操作获得的优良菌株,在生产和保藏过程中还会不断地产生变异,甚至衰退。衰退菌种直接影响产品的产量和质量,对生产是极为不利的。因此,在筛选优良菌种的过程中必须随时做好保藏工作。这是发酵工程基础工作的必要组成部分,其目的是防止菌种的死亡和优良性能的退化。菌种保藏的原理主要是根据微生物生理生化特点,人为地使菌种长期处于低温、干燥、无氧、避光及缺乏营养等状态中,微生物在这种极端条件下,代谢缓慢,很少发生变异。常用的保藏方法如下。

① 斜面保藏法 将各类菌种接种在不同成分的斜面培养基上,待菌种充分生长后,置 4 ℃冰箱中保藏,每隔一定时间移植到新斜面后继续保藏,如此连续不断。各类微生物都可用这种保藏方法,尤其适合短期保藏,但应注意这样反复传代后易发生变异,一般每半年或一年应进行相应指标的检测,包括形态、染色性、生化反应等。

② 石蜡油保藏法 当斜面上菌种生长丰满时,加入灭过菌的石蜡油掩盖住整个斜面,使整个斜面与空气隔绝,置冰箱中保藏,该法适用于部分真菌、酵母菌和放线菌的保藏。

③ 干燥保藏法 把菌种在适当的载体上,在干燥条件下保藏。能作载体的材料很多,如土壤、细砂、硅胶、麸皮、谷粒或麦粒、滤纸片等。如果把干燥载体放在低温下或是抽气后密封保藏,则效果更好。在这类方法中,最常用的是砂土保藏法。

④ 真空冷冻干燥保藏法 此法优点是具备低温、真空、干燥这 3 个保藏菌种的条件,适用于各类微生物的保藏,且存活率高、变异率低、保存时间长、保藏效果好。缺点是操作较麻烦,需要一定的设备。由于此法是在较低温度下使菌液呈冻结状态并减压抽干,菌种较易失活,因而需加脱脂牛奶或血清作为保护剂。

⑤ 液氮超低温保藏法 液氮超低温保藏法是近几年才发展起来的,此法国外已较普遍采用,是适用范围最广的微生物保藏法,尤其是一些不产孢子的菌丝体,用其他保藏方法不理想,可采用此法,其保存期很长。

(5) 菌种的复壮 生产上使用和保藏过程中,经常会逐渐向不利于生产方向发生变化,这种变化称为菌种衰退。由于菌种衰退包括菌种遗传特性的改变和菌种生理状况的改变这两个根本原因,衰退菌种的复壮也应该考虑这些因素,一般衰退菌种的复壮措施如下。

① 纯种分离 采用自然分离的方法,把衰退菌种的细胞群体中一部分仍保持原有典型性状的单细胞分离出来,通过扩大培养可以恢复菌种的原有性状。

② 淘汰衰退的个体 芽孢产生菌经高温(80 ℃)处理,则不产芽孢的个体被淘汰。又如,有人对“5406”抗生素生产菌的分生菌的分生孢子,采用 -30 ℃~-10 ℃的低温处理 5~7 d,使其死亡率达到 80%,结果发现在抗低温的存活个体中,留下了未衰退的健壮个体。

③ 选择合适的培养条件 一般来说,将保藏后的菌种接种在保藏前所用的同一培养基上,有利于菌种原有性状的恢复。但是应该认识到,菌种经过多次传代培养或菌种保藏后,菌种的生理状态可能发生较大的变化,特别是可能出现某些生长因子的缺乏。更换合适的培养基和添加缺乏的生长因子则有使衰退菌种复壮的作用。例如,平菇菌种在 PDA

培养基(即土豆-葡萄糖培养基)上连续传代会导致菌种衰退,而在 PDA 综合培养基(PDA 培养基中添加维生素和蛋白胨等)上培养则有使衰退菌种复壮的作用。又如,赤霉素菌种也可在培养基中加入蜜糖、氨基酸、核苷酸等物质来使菌种复壮。

(二) 发酵工程的中游技术

中游技术是指微生物的发酵生产,其本质是具有相同特性的微生物在控制条件下的培养。

1. 培养基

(1)培养基的种类。

培养基是提供微生物生长繁殖和生物合成各种代谢产物需要的多种营养物质的混合物。培养基的成分和配比对微生物的生长、发育、代谢及产物积累,甚至对发酵工业的生产工艺都有很大的影响,依据其在生产中的用途,可将培养基分成孢子培养基、种子培养基和发酵培养基。

① 孢子培养基　孢子培养基是制备孢子用的。要求此种培养基能形成大量的优质孢子,但不能引起菌种变异。一般孢子培养基中的基质浓度(特别是有机氮源)要低些,否则影响孢子的形成。无机盐的浓度要适量,否则影响孢子的数量和质量。孢子培养基的组成因菌种不同而异。生产中常用的孢子培养基有麸皮培养基,大(小)米培养基,由葡萄糖(或淀粉)、无机盐、蛋白胨等配制的琼脂斜面培养基。

② 种子培养基　种子培养基是供孢子发芽和菌体生长繁殖用的。营养成分应是易被菌体吸收利用的,同时要比较丰富与完整。其中氮源和维生素的含量应略高些,但总浓度以略稀薄为宜,以利于菌体的生长繁殖。常用的原料有葡萄糖、糊精、蛋白胨、玉米浆、酵母粉、硫酸铵、尿素、硫酸镁、磷酸盐等。培养基的组成随菌种而改变。发酵中种子能较快适应发酵罐内的环境,在设计种子培养基时要考虑与发酵培养基组成的内在联系。

③ 发酵培养基　发酵培养基是供菌体生长繁殖和合成大量代谢产物用的。要求此培养基的组成完整丰富,营养成分浓度和黏度适中,利于菌体的生长,进而合成大量的代谢产物。发酵培养基的组成要考虑菌体在发酵过程中的各种生化代谢的协调,在产物合成期,使发酵液 pH 不出现大的波动。

(2)发酵培养基的组成。

由于菌种不同、设备和工艺不同以及原料来源和质量不同,发酵培养基的组成和配比有所不同,因此,需要根据不同要求考虑所用培养基的成分与配比。但是所用培养基的营养成分不外乎是碳源(包括用做消泡剂的油类)、氮源、无机盐类(包括微量元素)、生长因子等几类。

① 碳源　碳源是构成菌体和产物的碳架及能量来源。常用的碳源包括各种能迅速利用的单糖(如葡萄糖、果糖)、双糖(如蔗糖、麦芽糖)和缓慢利用的淀粉、纤维素等多糖。此外,许多石油产品(碳氢化合物)作为微生物发酵的主要原材料正在被深入研究和推广。

② 氮源　微生物细胞物质或代谢产物中氮素来源的营养品物质称为氮源。它是微生物发酵中使用的主要原料之一。常用的氮源包括有机氮源和无机氮源两大类。黄豆饼粉、花生饼粉、棉子饼粉、玉米浆、蛋白胨、酵母粉、鱼粉等是有机氮源,无机氮源有氨水、硫

酸铵、氯化铵、硝酸盐等。

③ 无机盐和微量元素　微生物的生长、繁殖和产物形成需要各种无机盐类(如磷酸盐、硫酸盐、氯化钠、氯化钾等)、微量元素(如铁、钴、锌、锰等)。微生物对微量元素的需要是极微的,一般达 0.1 mg/L 的浓度就可以满足要求。

④ 生长因子　生长因子是一类微生物维持正常生活不可缺少,但细胞自身不能合成的某些微量有机化合物,包括维生素、氨基酸、嘌呤和嘧啶及衍生物,以及脂肪酸等。酵母膏、牛肉膏、蛋白胨和一些动植物组织的浸液都是生长因子的丰富来源。

⑤ 水　水是培养基的主要成分。它既是构成菌体细胞的主要成分,又是一切营养物质传递的介质,而且它直接参与许多代谢反应。生产中使用的水有深井水、自来水和地表水。

⑥ 产物形成的诱导物、前体和促进剂　许多胞外酶的合成需要适当的诱导物。当前体物质的合成是产物合成的限制因素时,添加前体能增加这些产物的产量,并在某种程度上控制生物合成的方向。在有些发酵过程中,添加某些促进剂能刺激菌株的生长,提高发酵产量,缩短发酵周期。

(3) 培养基的灭菌。

① 分批灭菌　适于规模小的工厂和种子罐,是指培养基在发酵罐中用蒸汽加热,达到预定温度且维持一定时间后,从夹套或蛇管通冷却水,迅速将培养基冷却,并通入无菌空气保压,至接近发酵温度,然后接种。这种方法不需要其他设备,操作简易。其缺点是加热和冷却所需时间较长,延长发酵周期,使发酵罐的利用率降低。所以大型发酵罐采用这种方法不甚合理,尤其发酵罐本身的夹套或蛇管传热面积有限,达不到高温度短时间的要求。

② 连续灭菌　适于大规模工厂,将培养基在发酵罐外连续不断进行加热,维持和冷却,最后进入发酵罐。它有很多优点,如可以采用高温短时间灭菌,物料受热时间短,减少营养成分的破坏,有利于提高生产率;总的灭菌时间较分批灭菌大为减少,缩短发酵罐的生产周期;蒸气负荷均衡,提高锅炉效率;适合自动控制。连续灭菌的缺点是容易产生泡沫,黏度大或颗粒物料的培养基会出现局部灭菌不充分与管道堵塞现象。

2. 种子扩大培养

将保存在砂土管、冷冻干燥管或冰箱中处于休眠状态的生产菌种接入试管斜面培养基上活化后,再经过茄子瓶或摇瓶及种子罐逐级扩大培养,获得一定数量和质量的纯种,这个全过程称为种子扩大培养,这些纯种培养物称为种子。

种子制备一般使用种子罐,扩大培养级数通常为二级。种子制备的工艺流程如图5-7所示。对于不产孢子的菌种,经试管培养直接得到菌体,再经摇瓶培养后即可作为种子罐种子。

(1) 孢子制备。

① 放线菌孢子制备　放线菌的孢子培养一般采用琼脂斜面培养基,培养基中含有一些适合产孢子的营养成分,如麸皮、豌豆浸汁、蛋白胨和一些无机盐等,碳源和氮源不要太丰富(碳源约为1%,氮源不超过0.5%)。培养温度大多数为 28 ℃,少数为 37 ℃,培养时间为 5~14 d。

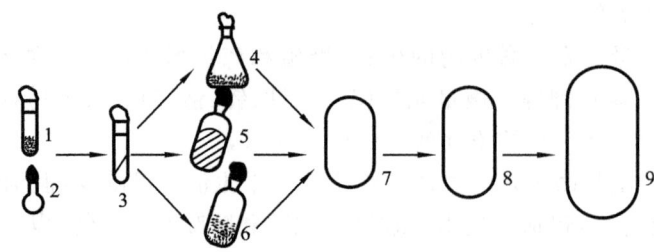

图 5-7　种子扩大培养流程图

1—砂土孢子;2—冷冻干燥孢子;3—斜面孢子;4—摇瓶液体培养(菌丝体);

5—茄子瓶斜面培养;6—固体培养基培养;7、8—种子罐培养;9—发酵罐

② 霉菌孢子制备　霉菌的孢子培养一般以大米、小米、玉米、麸皮、麦粒等天然农产品为培养基。这些农产品中的营养成分较适合霉菌的孢子繁殖,而且这类培养基的表面积较大,可获得大量的孢子。培养温度一般为 25～28 ℃,培养时间为 4～14 d。

③ 细菌孢子制备　细菌孢子斜面培养基多采用碳源限量而氮源丰富的配方,牛肉膏、蛋白胨常用做有机氮源。培养温度大多数为 37 ℃,少数为 28 ℃,培养时间一般为1～2 d。产芽孢的细菌则需培养 5～10 d。

(2)种子制备。

① 摇瓶种子制备　某些孢子发芽和菌丝繁殖速度缓慢的菌种,需将孢子经摇瓶培养成菌丝后再进入种子罐,这就是摇瓶种子。摇瓶相当于微缩了的种子罐,其培养基配方和培养条件与种子罐相似。摇瓶进罐常采用母瓶、子瓶两级培养,有时母瓶也可以直接进罐。种子培养基要求营养成分比较丰富和完全,并易被菌体分解利用,氮源丰富有利于菌丝生长发育。原则上各种营养成分不宜过浓,子瓶培养基浓度比母瓶略高,更接近种子罐的培养基配方。

② 种子罐种子制备　种子罐种子制备的工艺过程因菌种不同而异,一般可分为一级种子、二级种子和三级种子的制备。孢子(或摇瓶菌丝)被接入体积较小的种子罐中,经培养后形成大量的菌丝,这样的种子称为一级种子。把一级种子转入发酵罐内发酵,称为二级发酵。如果将一级种子接入体积较大的种子罐内,经过培养形成更多的菌丝,这样制备的种子称为二级种子。将二级种子转入发酵罐内发酵,称为三级发酵。同样道理使用三级种子的发酵称为四级发酵。

3. 发酵

(1)原料处理　目前发酵工业所用的原料仍然以农副产品和工业下脚料为主,为适于各种微生物的利用,常需进行预处理。

① 淀粉质原料的处理　在工业生产中,往往需要使淀粉质原料转化成为短链糊精、单糖或双糖才能为微生物所利用。最普遍的糖化方法有酸法、酶法以及两者相结合的办法。

② 纤维素原料的处理　天然纤维素通常只含有 50%～60% 的纤维素,还有 21%～24% 的半纤维素、12%～25% 的木质素。要提高糖化速度,脱去木质素的预处理是非常重要的。纤维素的预处理方法有物理法(包括微粉碎处理和蒸煮及爆碎处理)、化学处理(如碱和 10% 醇回流处理稻草)、微生物处理。再利用纤维素酶进行糖化或酸糖化。

③ 糖蜜原料的处理 糖蜜内不仅有糖分,而且含有妨碍微生物繁殖的杂质,必须经过澄清处理。澄清方法有冷酸化法、热酸化法、乳酸酸化法、压滤法、废蜜分离机法等。

(2)发酵 发酵是微生物合成大量产物的过程,是整个发酵工程的中心环节。它是在无菌状态下进行纯种培养的过程。因此,所用的培养基和培养设备都必须经过灭菌,通入的空气或中途的补料都要求是无菌的,转移的种子也要采用无菌接种技术,通常利用饱和蒸汽对培养基进行灭菌,灭菌条件是在 121 ℃(约 0.1 MPa 表压)维持 20～30 min。空气除菌则采用介质过滤的方法,可用定期灭菌的干燥介质来阻截流过的空气里所含的微生物,从而制得无菌空气。发酵罐内部的代谢变化(菌丝形态、菌含量、糖含量、氮含量、pH、溶解氧浓度和产物浓度等)是比较复杂的,特别是次级代谢产物发酵就更为复杂,受许多因素控制。

(3)发酵过程中条件的影响及控制 根据代谢产物的生成与营养物质消耗之间存在的对应关系,由实验得到的最佳营养条件和环境条件需要变成工艺控制条件转变为最佳的工艺参数,才能对发酵过程进行最优控制。

① 基质浓度 企业的培养基的配方一般不对外发表,被视为机密,这说明发酵培养基对工业发酵生产的重要性。培养基过于丰富,会使菌生长发育过盛,发酵液非常黏稠,传质状况很差。细胞不得不花费许多能量来维持其生存环境,对产物的合成不利。例如在谷氨酸发酵中,以乙醇为碳源,控制发酵液的乙醇浓度在 2.5～3.5 g/L 范围内,可延长谷氨酸合成时间。

② 灭菌情况 培养基的灭菌情况对不同品种的发酵生产的影响是不一样的。一般随着灭菌温度的升高、时间的延长,对养分的破坏作用增大,从而影响产物的合成。特别是葡萄糖,不宜同其他养分一起灭菌。例如,葡萄糖氧化酶发酵培养基的灭菌条件对产酶有显著的影响,见表 5-4。

表 5-4 培养基灭菌条件对产酶的影响

灭菌蒸汽压力/(Ib/in²)	10		15	
时间/min	15	25	15	25
葡萄糖氧化酶酶活/(U/mL)	48.08	43.72	35.04	27.10

注:表中酶活均为 3 个发酵摇瓶的平均值;1 Ib/in² = 6 897.113 Pa。

③ 种子质量 发酵期间生产菌种生长的快慢和产物合成的多寡在很大程度上取决于种子的质和量。

a. 接种菌龄 接种菌龄指种子罐中培养的菌体开始移种到下一级种子罐或发酵罐的培养时间。选择适当的接种菌龄十分重要,太年轻或过老的种子对发酵不利。一般接种菌龄以对数生长期的后期,即培养液中菌浓度接近高峰时所需的时间较为适宜。太年轻的种子接种后往往出现前期生长缓慢,整个发酵周期延长,产物开始形成时间推迟。过老的种子虽然菌量较多,但接后会导致生产能力的下降,菌体过早自溶。不同品种或同一品种不同工艺条件的发酵,其接种菌龄也不尽相同。一般最适菌龄要经多次试验,根据其最终发酵结果而定。

b. 接种量 接种量是指移种的种子液体积和培养液体积之比。一般发酵常用的接

种量为 5％～10％；抗生素发酵的接种量有时可增加到 20％～25％，甚至更大。接种量的大小是由发酵罐中菌的生长繁殖速度决定的。通常，采用较大的接种量可缩短生长达到高峰的时间，使产物的合成提前。并且生产菌在整个发酵罐内迅速占优势，从而减少杂菌生长的机会。但是，如接种量过大，也可能使菌种生长过快，培养液黏度增加，导致溶解氧不足，影响产物的合成。

④ 温度　在发酵过程中需要维持生产的适当发酵条件，其中之一就是温度。因微生物的生长和产物合成均需在其各自适合的温度下进行。温度是保证酶活性的重要条件，故在发酵过程中必须保证最适宜的温度环境。

a. 温度对微生物生长的影响　不同的微生物，其最适生长温度和耐受温度范围各异。嗜冷菌、嗜温菌、嗜热菌和嗜高温菌的最适生长温度分别为 18 ℃、37 ℃、55 ℃和 85 ℃左右，其共同特点是：比最适温度低的温度范围的适应力要强于高温度范围的；其生长温度的跨度为 30 ℃左右。

b. 温度对发酵的影响　一般发酵温度升高，酶反应速率增大，生长代谢加快，生产期提前。但酶本身很易因过热而失去活性，表现在菌体容易衰老，发酵周期缩短，影响最终产量。温度除了直接影响过程的各种反应速率外，还通过改变发酵液的物理性质，如氧的溶解度和基质的传质速率以及菌对养分的分解和吸收速率，间接影响产物的合成。温度还会影响生物合成的方向。在分批发酵中，研究温度影响的实验数据有很大的局限性，因产量的变化原因究竟是温度的直接影响还是因生长速率或溶解氧浓度变化的间接影响难以确定。用恒化器可控制其他与温度有关的因素，如生长速率等的变化，使在不同温度下保持恒定，从而能不受干扰地判断温度对代谢和产物合成的影响。

c. 最适温度的选择　整个发酵周期内仅选用一个最适温度不一定好。因适合菌生长的温度不一定适合产物的合成。例如，黄原胶的发酵前期的生长温度控制低一些，在 27 ℃，中后期控制在 32℃，可加速前期的生长，提高产胶量约 20％。

温度的选择还应参考其他发酵条件，灵活掌握。例如，供氧条件差的情况下，最适的发酵温度可能比在正常良好的供氧条件下低一些。这是由于在较低的温度下氧溶解度相应大一些，菌的生长速率相应小一些，从而弥补了因供氧不足而造成的代谢异常。此外，还应考虑培养基的成分和浓度。使用稀薄或较易利用的培养基时提高发酵温度则养分往往过早耗尽，导致菌丝过早自溶，产量降低。

⑤ pH　pH 是微生物生长和产物合成的非常重要的状态参数，是代谢活动的综合指标。因此，必须掌握发酵过程中 pH 变化的规律，及时监控，使它处于生产的最佳状态。

a. 发酵过程中 pH 变化的规律　大多数微生物生长适应的 pH 跨度为 3～4 个 pH 单位，其最佳生长 pH 跨度在 0.5～1。不同微生物生长的最适 pH 范围不一样，细菌和放线菌在 6.5～7.5，酵母在 4～5，霉菌在 5～7。

在发酵过程中，pH 是变化的。这与微生物的活动有关。pH 改变的另一个原因是有机酸，如乳酸、丙酮酸或乙酸的积累。pH 的变化会影响各种酶活、菌对基质的利用速率和细胞的结构，从而影响菌的生长和产物的合成。pH 还会影响菌体细胞膜电荷状况，引起膜渗透性的变化，从而影响菌对养分的吸收和代谢产物的分泌。因此，发酵液中 pH 的变化是微生物生化过程的综合指标。

b. 最适 pH 的选择　选择最适发酵 pH 的准则是获得最大比生产速率和适当的菌量,以获得最高产量。微生物生长和产物合成阶段的最适 pH 通常是不一样的。这不仅与菌种特性,也与产物的化学性质有关。从经济角度考虑,发酵的各种参数中平均得率系数最为重要。由实验结果得到一个 pH,在这一个 pH 下原料的消耗主要是用于合成产物,同时也能保证适当的菌量。微生物的最适 pH 和温度之间似乎有这样的规律:生长最适温度高的菌种,其最适 pH 也相应高一些。这一规律对设计微生物生长的环境有实际意义,如控制杂菌的生长。

c. 发酵中 pH 的调节　在工业发酵中,维持生长和产物形成所需的最适 pH 是生产成败的关键之一。一般工业生产上的做法有两种。

（a）调节基础培养基的配方。例如,调整培养基中碳、氮源的配比,或者调整生理酸性物质的比例,在满足一定营养条件下,可以控制发酵过程中的 pH。

（b）补料的控制。包括简单的加酸加碱法,如用 NaOH、HCl、氨水和 H_2SO_4 等消减培养液中 pH 的变动;流加无机氮源的方法,尿素、氨水、硝酸铵等既是无机氮源,又作为调节 pH 用,按照实际情况确定选用或混用何种氮源,以及流加数量和次数等;补入碳氮源方法,在有些情况下,除了加入氮源外,还用多加油或糖的办法进行调节。

⑥ 溶解氧　溶解氧（DO）是需氧微生物生长所必需的。在发酵过程中有多方面的限制因素,而溶解氧往往最易成为控制因素。这是氧在水中的溶解度很低所致。在 28 ℃氧在发酵液达到 100% 的空气饱和度时只有 7 mg/L 左右。在对数生长期,即使发酵液中的溶解氧能达到 100% 空气饱和度,若此时中止供氧,发酵液中的溶解氧可在几分钟之内便耗尽,使溶氧成为限制因素。

a. 影响因素　在发酵过程中,微生物对氧的需要主要取决于以下几种因素。

（a）生产菌种:不同产品的生产菌种对氧的需要都是不相同的。同一菌种的不同菌株对溶解氧的需要也有不同。

（b）菌体浓度:发酵初期长菌丝体的霉菌和放线菌的呼吸强度虽大,但因菌量少,总需氧量还不大,随着菌丝的生长繁殖,菌丝迅速增加,此时菌的呼吸强度还维持在较高水平,需氧量随之增加,直至最高水平。

（c）菌龄:一般幼龄的菌体常有较强的呼吸强度,以后随着菌龄的增加,呼吸强度反而下降,耗氧减少。从整个发酵周期来看,发酵前期幼龄菌体多,但因这时培养液中菌体浓度很低,所以耗氧量不是最大。

（d）培养基:培养基成分和浓度的改变对菌体摄氧量的影响也是显著的。例如,将 NH_4Cl 加入缺氮发酵液中,发现菌体摄氧量立即增加,当氨利用完后,摄氧量又恢复到原来的水平,其他碳源、氮源、无机盐、维生素也有类似情况。

溶解氧只是发酵参数之一,它对发酵过程的影响还必须与其他参数结合起来分析。如搅拌对发酵液的溶解氧和菌的呼吸有较大的影响,但分析时还要考虑到它对菌丝形态、泡沫的形成、CO_2 的排除等其他因素的影响。通风量和空气流速、空气分布管、培养液物理性质、发酵罐内液柱高度对溶解氧都有影响。

b. 溶解氧的控制　为了避免生物合成处在氧限制的条件下,需要考虑每一发酵过程的临界氧浓度和最适氧浓度,并使其保持在最适氧浓度范围内。要维持一定的溶解氧水平,设法提高氧传递的推动力和氧传递系数,可以通过调节搅拌转速或通气速率来控制。同时要有适当的工艺条件来控制需氧量,使菌体的生长和产物形成对氧的需求量不超过设备的供氧能力。如控制加糖或补料速率、改变发酵温度、液化培养基、中间补水、添加表面活性剂等。

(三) 发酵产品的下游技术

从发酵液、反应液或培养液中分离、精制有关产品的过程称为下游加工过程。下游加工过程是生物工程,或在更小的范围内来说是生物化学工程的一个组成部分,生物化工产品通过微生物发酵过程、酶反应过程或动植物细胞大量培养获得。它由一些化学工程和单元操作组成,由于生物产品品种多,性质各异,用到的单元操作很多,其中如蒸馏、萃取、结晶、吸附、蒸发和干燥等属传统的单元操作,理论比较成熟,而另一些则为新近发展起来的单元操作,如细胞破碎、膜过滤和色层分离等,缺乏完整的理论,介于两者之间的有离子交换过程等。

一般来说,下游加工过程可分为4个阶段:培养液(发酵液)的预处理和固液分离,初步纯化(提取),高度纯化(精制),成品加工。一般流程如图5-8所示,下游加工的工艺过程取决于产品的性质和要求达到的纯度,如产品为菌体本身,则工艺比较简单,只需经过滤得到菌体,再经干燥即可。例如单细胞蛋白的生产,可以从发酵液直接提取,则可省去固液分离步骤。如产品为胞外产物,可省去细胞破碎步骤,如图5-8中虚线所示。

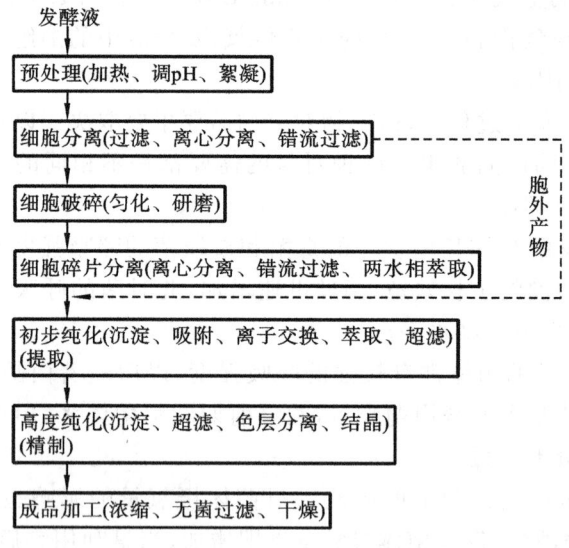

图 5-8 下游加工的工艺流程

1. 发酵液的预处理和固液分离方法

(1) 发酵液的预处理。

发酵液中分出固体通常是下游加工的第一步操作,这是一步很困难的操作。

① 发酵液的预处理目的:

a. 改变发酵液的性质,以利于固液分离;

b. 分离细胞、菌体及其悬浮颗粒(细胞碎片、核酸和蛋白质的沉淀物);

c. 除去部分可溶性杂质并改变滤液的性质，以利于后续各步操作。

② 发酵液的预处理方法 在活性物质稳定性的范围内，通过酸化、加热以降低发酵液的黏度。另一种有效的方法是加絮凝剂，使细胞或溶解的大分子聚结成较大的颗粒，还常常可用调节 pH 至酸性或碱性的方法，尽可能使胞外产物生化物质转移到液相中。

③ 发酵液中杂质的去除 发酵液中杂质很多，其中对提炼影响最大的是高价无机离子(Ca^{2+}、Mg^{2+}、Fe^{2+})和杂蛋白质等。在采用离子交换法提炼时，高价无机离子的存在会影响树脂对生化物质的交换容量，杂蛋白质的存在会降低离子交换法和大网格树脂吸附法提炼时的吸附能力，而且会使有机溶剂或两水相萃取时产生乳化，使两相分离不清。此外在常规过滤或膜过滤时，还会使滤速下降，膜受到污染，因此，在预处理时应尽量除去这些物质。

a. 高价无机离子的去除方法 为去除钙离子，宜加入草酸，也可用其可溶性盐如草酸钠；要除去镁离子，可以加入三聚磷酸钠；用磷酸盐处理也能降低钙离子和镁离子的浓度；要除去铁离子，可加入黄血盐，使形成普鲁士蓝沉淀。

b. 杂蛋白质的去除 很多蛋白质的等电点都是在酸性范围内(pH 4.0～5.5)，单靠调节蛋白质 pH 到等电点的方法不能将大部分蛋白质除去。在酸性溶液中，蛋白质能与一些阴离子如三氯乙酸盐、水杨酸盐、钨酸盐、苦味酸盐、鞣酸盐、过氯酸盐等形成沉淀；在碱性溶液中，能与一些阳离子，如 Ag^+、Cu^{2+}、Zn^{2+}、Fe^{2+} 和 Pb^{2+} 等形成沉淀。

c. 凝聚和絮凝技术 凝聚和絮凝技术能有效地改变细胞、菌体和蛋白质等胶体粒子的分散状态，使其聚集起来，增大颗粒体积，以便于过滤，常用于菌体细小而且黏度大的发酵液的预处理中。絮凝技术预处理发酵液的优点不仅在于过滤速度的提高，还在于能有效去除杂蛋白质和固体杂质，如菌体、细胞和细胞碎片等，提高了滤液质量。

d. 有色物质的去除 发酵液中色素的形成，可能与使用深色培养基和微生物代谢过程的分泌有关。常用的脱色方法以使用离子交换剂、离子交换纤维、活性炭等材料的吸附法最为普通。例如，活性炭可用于柠檬酸发酵液脱色，用 DEAE-纤维素从含酶溶液中吸附有色物质，通常可同时除去非活性蛋白质，使主产物纯化 2～5 倍。

（2）固液分离方法。

微生物发酵液中含有大量菌体、细胞或细胞碎片以及残余的固体培养基成分。固液分离则常用到过滤、离心等方法。过滤就是将悬浮在发酵液中的固体颗粒与液体进行分离的过程，在过滤操作中要求滤速快、滤液澄清，并且有高的收率。如果欲提取的产物存在于细胞中，还需先对细胞进行破碎。细胞破碎方法有机械、生物和化学法，大规模生产中常用高压匀浆器和球磨机。细胞碎片的分离通常用离心、两相萃取等方法。

2. 发酵产物的提取

（1）提取的目的。

由于代谢产物的多样性和每一种代谢产物的性质的多样性，提取与精制发酵产物的方法也是多种多样的。但是任何一种提取方法都是利用目的物与杂质特性的差异来实现的。采用不同方法和工艺路线，使目的物和杂质移于不同的相中而得到分离、浓缩及纯化。通常目的物的相对分子质量、结构、极性、两性电解质性质、在各种溶剂中的溶解性、沸点以及对 pH、温度和溶剂等化学药物的敏感性等都是决定分离、提取与精制的基本因素。

（2）常用提取方法。

① 沉淀提取法 沉淀是溶液中的溶质由液相变成固相析出的过程。主要是为了通过沉淀达到浓缩的目的,或通过沉淀除去非必要的成分,其次是为了将已纯化的产物转化固体以便于保存。

沉淀法是根据发酵产物在等电点时,或在一定浓度的有机溶剂、中性盐类或有机溶剂中溶解度降低而析出沉淀,或发酵产物与一些酸、碱、盐类等形成不溶性盐类或复合物而析出沉淀的原理,从而达到分离提取的目的。在广义范围内,晶析也属此法。

a. 等电点沉淀法 有些发酵产物(如酶、氨基酸和某些抗菌素)具有两性解离的性质,随着溶液 pH 的不同,酸碱极性基团(如氨基酸的氨基和羟基)进行着不同程度的解离,从而使整个分子带有正电荷或负电荷。只有当溶液的 pH 达到一定值时,整个分子所带的正、负电荷相等,净电荷等于零,形成偶极离子,这时由于分子之间的相互撞击,通过静电引力的作用结合成较大的聚合体而沉淀析出,此时的 pH 称为该分子的等电点,因而在等电点时这些发酵产物的溶解度最小。用等电点法提取发酵产物,就是根据这一性质。

b. 不溶性盐沉淀法 某些代谢产物在一定的 pH 下,能与酸、碱或金属离子、表面活性剂等形成不溶性盐而沉淀析出,再用适当的方法使复合物溶解达到分离提取的目的,已用于工业生产的有单宁沉淀法提取酶、钙盐法提取柠檬酸等。

c. 有机溶剂沉淀法 对于有机溶剂沉淀机理,至今还未十分明了,有的认为是有机溶剂的亲水性比蛋白质的亲水性大,由于对水的竞合作用,蛋白质的水膜被脱除,因而沉淀。有机溶剂的选择首先是能和水混溶,常用的有机溶剂是乙醇、甲醇、丙酮和异丙醇等。只有选用合适的有机溶剂,注意调整样品的浓度、温度、pH 和离子强度,使这些因子综合地发挥作用,才能获得较好的提取效果。

d. 盐析法 盐析法又称中性盐沉淀法,是酶和蛋白质提纯工作中使用最早的方法之一。要使酶蛋白沉淀,就必须破坏其水膜,中和其电荷。由于中性盐(如硫酸铵、硫酸钠或氯化钠等)的亲水性大于酶蛋白的亲水性,当加入大量中性盐时,它们能夺去酶蛋白表面的电荷,从而使酶蛋白表面的电荷被中和,使酶蛋白沉淀析出。盐析法常用的中性盐有 $MgSO_4$、$(NH_4)_2SO_4$、Na_2SO_4、$NaCl$ 和 NaH_2PO_4 等。

② 色谱分离法 色谱分离法按分离机制的不同,可分为吸附色谱法、分配色谱法、离子交换色谱法、凝胶过滤(或分子筛)色谱法和亲和色谱法等。

a. 吸附色谱法 凡能够将其他物质聚集到自己表面的物质都称为吸附剂,聚集于吸附剂表面的物质就称为吸附物。

吸附剂的选择是吸附分离的关键,选择不当,则达不到要求的分离效果。因此,必须对各种吸附剂的特性有一定的了解。常用的吸附剂有硅胶、氧化铝、活性炭、聚酰胺、聚苯乙烯、磷酸钙等。硅胶是一种极性吸附剂,不同型号不同孔径和表面积;氧化铝适于亲脂性成分的分离制备;活性炭有不同的颗粒大小,吸附极性基团多的化合物大于极性基团少的化合物。pH 不同则吸附能力不同。

此外,需要考虑溶剂和洗脱剂。极性大的洗脱能力大,因此可先用极性小的作溶剂,使组分易被吸附,然后换用极性大的溶剂作洗脱剂,使组分易从吸附柱中洗出。

b. 离子交换色谱法 离子交换法的原理是利用某些能够离子化的极性物质和两性

电解质产物,能解离成阳离子或阴离子,与离子交换树脂的离子进行交换,把料液中的产物固定到离子交换树脂上,再洗脱下来,从而达到分离提取、浓缩和纯化的目的,也可利用离子交换树脂去除金属离子、色素等杂质。

c. 凝胶层析(凝胶分子筛、凝胶渗透层析) 凝胶有许多种,如葡聚糖凝胶、聚丙烯酰胺凝胶和琼脂糖凝胶。日前以葡聚糖凝胶使用较多,它是一种具有多孔性三度空间网状结构的高分子化合物。由葡聚糖与环氧氯丙烷通过醚键($—O—CH_2—CHOH—CH_2—O—$)相互交联聚合而成,其交联程度越大,网孔结构越紧密。这些网孔好像筛子洞,所以称为分子筛。葡聚糖凝胶的颗粒直径为 $50 \sim 150~\mu m$。发酵工业常用于酶制剂的脱盐,因盐粒分子小,可以进入凝胶粒子的分子网络中,而酶蛋白分子大,被阻于粒子之外,随着溶液向下流动而与盐分离。同样也用于核酸、蛋白质与核苷酸的分离。氨基酸中芳香族氨基酸对凝胶颗粒具有较弱的吸附作用,碱性氨基酸具有较强的吸附能力,酸性氨基酸则被凝胶颗粒排斥。据此原理,可用于氨基酸间的分离。常用的洗脱液为单一缓冲液,可根据体积、质量或时间确定收集峰浓度。

③ 萃取法提取 萃取常用于制备物与细胞固体成分或其他结合成分的分离。如果被提取物质在细胞内呈固相或与固体结合存在,提取时由固相转入液相,常称为固-液萃取。如被提取物原来已呈液相存在,提取时由一液相转入另一互不相溶的液相,这种提取方法称为液-液萃取。

a. 固-液萃取中扩散作用的应用。

固-液萃取的效率与物质扩散作用有关。扩散作用中各项因素关系可用下式表示:

$$G = DF(\Delta c/\Delta X)t$$

式中:G——已扩散的物质量;

D——扩散系数,物质相对分子质量越大则扩散系数越小,温度升高则扩散系数增大,溶液黏度增加则扩散系数减小;

F——扩散面积;

Δc——两相界溶质的浓度差,Δc 越大,扩散越快;

ΔX——溶质扩散的距离,ΔX 越大,物质扩散到溶剂中的速度越慢;

t——扩散时间,时间越长,扩散的量越大。

从上式各因素的关系可知,为了增加扩散物质的量,也就是提高萃取速度,常采用的方法有:提高材料的破碎程度,以增加扩散面积,缩短扩散距离;进行搅拌,使已扩散的溶质迅速与溶剂混匀,以保持两相界面最大浓度差,或分次提取,不断更新溶剂,以提高扩散速度;延长提取时间,适当提高提取温度,降低溶液黏度等。

b. 液-液萃取时分配定律的应用。

液-液萃取选用的溶剂必须与被抽提的溶液互不混合,且对被抽提的溶质有选择性的溶解能力。萃取的过程是溶质在两相中经充分振荡平衡后,按一定比例分配的过程。溶质在两相中达到平衡后的分配受分配定律的支配,分配定律可表示在恒温、恒压及浓度较小的情况下,溶液在两相中的浓度分配比是一个常数,即

$$k = c_1/c_2$$

式中:k——分配常数;

c_1——分配达到平衡后,在上层液相中溶质的浓度;

c_2——分配达到平衡后,在下层液相中溶质的浓度。

不同溶质在不同溶剂中有不同的 k 值。分配系数与物质在各相系统中的溶解度有关,但分配系数不等于溶质在两个相溶剂中的溶解度的比值,因溶解度是指饱和状态而言,而一般萃取常限于稀的溶液。液-液萃取有简单一次提取和多次提取,多次萃取有多级错流萃取和多级逆流萃取。

④ 膜分离技术 膜分离的原理,主要是利用溶液中溶质分子的大小、形状、性质等差别,对于各种薄膜表现出不同的可透性而达到分离的目的。选择薄膜在膜分离法中很重要,薄膜的作用是有选择性地让小分子通过,而把较大的分子挡住。分子透过膜,可由简单的扩散作用引起,或由膜两边外加的流体静压差或电场作用所推动,由上述原理衍生出的分离法有电透析、超滤、电渗析、反渗透等。

a. 超滤。

超滤是加压膜分离技术之一,它使小分子能够通过具有一定孔径的特制薄膜,限额以上的大分子被阻留,使大小不同的分子得以分离。膜两边的压差多以样液一边加正压为主,根据所加的操作压力和作用膜平均孔径的不同,可分为微孔过滤、加压超滤和反渗透三种。

微孔过滤所用操作压力在 3.27×10^4 Pa$(0.33$ kg/cm$^2)$以下,膜的平均孔径为 50 nm 至 14 μm,用于分离较大颗粒。

加压超滤所用的操作压力为 $3.27 \times 10^4 \sim 6.57 \times 10^5$ Pa$(0.33 \sim 6.7$ kg/cm$^2)$,膜的平均孔径为 $1 \sim 10$ nm,用于分离较小分子溶质。

反渗透作用操作压力比加压超滤更大,通常达 $2.94 \times 10^7 \sim 1.27 \times 10^8$ Pa$(30 \sim 130$ kg/cm$^2)$,膜的平均孔径为 1 nm 以下,用于分离大分子溶质。

超滤膜的选择和使用应注意下列几点:额定截留水平,即超滤膜所规定截留溶质相对分子质量的范围;流率,即每分钟通过单位面积膜的液体量;操作温度;膜的无菌措施;可用的溶剂与禁用的溶剂和药物;保存,暂时不用时,可在 1%甲醛或 5%甘油溶液中保存。

b. 电透析和离子交换膜电渗析。

电透析是在半透膜两侧加电极,使可透过膜的带电物质彼此分开的方法。电渗析可用于大分子溶液脱盐纯化,通电时产生高热,需要冷却。产生的电渗透流(即外加电场使带电粒子与介质做相对移动)常给膜分离带来不良影响。

离子交换膜电渗析即以离子交换膜代替半透膜,它由离子交换膜板、电极及电渗析池和外接直流电源组成。离子交换膜的选择性,一方面取决于膜表面的孔隙度大小,另一方面也取决于组成膜的离子基团,对某种离子起吸附或排斥作用。

3. 精制

经提取过程初步纯化后,滤液体积大大缩小,但纯度提高不多,需要进一步精制。初步纯化中的某些操作,如沉淀、超滤等也可应用于精制中。大分子(如蛋白质)的精制依赖于层析分离。层析分离是利用物质在固定相和移动相间分配情况的不同,进而在层析柱中的运动速度不同,从而达到分离的目的。根据分配机理的不同,分为凝胶层析、离子交换层析、聚焦层析、疏水层析、亲和层析等几种类型。层析分离中的主要困难之一是层析介质的机械强度差,研究并生产出优质层析介质是下游加工的重要任务之一。小分子物质的精制常利用结晶操作。

4. 成品加工

经提取和精制后，一般根据产品应用要求，最后还需要经过浓缩、无菌过滤和去热原、干燥、加稳定剂等步骤。随着膜质量的改进和膜装置性能的改善，下游加工过程的各个阶段将会越来越多地使用膜技术。浓缩可采用升膜式和降膜式的薄膜蒸发，对热敏性物质可用离心薄膜蒸发，对大分子溶液的浓缩可用超滤膜，对小分子溶液的浓缩可用反渗透膜。用截断相对分子质量为 10 000 的超滤膜可除去相对分子质量在 10 000 以内的产品中的热原，同时也达到了过滤除菌的目的。如果最后要求的是结晶性产品，则上述浓缩、无菌过滤等步骤应放于结晶之前，而干燥则通常是固体产品加工的最后一道工序。干燥方法根据物料性质、物料状况及具体条件而定，可选用真空干燥、红外线干燥、沸腾干燥、气流干燥、喷雾干燥和冷冻干燥等方法。

任务二 发酵工程在食品工业中的应用

一、酒精发酵

酒精是重要的溶剂和化工原料，在轻工、医药、食品、化学工业中应用广泛，酒精生产可以采用合成法，也可以采用发酵法。即使石油工业发达的国家，发酵法生产酒精仍占有一定的比例。何况从长远的观点看，石油资源是有限的，而生物资源是能再生的，从化工或能源考虑，用发酵法生产酒精更具有重要的战略意义。

我国酒精生产发展很快，已成为世界上的酒精生产大国，而且酒精发酵技术也已进入国际先进行列。

发酵法生产酒精以糖质原料（糖蜜）、淀粉质原料（甘薯、玉米等）为主。下面着重介绍这两大类原料的生产，对纤维素发酵生产酒精的研究成果也进行简单介绍。

（一）由淀粉质原料发酵生产酒精

淀粉质原料种类很多，常用的有玉米、甘薯，其次是高粱及橡子等野生原料，由淀粉质原料发酵生产酒精的操作程序大致如下：

原料 → 蒸煮 → 糖化 → 发酵 → 蒸馏 → 产品

曲（酶）　酵母

现就蒸煮、糖化、发酵等 3 个关键过程简述如下。

1. 蒸煮

粉碎的原料吸水后发生膨胀，随着温度的升高，淀粉粒开始解体，当温度升至 120 ℃时，支链淀粉开始溶解，而温度在 120～150 ℃进行高温高压蒸煮时，淀粉继续溶解，细胞破裂，淀粉游离。可单锅间歇蒸煮，也可将几只蒸馏锅相互串联，采用泥浆泵不断送进料

液,通过锅底蒸汽加热,使糊化醪不断流出,实现连续蒸煮。连续蒸煮较间歇蒸煮有如下优点:由于在高温下停留时间短,糖分损失少,流动性好,有利于彻底糊化,发酵利用率可提高 2% 左右;由于省去进出料的辅助时间,并大幅度提高装料系数,设备利用率可提高一倍以上;可大量利用二次蒸汽,且用气均匀、无高峰负荷,可降低能耗;可改善劳动条件,实现过程自控。

2. 糖化

经高温蒸煮,淀粉糊化成溶解状态,但由于酵母菌不含淀粉酶,因而还不能直接被酵母利用发酵成酒精,因此,在糊化醪中必须加入糖化剂进行糖化。常用糖化剂有麦芽、酶制剂和曲 3 种。国外用麦芽和酶制剂较普遍,中国则多用曲作糖化剂。采用固体表面培养的曲称为麸曲,采用液体深层通风培养的曲称为液体曲。制曲常用的几种霉菌为米曲霉、黑曲霉、白曲霉等,它们所含的酶系略有不同,但都含有液化型淀粉酶(也称 α-淀粉酶)和糖化型淀粉酶(也称糖化酶)。所谓液化,就是淀粉分子被 α-淀粉酶分解为小片段糊精,因而构成淀粉的网状结构被破坏,液化后的淀粉醪冷却后不再凝固成胶凝体而成为有黏性的流动液体。糖化时,在糖化剂中的 α-淀粉酶与糖化型淀粉酶共同作用于淀粉,因而液化和糖化作用实际上是同时进行的。

糖化过程的总反应式为

$$(C_6H_{10}O_5)_n + H_2O \xrightarrow{\text{淀粉酶}} nC_6H_{12}O_6$$

间歇糖化与连续糖化工艺条件大致相同,糖化温度在 60 ℃ 左右,糖化时间约 30 min。

3. 发酵

淀粉质原料经糖化后,以酵母为菌种进行发酵,其发酵机制、发酵工艺与糖蜜发酵基本相同,现仅就发酵中使用固定化细胞生产酒精这一技术作一简介。使用固定化酵母,生产能力为 20～50 g/(L·h)。海藻酸、聚丙烯酰胺凝胶、琼脂、卡拉胶等均可作固定化的包埋材料。实验还发现,固定化增殖细胞比固定化细胞更优越。制备固定化细胞操作还不够简便,在发酵中部分菌体流失也是需要研究解决的问题。

(二)由糖蜜发酵生产酒精

1. 发酵机理

蔗糖蜜含约 20% 的转化糖(葡萄糖、果糖)、30% 的蔗糖。甜菜糖蜜含蔗糖约 50%,含转化糖极少。糖蜜发酵一直以酵母为菌种,酵母活细胞中含有丰富的蔗糖水解酶和酒化酶。蔗糖水解酶是胞外酶,能将糖蜜中的蔗糖水解为单糖(葡萄糖、果糖);酒化酶是胞内酶,单糖必须透过细胞膜进入细胞内,在酒化酶的作用下,生产酒精与 CO_2,然后通过细胞膜将这些产物排出体外。酵母菌就是通过这种形式进行酒精发酵作用的。

2. 发酵工艺

糖蜜浓度一般为 80～85°Bx(°Bx 表示 100 mL 溶液中含干固物的质量(g)),在这样的浓度下,酵母的生长、繁殖、合成酶系以及通过细胞膜等均难以进行。因此,必须加水冲稀至一定浓度(如 20～25°Bx)才适于发酵。稀释方法以连续稀释最为常用,即将糖蜜与水分别调节流速,同时流入发酵罐。为满足酵母生长繁殖的需要,往往在稀糖液中还要补加必需的营养成分,如$(NH_4)_2SO_4$、过磷酸钙、镁盐等,并用硫酸或盐酸调节 pH 至 4～4.5,借以防止杂菌污染。

糖蜜发酵方法很多,基本上可分为间歇法与连续法两类。目前国内外大型糖蜜酒精厂都采用连续法。

(三)用纤维素发酵生产酒精

由纤维素进行酒精发酵的方式可归结如下:

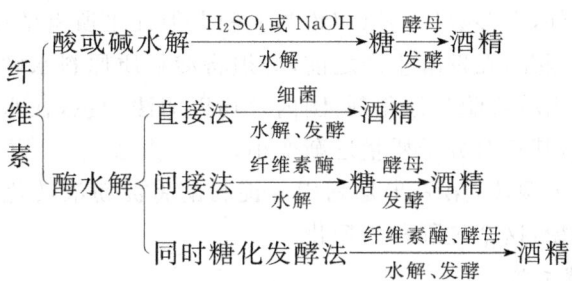

其中,直接法使用的细菌为热纤维梭菌,它能分解纤维素,并能使纤维二糖、葡萄糖、果糖等发酵。间接法是用纤维素酶水解纤维素,收集酶解后的糖液作为酵母发酵的碳源。同时糖化发酵法的特点是纤维素酶对纤维素的水解和酵母发酵糖生产酒精在同一容器内连续进行,这样酶水解的产物葡萄糖由于酵母的发酵不断地被利用,这就消除了葡萄糖因浓度高对纤维素酶的反馈抑制。在工业上,本法也简化了设备,降低了能源的消耗。

纤维素水解的最大障碍是纤维素的结晶结构和木质素的屏障。工业化难度虽然大,但由于纤维素的资源丰富,能够再生,对解决未来的能源和化工原料有着巨大的潜力,全世界都在继续进行研究,以求达到工业化生产。

二、氨基酸发酵

(一)概述

氨基酸的制备最早是在 1820 年用蛋白质酸水解开始的,1850 年化学合成氨基酸研究成功,1965 年发酵生产谷氨酸。氨基酸是人体及动物的重要营养物质,具有重要的生理功能,因此氨基酸的生产具有重要意义。

在食品工业中,甘氨酸、丙氨酸具有甜味,天冬氨酸、谷氨酸具有酸味,谷氨酸钠、天冬氨酸钠具有鲜味,它们都可用做食品添加剂。赖氨酸、蛋氨酸等人体必需的氨基酸常作为食品添加剂,用以提高食品的营养价值。

谷氨酸非人体所必需氨基酸,但它参与许多代谢过程,因而具有较高的营养价值。在人体内,谷氨酸能与血氨结合生成谷氨酰胺,解除组织代谢过程中所产生的氨毒害作用,可作为治疗肝病的辅助药物。谷氨酸还参与脑蛋白代谢和糖代谢,对改进和维持脑功能有益。另外,众所周知的谷氨酸钠盐(即味精)有很强烈的鲜味,是重要的调味品。

(二)谷氨酸发酵

谷氨酸(glutamic acid)化学名称为 α-氨基戊二酸,结构式为

$$HOOC—CH_2—CH_2—CH—COOH$$
$$|$$
$$NH_2$$

20 世纪 60 年代以后,以淀粉水解糖为原料直接制造谷氨酸的发酵法逐渐取代了蛋白质水解法生产味精的传统工艺。发酵法生产谷氨酸的工艺是最成熟、最典型的一种氨基酸生产工艺,现介绍如下。

1. 淀粉水解糖的制备

除少数厂用糖蜜外,大多数厂均以淀粉为原料。但几乎所有的氨基酸生产菌都不能直接利用淀粉、糊精,因此,在发酵生产之前,必须将淀粉质原料水解为葡萄糖,才能供发酵使用。淀粉水解可用酸或酶为催化剂,国内外均以酶法为主,在水解过程中,淀粉分子的糖苷键逐步被切断,其相对分子质量逐渐变小。

酶法水解一般分为两步,第一步是利用 α-淀粉酶将淀粉液转化为糊精或低聚糖,进一步水解转化为葡萄糖,这个过程称为糖化。

2. 谷氨酸的发酵工艺

葡萄糖经过 EMP 途径酵解后生成丙酮酸,丙酮酸一部分氧化脱羧生成乙酰辅酶(乙酰 CoA),一部分固定 CO_2 生成草酰乙酸,草酰乙酸与乙酰 CoA 在柠檬酸合成酶催化作用下,缩合成柠檬酸,从而进入三羧酸循环(TCA)。由于谷氨酸生产菌的 α-酮戊二酸氧化力微弱,尤其在生物素缺乏的条件下,三羧酸循环到达 α-酮戊二酸时,即受到阻挡,把糖代谢流阻止在 α-酮戊二酸的堰上,这对导向谷氨酸形成具有重要意义。在铵离子存在下,α-酮戊二酸因谷氨酸脱氢酶的催化作用,经还原氨基化反应生成谷氨酸。由葡萄糖进行谷氨酸发酵的总反应式为

$$C_6H_{12}O_6+NH_3+1.5O_2\longrightarrow C_5H_9O_4N+CO_2+3H_2O$$

葡萄糖 谷氨酸

即 1 mol 葡萄糖生成 1 mol 氨基酸,按质量计的理论收率为 81.7%(147/180＝81.7%,147、180 分别为谷氨酸和葡萄糖的相对分子质量),但由于菌体的形成、少量副产物的产生以及代谢消耗等都需耗用基质,因此,实际产率远低于 81.7%。

谷氨酸生产菌主要是棒杆菌属、短杆菌属、微杆菌属及节杆菌属的细菌。谷氨酸按上述方式在菌体细胞内生化合成,又不断地透过细胞分泌于培养基中得以积累。

发酵培养基中的碳源主要是淀粉水解糖,氮源中常见的有尿素、液氨、碳酸氢铵等,无机盐为磷酸盐、硫酸镁和钾盐等。目前以糖质原料为碳源的谷氨酸生产菌均为生物素缺陷型,以生物素为生长因子。生物素浓度对菌体生长和谷氨酸积累都有影响,大量合成谷氨酸所需要的生物素浓度比菌体生长的需要量低。谷氨酸发酵最适的生物素浓度由于菌种不同、碳源种类和浓度不同以及供氧条件不同而异,但一般为 $2\sim5~\mu g/L$。如果生物素不足,菌体生长不好,谷氨酸产量就低。生物素是 B 族维生素中的一种,又叫维生素 H 或辅酶 R。目前生产上以玉米浆、麸皮煮出汁或糖蜜等天然原料作为生物素来源。

谷氨酸生产菌属中温菌,最适生长温度为 $30\sim34~℃$,产生谷氨酸的最适温度为 $35\sim37~℃$。

谷氨酸积累的最适 pH 为 $7\sim8$,工业上常用添加尿素的办法来控制。

对非糖质原料发酵生产谷氨酸进行了大量的研究,其中以醋酸和石蜡烃为碳源发酵生产谷氨酸已达工业化生产规模。

3. 谷氨酸的提取

通常利用谷氨酸是两性电解质的性质,谷氨酸的溶解度、分子大小、吸附作用和谷氨酸的成盐作用把发酵液中的谷氨酸提取出来。一般有等电点法、离子交换法、金属盐沉淀法、盐酸盐法和电渗析法,也可将上述某些方法结合起来使用,其中以等电点法和离子交换法较为普遍。

三、有机酸发酵

有机酸发酵的原理是微生物在碳水化合物代谢过程中,有氧降解被中断而积累多种有机酸,现已确定的有 60 余种,但目前工业化生产的不过 10 余种。有机酸在食品、医药、化工、轻工等方面有着广泛的用途。

我国目前发酵法生产的有机酸仅柠檬酸、乳酸、苹果酸等几个品种。从消费量上看,美国人均年消费量为 150 g,日本为 30 g,我国仅有 3~5 g。随着人们生活水平的不断提高,特别是无醇饮料、碳酸饮料、果汁饮料的大幅度增长,有机酸的用量将明显增加。在大力发展现有品种的基础上,近年来我国已注意到开发葡萄糖酸、富马酸、曲酸等有机酸的研制和生产。

(一) 柠檬酸发酵

柠檬酸(citric acid)又名枸橼酸,学名 3-羟基-3-羧基戊二酸,分子式为 $C_6H_8O_7 \cdot H_2O$,为无色、无臭、半透明结晶或白色粉末,密度为 1.542 g/cm^3(18 ℃),易溶于水及酒精等有机溶剂,是生物体主要的代谢产物之一。20 世纪 70 年代中期,柠檬酸工业已初步形成生产体系。目前我国柠檬酸产量居世界第一位,主要应用于食品工业,作为食品的酸味料和油脂的抗氧化剂,其次用于医药工业、塑料工业等。

1. 生产原料及发酵机理

柠檬酸发酵的原料有糖质原料(甘蔗废糖蜜、甜菜废糖蜜)、淀粉质原料(主要是甘蔗、马铃薯、木薯等)和正烷烃类原料三大类,以及一些新原料(如稻米等)。

柠檬酸发酵的机制普遍认为与三羧酸循环有密切的关系。糖经糖酵解途径(EMP 途径),形成丙酮酸,丙酮酸羧化形成 C_4 化合物,丙酮酸脱羧形成 C_2 化合物,两者缩合形成柠檬酸。

$$\begin{array}{ccc} \text{葡} \\ \text{萄} & \xrightarrow{\text{EMP 途径}} & \text{丙} \\ \text{糖} & & \text{酮} \\ & & \text{酸} \end{array}$$

2. 菌种

很多微生物可以产生柠檬酸,目前生产商用柠檬酸常用产酸能力强的黑曲霉作为生产菌,因为其产量最高,且利用多样化的碳源。无论采用何种微生物都是典型的好氧发酵。

黑曲霉以无性生殖的形式繁殖,黑曲霉生产菌具有多种活力较强的酶系,能利用淀粉类物质,并且对蛋白质、单宁、维生素、果胶等具有一定的分解能力,可在甘薯粉、玉米粉、可溶性淀粉、糖蜜、葡萄糖、麦芽糖、糊精、乳糖等培养基上生长、产酸。黑曲霉可以边长菌、边糖化、边发酵产酸的方式生产柠檬酸。

3. 生产工艺

工业上发酵的方法有三种,即表面发酵、固体发酵、液体深层发酵,下面主要介绍液体深层发酵。液体深层发酵工艺设备占地少,发酵周期短,产酸高,原料消耗低,可发酵蔗糖、淀粉水解液、糖蜜、薯干粉等。目前多采用薯干粉为原料生产,发酵周期为 4 d 左右。

以甘薯(红薯)粉渣作原料为例,利用发酵法制取柠檬酸。

工艺流程(以薯干粉为原料的液体深层发酵工艺流程):

斜面菌种 → 麸曲瓶 → 种子
↓
薯干粉 → 调浆 → 灭菌(间歇或连续式) → 冷却 → 发酵 → 发酵液 → 提取 → 成品
↑
无菌空气

(1)菌种培养。

① 察氏琼脂培养基　NaNO$_3$ 3 g,蔗糖 20 g,K$_2$HPO$_4$ 1 g,KCl 0.5 g,MgSO$_4$ 4.7 g,H$_2$O 0.5 g,FeSO$_4$ 0.01 g,琼脂 20 g,用水定容至 1 000 mL,pH 随其自然。

② 米曲汁琼脂培养基　1 份米曲汁加 4 倍质量的水,于 55 ℃保温糖化 3～4 h 后煮沸,滤液用水调整浓度至 10°Bx,并用碱液将 pH 调至 6.0,接着添加琼脂 2%。确认所制得的斜面无杂菌污染后,接入黑曲霉孢子悬液 0.1 mL,于 32 ℃培养 4～5 d。

(2)种子扩大培养。

① 二级扩大培养。

a. 培养基:有琼脂固体培养和液体表面培养两种方式,前者的培养基组成与斜面培养基相同。液体培养基:麦芽汁 70°Bx,氯化铵 2%,尿素 0.1%。

b. 培养:固体培养时,500 mL 茄子瓶装 80 mL 琼脂培养基,250 mL 茄子瓶装 50 mL 琼脂培养基。灭菌后摆成斜面,凝固后的斜面置 37 ℃下培养 24 h。确认无杂菌污染即可使用。

液体培养时,将液体培养基装入三角瓶中,使液层深度达到 45 cm,于 0.1 MPa 下湿热灭菌 15 min,按无菌操作接种。培养温度 32 ℃,液体表面培养需 7～10 d,琼脂固体培养需 6～7 d。

② 三级扩大培养。

可采用麸曲固体培养、液体表面培养或琼脂固体培养。所用培养基如下。

a. 麸曲固体培养基:新鲜小麦麸皮 1 kg,加水 1.1～1.3 L。

b. 液体培养基:与二级扩大培养基所用液体培养基相同。

c. 琼脂固体培养基:与斜面培养基相同。

(3)原料处理。

湿粉渣必须经过压榨脱水,使含水量在 60% 左右;干粉渣含水量低,应按 60% 的比例补足水分;结块的粉渣需粉碎成 2～4 mm 的颗粒。然后加入 2% 碳酸钙、10%～11% 的米糠,掺匀后,堆放 2 h,再进行蒸煮。蒸煮可采用加压蒸料和常压蒸料两种方式。加压蒸料最好用旋转式蒸锅,常压蒸料可用固定式蒸锅或固定式水泥蒸锅。先用扬麸机将蒸煮好的料破碎,再加入含抗污染药品的沸水。

（4）接种、发酵。

当品温冷却到 37～40 ℃ 时,接入菌种悬浮液。接种后,送入曲室发酵(此时温度不得低于 27 ℃)。

发酵过程控制的注意事项如下。

① 注意发酵过程中的温度控制。整个发酵过程分为两个阶段:第一阶段为前 18 h,室温在 27～30 ℃,料温在 27～35 ℃;第二阶段为 18～60 h,料温在 35～37 ℃,室温为 30～32 ℃。黑曲霉适宜产酸温度是 26～28 ℃。温度高时,容易形成杂酸等副产物且菌体易衰老;温度低时,发酵周期被延长。

② 发酵室内的相对湿度应保持在 86%～90%。

③ 发酵过程中必须保持适当通风,因黑曲霉是好氧真菌。

④ pH:黑曲霉长菌的最适 pH 为中性,而产酸的最适 pH 在 2.0～2.5。因此,应该注意的是:菌盖形成之后,只是在菌盖下面有一个低 pH 区域,菌体合成柠檬酸的活动都是在此低 pH 区域内进行的,所以不应该搅动发酵液,避免低 pH 区域的 pH 上升而长菌不产酸。

（二）苹果酸

苹果酸酸味刺激缓慢,且在达到最高酸味后可保留较长时间,在国际市场上有取代柠檬酸的趋势,它在医药、日用化工和化学工业等方面也有广泛应用。

苹果酸发酵根据不同的发酵工艺选用不同的菌种,一步法采用黄曲菌、米曲菌、寄生曲菌等菌种,两步法及混合粉发酵法采用华根霉、无根根霉、短乳杆菌等菌种,酶转化法则采用短乳杆菌、大肠杆菌、产氨短杆菌等菌种。化学合成的苹果酸为 D 型和 L 型的混合物。目前我国和日本等国已研究出固定化菌体(其中含延胡索酸酶),进行 L-苹果酸的连续生产,我国利用的是固定化酵母细胞转化的延胡索酸。

四、单细胞蛋白的发酵生产

（一）单细胞蛋白生产的特点

单细胞蛋白(single cell protein,SCP)是指用增殖的方法而获得的微生物菌体蛋白。世界人口剧增,因而对动物蛋白质的需求量大为增加,然而生产动物蛋白需要消耗大量的植物蛋白,故大力发展 SCP 工业尤为重要。单细胞蛋白生产有以下三个特点。

1. 生产效率高

SCP 生产比高等动植物生长繁殖速度快得多,例如细菌或酵母在 20～120 min 内增殖 1 倍,牧草及其他植物则需 1～2 周,牛需 1～2 月。SCP 生产可在大型发酵罐中进行,占地面积小,不受季节变化、天灾的影响,生产率可高达 2～6 kg/(m³ · h)。

2. 营养丰富

SCP 含粗蛋白 40%~80%，高于水稻、小麦、大豆等传统作物；氨基酸种类齐全，配比良好，尤其是人和动物生存必需的氨基酸，如赖氨酸、色氨酸含量丰富。

3. 原料广泛

糖质、淀粉质、纤维素以及有机和无机矿物资源等均可作为原料，如利用工农业生产废料作原料，还可同时实现环境保护。

(二) 单细胞蛋白的发酵生产

1. 生产 SCP 的微生物

具有原核细胞的细菌、放线菌、蓝藻和具有真核细胞的酵母菌、霉菌、担子菌等各种微生物都可以作为生产 SCP 的菌种，但都必须符合蛋白质的营养、易消化和无毒等基本要求。现今工业生产用的微生物资源主要是酵母、细菌、真菌和藻类。

最早用于 SCP 生产，也是现在应用最广的是酵母菌，其优点是：可利用原料广泛；能在酸性条件下生长（不易染菌）；菌体大，易于分离回收；酵母的色、香、味易为人们所接受。但缺点是生长速度较慢，蛋白质含量较低（45%~46%）。

用细菌生产 SCP 的优点是生长速度快、蛋白质含量高（50%~80%）、必需氨基酸齐全等，但菌体小，以致从发酵液中回收较困难。随着分离回收技术的改进，这个缺点可以克服。此外，细菌还可利用甲烷、氢、CO_2 等气体原料，这也是一个特点。所以在 SCP 开发利用中，细菌具有较好的发展前景。

丝状真菌的优点是便于回收，质地良好，但其不足之处在于生产进度慢，蛋白质含量低。

藻类能利用 CO_2 作碳源，以阳光为能源，合成自身营养成分进行生长繁殖，其藻体蛋白质含量较高，品质也好，可供人畜食用。现在有许多国家在积极进行球藻和螺旋藻的 SCP 开发。螺旋藻食品既是高级营养品，又是减肥食品（被称为健康食品），在工业化国家很受欢迎。

氢细菌 SCP 也是重要的一类。氢细菌属于自养菌，这种微生物以无机碳为碳源，以分子氢作为能源，进行化能自养型生长。氢细菌接种于含氮的无机盐培养液中，然后通入 CO_2、氢和氧就可进行培养，生产出纯度较高的 SCP。所需元素物质到处可取，从水中获得 H，从空气中获得 C、O、N，以阳光为能源，因此，它具有广阔前景，可能成为生产 SCP 的新途径。

2. SCP 的生产原料

因粮食原料有限，无法解决发展畜牧业的蛋白质饲料问题，目前已经开发并认为可以作为 SCP 生产原料的资源大致可以分为两类：一类为正烷烃和石油化工产品，属于这一类的碳源有正构烷烃、天然气及烃的氧化物，如甲醇、乙醇、乙酸等；另一类为可再生资源，主要是碳水化合物，特别是农林牧产品加工业的下脚料和有机垃圾废弃物。

（1）利用正构烷烃和石油化工产品生产 SCP。

近代的 SCP 工业是从以石蜡烃为原料发展起来的，到 20 世纪 70 年代中期，无论生产技术还是 SCP 本身作为饲料使用的安全性问题都已得到解决。

乙醇蛋白的生产目的完全是从食用出发。乙醇蛋白能进入食品市场的原因在于以纯蛋白含量计算,价格比牛肉便宜,B 族维生素含量多,营养丰富,制品风味鲜美。

甲醇可从天然气、石油、煤等多种原料获得,易于大型化生产。与正烷烃流程比较,甲醇具有纯度高、原料与水互溶、耗氧少、发热量低、产品不需纯化等优点,从而在 SCP 生产中崭露头角,很受重视。

(2) 利用可再生资源生产 SCP。

可再生资源主要是指碳水化合物,包括糖类、淀粉和纤维素。地球上每年依靠太阳能光合作用生成的碳水化合物量超过千亿吨,它是 SCP 生产取之不尽的原料。此外,用工农业废弃物生产 SCP 还是变废为宝,保护环境的好途径。

甘蔗、甜菜等制糖厂结晶后的废蜜一直广泛用于生产面包酵母、活性干酵母、食用酵母和药用酵母。纤维素废料(如木屑、棉子壳、玉米芯、稻草、麦秆、甘蔗渣等)均可作为生产 SCP 的原料。纤维素在用做碳源前必须进行预处理。预处理的方法有物理的、化学的和物理化学的,如磨碎、高压蒸煮、膨化处理、氧化处理、酸碱或酶水解等。现在研究者感兴趣的是将谷物、薯类、淀粉及水果加工厂的渣粕和废液直接培养微生物生产 SCP。可用于生产 SCP 的工业废水如下。

① 淀粉厂废水 一般淀粉生产的废水中含固形物 1.7%,主要是蛋白质和糖类,如鲜薯生产淀粉的废水中含糖高达 1% 以上。

② 豆制品厂废水 豆制品厂废水中含可溶性蛋白 1.04%、糖 2.4%、还原糖 0.5%,其中以蔗糖、棉子糖为主,其次为半乳糖和果糖。SCP 收率为 1.2%,用酸水解可提高菌体收量 0.5 倍。

③ 酒精蒸馏废液 每生产 5 t 酒精所产生的废水可生产 1 t 酵母。若按我国酒精生产量计算,可生产 $5.0 \times 10^4 \sim 1.0 \times 10^5$ t 酵母。以糖蜜为原料的酒精废水澄清液中,通常含总糖 2.1%,其中还原糖 1.79%,总氮 0.29%。1 t 酒糟,加水浸泡后得 1°Bé 的浸泡液 10 t,添加 0.1% 硫酸铵,可生产白地霉干粉 45~48 kg。

④ 味精生产废液 在味精生产中,每生产 1 t 味精,排除 25 t 废液,废液中含约 0.5% 的还原糖和 3% 的有机物,若以热带假丝酵母为菌种发酵生产 SCP,每百吨废液可生产 1 t 酵母。干酵母产率可达 10 g/L 以上,蛋白质含量为 60%,氨基酸种类齐全,可作为饲料,效果与鱼粉相当。

(三) 生产工艺

下面是以酵母为菌种进行 SCP 生产的工艺。该工艺大致可分为三个步骤。

1. 原料的处理及培养基的制备

不同的有机废水或同一种有机废水采用不同的生产菌,其原料处理方法也不同,一般富含还原糖的有机废水不需处理,可直接加一定比例的营养盐经灭菌后即可用于发酵,而以酵母为菌种的 SCP 生产则需要先进行淀粉的水解。因此,在进行原料的处理时需根据具体情况采用合适的处理方法。

2. 酵母的培养

(1) 种子培养 从斜面经过三角瓶、卡氏罐(卡氏罐是一种内部镀锡、总容积为 3~8

L 的铜质器具,也可用白铁皮制造),最后扩大到酵母罐。一般种子培养基多采用麦芽汁(9~12°Bé),pH 调至 4.2~4.5,培养温度 25℃,通风培养 20~24 h。

（2）发酵　一般酵母罐容积为 20~100 m³,和一般发酵一样,首先空罐灭菌,培养基灭菌,冷却接入种子即进入发酵阶段。在发酵过程中,温度控制在 26~30 ℃,pH 控制在 4.2~4.5,通气培养 14 h 即发酵完成。培养酵母的目的是获得大量的菌体,而要获得大量的菌体,碳、氮源必须充足,但糖含量过多反而会抑制菌体的生长。为了解决这个问题,人们采用流加糖发酵法分次加糖,使发酵液始终保持一定的浓度,这样可避免过多的糖分影响菌体生长,又可使菌体有足够的糖分利用。

3. 酵母的分离

发酵结束后一般培养液中含 5%~10%酵母,要在尽可能短的时间内(最好 1 h 内)将酵母从培养基内分离出来。因为培养基所含有的酵母代谢产物会影响酵母的品质,所以发酵结束后经一定冷却后要马上进行酵母分离。分离得到的酵母可再用 4~6 倍冷水洗涤、分离,迅速冷却(这样可以控制细胞生物量的损失),得到的酵母浓缩液送至板框式压滤机或圆筒式过滤器中过滤,一般得到 65%浓缩酵母,最后以 30 ℃热风干燥至水分约 6%~8%,并制成颗粒状或块状,经抽真空或充氮气,低温储藏。

五、食用菌的发酵生产

食用菌是一类可供人们食用的大型真菌,如蘑菇、香菇、草菇、平菇、金针菇、白木耳、猴头、竹荪、松茸、牛肝菌,也包括传统上作为药用的大型真菌,如灵芝、茯苓等。食用菌营养全面,含有蛋白质、脂肪、多糖、维生素、无机盐、核苷酸等,其特点是蛋白质含量高,而脂肪含量较低,是一种理想的保健食品。

（一）食用菌的生产方法

1. 固体基质栽培

食用菌的传统生产一直沿用固体基质培养人工栽培法(尽管其本质也是发酵,但形式上类似于粮食生产上的作物栽培)生产子实体,供人们食用。或以其子实体为对象,将其进行适当的处理,提取并利用子实体的具有营养保健价值的真菌多糖、核苷酸类、微量元素等制成营养保健食品,这类食品加工应属于非发酵食品范畴。

2. 食用菌的半发酵法生产

为适应大规模食用菌生产需要,一些食用菌生产厂探索了半发酵生产法,即子实体生产阶段仍然采用传统的固体基料栽培法,而在此之前的生产菌不再采用固体培养法,而采用液体深层发酵法制种,缩短了种子的生产周期,扩大了制种量。

3. 深层发酵法生产

食用菌的深层培养将传统的固体露天栽培法发展成为液体深层发酵生产菌丝体,液体通气深层培养,只需 5~7 d 便可生产出大量食用菌的菌丝体,生产过程不受季节限制,占地面积小,易于实现工业化生产。研究表明,菌丝体中所含营养成分与固体培养所得子实体中营养成分基本相同。

食用菌深层发酵的基本工艺如下:

试管母种→摇瓶菌种→种子罐发酵→发酵罐深层发酵→菌丝体过滤→干燥加工（或由发酵液连同菌丝体一同加工成制品）

（1）深层发酵培养基的组成　同其他菌类的深层发酵一样，食用菌在深层发酵过程中同样需要碳源、氮源、无机盐、微量元素、水分等营养物质及合适的 pH，这些必须由培养基提供，以满足菌体生长所需。

（2）摇瓶培养　大规模生长时，摇瓶培养的菌丝体可作为种子罐的种子使用。摇瓶的装料系数一般为 $20\%\sim40\%$。在摇瓶培养中，要求菌丝生长快、得率高，形成的菌球小。

（3）食用菌的发酵罐深层培养　在深层发酵培养中，需要控制的主要工艺参数为温度、压力、搅拌速度、空气流量、溶解氧量、pH、菌丝形态以及发酵液中菌体含量等。具体参数指标的控制因不同菌种发酵而异，后面将列举几个实例进行讨论。

（4）发酵终点的判断　在深层发酵过程中，一般以菌体含量达到某一定值为主要指标，再结合菌丝及菌球的观察结果为参考指标，判断是否可以放罐。菌体含量不再增加，是一个比较易掌握的控制指标。在实际生产中，发酵液的 pH、氨基酸、糖及其他成分含量的变化都与菌的生产情况及菌龄有关，这些参数的变化情况对指导生产的进行和确定发酵终点均有重要的参考价值。

（二）食用菌深层发酵及发酵食品制作实例

1. 香菇深层发酵及其制品

（1）香菇深层发酵及其制品工艺流程：

斜面培养→一级摇瓶种子→二级摇瓶种子→种子罐→发酵罐

（2）培养基组成。

① 斜面培养基（质量分数，%）：葡萄糖 2，酵母膏 0.5，磷酸二氢钾 0.1，硫酸镁 0.1，琼脂 2。pH 随其自然。

② 摇瓶与种子培养基（质量分数，%）：葡萄糖 2，白糖 2，干酵母 1，奶粉 1，蛋白胨 0.12，磷酸二氢钾 0.15，硫酸镁 0.001，氯化钠 0.1，氯化锌 0.017，氯化钙 0.004 7，维生素 B_1、维生素 B_2 各 0.005。pH 随其自然。

③ 发酵培养基（质量分数，%）：葡萄糖 2，蔗糖 2，干酵母 1，玉米浆 2，磷酸二氢钾 0.25，氯化钠 0.1，硫酸镁 0.1，碳酸钙 0.02，氯化锌 0.007，氯化钙 0.004，硫酸锰 0.001，维生素 B_1 0.005，维生素 B_2 0.005。pH 5.5。

（3）种子培养及制品加工方法。

① 菌种制备。

a. 斜面种制备：取成熟的香菇，切去菌柄，用 75% 酒精将表面灭菌，取无菌接种环插入两片菌摺间，并轻轻抹过菌摺，此时接种环上就粘有孢子，用它在按上述配方制成的斜面试管培养基上划线，25～26 ℃培养，7～10 d 后可看到菌丝体。然后将斜面种转管，1支母种可扩大繁殖几十支甚至更多，经适温培养即可使用及保存。

b. 一级摇瓶种子制备：将摇瓶与种子培养基装 100 mL 于 250 mL 三角瓶中，接入斜面菌种管上的菌丝体，不断振荡或在摇床上以 100 r/min，25 ℃培养 8 d，即可得一级摇瓶

种子。

c. 二级摇瓶种子制备：将一级摇瓶种子以 10％的量接种到装有 200 mL 种子培养基的 500 mL 三角瓶中,25 ℃下培养 9 d。

d. 生产种子制备：将上述三角瓶中的种子以 10％的量接入 100 L 种子罐中。培养条件：压力 40～60 kPa,通气比为每分钟体积比 1：0.8,25～26 ℃。培养 6～7 d。

② 发酵。

将上述液体生产种子以 10％接种量接入发酵罐中,培养条件：25～27 ℃,50 kPa,160 r/min,通气比为每分钟体积比 1：0.8。6 d 后,发酵液变稠,颜色由棕黄色变为淡褐色,并散发出淡淡的酒香味时,即可终止发酵。

③ 发酵制品加工。

在上述发酵罐中加入 0.06％～0.1％的柠檬酸,调 pH 为 5.5,再通入蒸汽,使发酵液温度升至 45～55 ℃,保持 5～6 h 后将发酵液升温至 75 ℃,维持 30 min,使其酶失活,并稳定香菇液成分,趁热用过滤机过滤,即得香菇滤液。香菇滤液可根据不同口感要求,加入酸味剂、甜味剂、稳定剂后进行均质、灌装、杀菌即得香菇发酵饮品。

2. 灵芝深层发酵及其制品

（1）灵芝深层发酵工艺流程：

菌种分离→斜面培养→液体种子培养→种子罐→发酵罐

（2）种子制备及加工方法。

① 菌种分离。

a. 麦芽汁琼脂斜面培养基制法：称取一定量的干麦芽粉,加 3 倍的水,在 58～65 ℃下糖化 3～4 h,每隔一定时间用碘液测定蓝色反应,如显蓝色,说明还没有糖化彻底,直到加碘液无蓝色反应为止。加灵芝子实体浸出汁制成 3％麦芽汁后,以 2％的量加入琼脂溶化,煮沸后过滤,调 pH 至 6.9,121 ℃灭菌 15 min。

b. 菌种分离方法：野生灵芝取菌盖前端呈浅黄色组织切成 0.2 cm³ 小块,并用 75％酒精作表面灭菌处理,接种于含有灵芝子实体浸出汁的 3％麦芽汁琼脂斜面培养基上(pH 6.9),于 28 ℃、黑暗条件下培养至菌丝长出为止,进行转管。

② 液体种子培养。

a. 液体种子培养基(质量分数,％)：脱脂鲜豆浆 100,另加蔗糖 2。

脱脂鲜豆浆的制作：用乙醚将黄豆脱脂,经浸泡、磨浆、过滤而得,其可溶性固形物含量为 5.5％。

b. 液体种子培养方法：将分离菌株接种于液体种子培养基中,于温度 28℃、相对湿度 80％～90％条件下静置培养 3～4 d 即可。

③ 生产种子。

a. 培养基：一级、二级及生产种子用的培养基均同液体种子培养基。

b. 方法：将上述液体种子以 10％的接种量逐级放大(按照香菇深层发酵中所述及的方法进行)。培养条件：28 ℃,250 r/min 培养约 3 d。

④ 发酵及制品加工。

将上述液体生产种子以 10％接种量接入发酵罐中(发酵培养基同液体种子培养基),

在 28 ℃条件下,以 250 r/min 培养至湿菌体含量占 25%～28%,并有悦人的浓郁芳香时发酵即达终点,终止发酵。将发酵液用胶体磨研磨,并根据口感需要添加少量奶粉、稳定剂调配后进行均质、脱气、灌装,121 ℃15～20 min 杀菌,即可获得色泽乳白、状态均一、口感良好的灵芝蛋白液成品。

六、食品添加剂的发酵生产

食品添加剂是指为改善包括感官在内的食品品质和为防腐而加入食品的化学合成物质或者天然物质。微生物性食品添加剂自然是指通过培养微生物或发酵的方法而制取的食品添加剂。这类添加剂具有天然、安全无毒等优点,因而具有良好的开发前景。下面以黄原胶为例进行介绍。

黄原胶又名汉生胶,是 20 世纪 70 年代发展起来的一种微生物发酵产品,是一种无毒无害的酸性杂多糖。美国是最早研究开发和生产黄原胶的国家,早在 20 世纪 50 年代,美国北部研究中心率先开展了黄原胶研究,60 年代初开始了半工业化和工业化生产。我国 1987 年开始生产。

(一) 黄原胶的主要成分

黄原胶是由 28 份 D-葡萄糖、3 份 D-甘露糖及 2 份 D-葡萄糖醛酸,乙酸、丙酮酸等组成的多糖类高分子化合物,相对分子质量在 $1.2 \times 10^6 \sim 2 \times 10^6$。

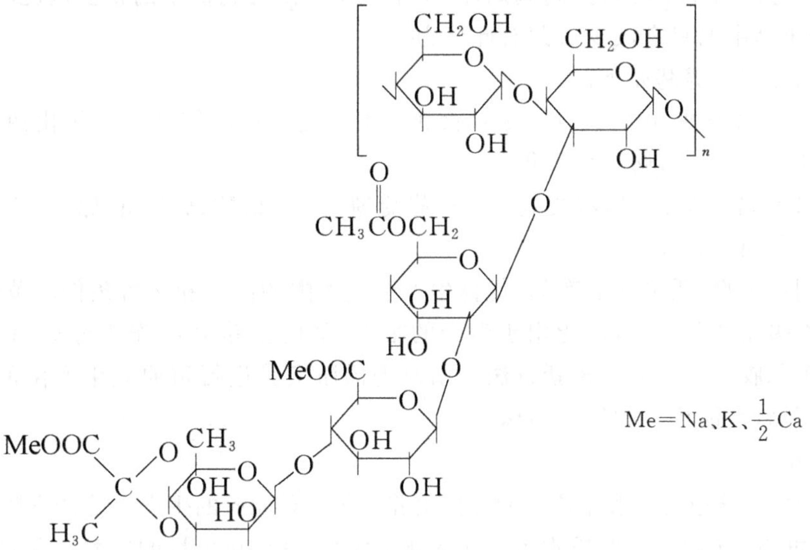

黄原胶的单元结构

(二) 性状

黄原胶是一种浅黄色至浅棕色粉末,稍带臭味,有以下性能和特点:①为水溶性胶,具良好的溶解性,在冷、热水中都有较高的溶解度;②黏性好,1%黄原胶水溶液黏度相对于同样浓度明胶的 100 倍,在低浓度下就有高的黏度值,这种黏度对热不敏感,食品加工中所需的高温高压处理不会破坏黏度性能,同样在冷冻条件下也不破坏其黏性,具较高的

冻-融稳定性;③对 pH 稳定,尤其在酸性体系中有极好的溶解性和稳定性,但 pH<4 或 pH>10 时黏性上升;④具有优良的悬浮性;⑤能与大多盐类配伍;⑥能与脂类物质相溶,即具有高的乳化性能;⑦与水溶剂结合力强,保水性好,在食品加工或储藏中能防止水珠的渗出;⑧食品中加入黄原胶以后,不但不改变其色、香味,反而会提高营养价值;⑨不溶于乙醇;⑩与角豆胶合用有相乘效应,可提高弹性,与瓜尔豆胶合用可提高黏性。

(三) 生产工艺

1. 生产菌

黄原胶是微生物发酵产品,它是由黄单胞菌属中的野油菜黄单胞菌产生的一种胞外多糖。一般认为 *X. campestris* NRRL-1459 是产生黄原胶的理想菌种。其主要特点为革兰氏染色阴性,杆状,大小为 0.4 μm×1.0 μm,单鞭毛,好氧,过氧化氢酶阳性,硫化氢阴性,氧化镁阴性,不还原硝酸盐,不产生吲哚。

分离菌种用的培养基如下。

(1) D_5 培养基:纤维二糖 10 g、磷酸一氢钾 3 g、磷酸二氢钠 1 g、氯化铵 1 g、七水硫酸镁 0.3 g、琼脂 15 g,以上各成分溶于 1 000 mL 水中灭菌制得。

(2) SX 琼脂培养基:可溶性淀粉 10 g、牛肉浸膏 1 g、氯化铵 5 g、磷酸一氢钾 2 g、甲基紫 B(甲基紫 B 1%,溶于 20%乙醇)1 mL、甲基绿(甲基绿 1%,溶于水中)2 mL、放线菌酮 D 250 mg、琼脂 15 g。以上诸成分溶于 1 000 mL 水中灭菌备用(放线菌酮后加)。本培养基适于分离自十字花科黑腐病病原(黄单胞菌),因为它们中的很多菌能利用淀粉,相反,来源于土壤中的只有极少数菌有此能力。

菌种保藏用培养基如下。

(1) YSA 培养基:磷酸铵 0.5 g、磷酸钾 0.5 g、七水硫酸镁 0.2 g、氯化钠 5 g、酵母浸膏 5 g、水 1 000 mL,溶解灭菌即得。

(2) YDS 培养基:酵母浸提物 12 g、葡萄糖 10 g、碳酸钙 20 g、琼脂 15 g、水 1 000 mL,溶解灭菌,制成斜面。

欲得到产量高、质量优的产品,优良生产菌是发酵的前提和必备条件。黄单胞菌属中能产生这类多糖的种很多,但能用于生产的很少,采用青霉素 G 作为分离筛选标记是获得高品质黄原胶生产菌的一种新方法。用改进摇瓶实验进行黄原胶生产菌的筛选,可获得产胶黏度高、性能优良的生产菌株。

2. 发酵

工业化生产黄原胶一般用传统的分批培养工艺。黄原胶的生产以蔗糖或葡萄糖(1%~5%)、玉米糖浆为碳源,蛋白质水解物为氮源,加入钙盐,和少量的磷酸一氢钾、硫酸镁和水共同组成培养液,pH 6.0~7.0,经灭菌、冷却、无菌接入生产菌种、发酵 50~100 h 而得。黄原胶得率为 75%~80%,浓度为 5%。

3. 分离、纯化

由分批发酵法得到的黄原胶发酵液,经巴氏灭菌法或酶解法杀灭发酵液中的黄单胞菌以后,可直接经干燥得到粗制品。也可在有氰化钾存在下,用甲醇、乙醇或异丙醇作沉淀剂分离出黄原胶。另外,还可用季铵盐来沉淀黄原胶,但这种产品不能用于食品。食品级黄原胶的分离,在采用沉淀剂进行沉淀分离之前,要先经提纯处理,以提高产品的纯度。发酵液的先期提纯常采用两种工艺:过滤-超滤提纯法和酶法脱蛋白质提纯法。

(四)黄原胶在食品中的应用

黄原胶在食品工业中可用做食品增稠剂、乳化剂、稳定剂、悬浮剂、泡沫增强剂等,是一种多功能食品添加剂,广泛用于饮料、焙烤食品、乳制品与调味品。

我国 GB2760—2011 规定:饮料最大用量 0.1 g/kg,面包、乳制品、肉制品、果酱、果冻 2.0 g/kg,面条、糕点、饼干、起酥油、速溶咖啡、鱼制品、雪糕、冰棍、冰淇淋 10 g/kg。

七、生物活性物质的发酵生产

维生素是维持人体正常代谢功能所必需的生物活性物质,大多数维生素在人体内不能合成,必须从外界摄取。维生素的种类很多,化学结构各不相同,在生理功能上也不是构成各种组织的主要原料,更不是体内能量的来源,然而对于调节物质代谢过程又十分重要,是维持机体正常生长发育和生理功能所必需的。当人体内缺乏某种维生素时,能引起多种代谢功能失调,易患各种特殊疾病,称为维生素缺乏症。

许多维生素由微生物合成,但大部分产量较低,因而目前在生产上只有少数几种完全或部分应用微生物合成的方法来制造。工业生产上目前已由微生物发酵方法制备的有维生素 B_1、B_2、B_{12}、H 和维生素 A 原,并用微生物转化反应完成维生素 C 合成中的关键步骤。下面主要介绍维生素 A 原和维生素 B_2 的发酵生产。

(一)维生素 A 原(β-胡萝卜素)

维生素 A 是具有循环不饱和单元醇,有五个共轭双键。维生素 A 能维持上皮组织的正常结构与功能,促进组织视色素的形成,促进黏多糖合成及骨的形成。主要用于防治缺乏维生素 A 所引起的皮肤及黏膜异常、夜盲症和眼干燥症等,也适用于癌症防治。

β-胡萝卜素是维生素 A 的前体物质,也称为维生素 A 原(provitamin A),是一类黄色和红色色素,存在于高等植物和藻类、真菌、细菌以及地衣等低等植物中,但动物(包括人类)则不能自身合成,β-胡萝卜素在人的肠黏膜中可水解转变成维生素 A。

许多种微生物都能合成 β-胡萝卜素,如接合莽酶、三孢布拉霉、好食链孢霉、耐盐社氏藻和绿藻等在菌丝中形成的大量类胡萝卜素都可用于工业生产,其中以三孢布拉霉的雄株和雌株的混合培养产量最高,下面讨论三孢布拉霉生产 β-胡萝卜素的工艺。

1. 发酵工艺流程

三孢布拉霉发酵生产 β-胡萝卜素的工艺流程如图 5-9 所示。

2. 培养基

(1)菌种培养基:玉米浆 70 g/L、玉米粉 60 g/L、KH_2PO_4 0.5 g/L、$MnSO_4 \cdot H_2O$ 0.1 g/L、盐酸硫胺素 0.01 g/L,加水。

(2)发酵培养基:玉米淀粉 60 g/L、豆浆水解液 30 g/L、棉子油 30 g/L、抗氧化剂 0.35 g/L、$MnSO_4 \cdot H_2O$ 0.2 g/L、盐酸硫胺素 0.5 g/L、异烟肼 0.6 g/L、煤油 20 mL,pH6.3。

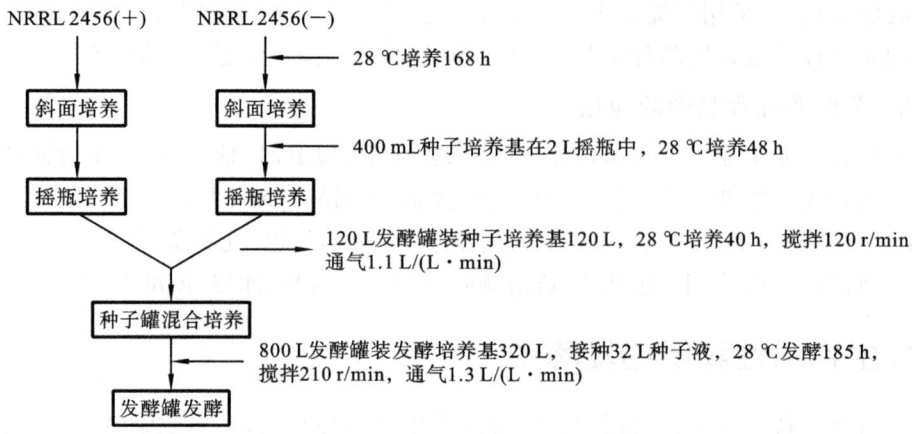

图 5-9　β-胡萝卜素发酵工艺流程

3. 发酵控制要点

(1) 发酵培养基除无机盐和硫胺素外,以各种淀粉的水解糖作为碳源;

(2) 发酵温度控制在 20～35 ℃,大部分在 28 ℃;

(3) 发酵 pH 控制在 3.7～5.5;

(4) 发酵 2 d 后加入前体 β-紫罗兰酮,在此同时加入异烟肼和 5% 煤油提高产量;

(5) 继续发酵 3～6 d,进 100 ℃ 蒸汽 10～15 min,温热杀死培养物以中止发酵,阻止 β-胡萝卜素被酶分解;

(6) 由于 β-胡萝卜素是在菌丝体内形成的,所以过滤后取其菌丝在真空中干燥 16～20 h(50～55 ℃),然后用石油醚提取,最后用柱层析法分离提纯得 β-胡萝卜素成品(最高产量可达 2870 mg/L)。

(二) 维生素 B_2

维生素 B_2 又叫核黄素,化学名为 7,8-二甲基-10-(D-1-核糖酸)-异咯嗪。它是黄素酶的辅基,参与生物氧化还原反应,起传递氢的作用。当机体缺乏维生素 B_2 时,将出现舌炎、唇炎、口角炎、脸缘炎及囊炎等病患。核黄素分布很广,绿叶蔬菜、黄豆及动物肝、肾、心、乳汁中含量较多,酵母中含量也很丰富。核黄素虽广泛存在于动植物中,但因含量很少,不能用天然产物作为供应的来源,而化学合成步骤多、成本高,所以目前工业制备是采用微生物发酵法。

能产生维生素 B_2 的微生物很多,如棉病囊酶、阿氏假囊酵母、假囊酵母、根毒曲霉、青霉、梭状芽孢杆菌、产气杆菌、大肠杆菌等,但应用于生产中最重要的是棉病囊酶及阿氏假囊酵母。其中棉病囊酶是植物致病菌,多核菌丝发达,有横隔,子囊通常生在菌丝中间,单生或成串;阿氏假囊酵母形态上与棉病囊酶相似。下面介绍阿氏假囊酵母生产维生素 B_2 的工艺。

1. 培养基

(1) 菌种培养基:葡萄糖 2 g/L、蛋白胨 0.1 g/L、麦芽浸膏 5 g/L、琼脂 2 g/L, pH6.5。

（2）发酵培养基：米糠油 4 g/L、玉米浆 1.5 g/L、鱼粉 1.5 g/L、KH_2PO_4 0.1 g/L、NaCl 0.2 g/L、CaCl 0.1 g/L、$(NH_4)_2SO_4$ 0.02 g/L。补料：米糠油 3 g/L、骨胶 1.8 g/L、麦芽糖 0.5 g/L。

2. 发酵工艺

（1）种子培养与发酵　采用三级发酵，将产孢子菌种斜面于 28 ℃培养 4～5 d 后，用无菌水制成孢子悬浮液，接种到种子培养基培养，培养温度为 30 ℃±1 ℃，培养时间为 30～40 h。然后将上述种子液移种到三级发酵罐搅拌通风发酵，中间补加一定量的米糠油、骨胶及麦芽糖，发酵温度为 30 ℃±1 ℃，发酵终点时间约为 160 h。在一定浓度的培养基中，通气效果是维生素 B_2 高产的关键，通气效果好，可促进大量膨大菌体的形成，维生素 B_2 的产量迅速上升，同时可缩短发酵周期。

（2）提取与结晶　发酵液用稀酸水解以释放核黄素，加黄血盐和硫酸锌除杂质，发酵滤液加 3-羟基-2-萘甲酸钠与核黄素形成复盐，经分离纯化，精制得核黄素成品。

实训三　凝固型酸乳加工

一、实训目的

通过对酸乳制品的加工，了解和熟悉其加工方法、工艺过程和加工原理。

二、实训原理

以新鲜牛乳为主要原料，经过净化、标准化、均质、杀菌、接种发酵剂、分装后，通过乳酸菌发酵作用，使乳糖分解为乳酸，导致酸乳的 pH 下降，酪蛋白凝固，同时产生醇、醛、酮等风味物质，再经冷藏和后熟制成凝乳状的酸牛乳。

三、仪器与材料

恒温箱 1 台，干热灭菌锅 1 台、15 kg 容量的发酵桶（或缸）3 只，25 L 奶桶 2 只，冷却水盆 4 个，手提式高压灭菌器 1 台，电炉 2 个，酸乳瓶及瓶盖 150 套，酒精灯 2 个。

鲜乳 25 kg，白砂糖 6.5 kg，香精 1 瓶，淀粉 0.5 kg，$CaCl_2$ 1 瓶，奶粉 2 袋。

四、方法与步骤

1. 工艺过程

原料乳、白砂糖→均质→杀菌→冷却→加发酵剂→装瓶→发酵→冷藏→成品

2. 制作方法

（1）鲜乳过滤用 4 层纱布，然后脱脂或不脱脂，加热至 60℃，乳粉先用水冲洗成复原乳（比例 1∶7），再与 60 ℃鲜乳混合，同时加入 6%～9%（质量分数）的白砂糖，溶解后过

滤,加热至 85 ℃杀菌 30 min。

（2）加稳定剂成分：$CaCl_2$ 0.04％（质量分数），淀粉 0.5％。淀粉事先用少量凉水浸湿后加入乳中,同时搅拌几分钟使淀粉糊化。

（3）将杀菌乳移至冷却水中冷却,当温度降至 37～45 ℃时加入发酵剂,添加量为 5％（质量分数）,发酵剂加入之前要搅拌并与少量杀菌乳混匀,并置于恒温箱活化半小时,加入时要不断搅拌,搅拌菌种时要无菌操作。

（4）灌装,将接种好的乳快速、无菌地灌装于 150～200 mL 的容器中,容器必须事先干热灭菌或保持无菌,灌装后马上封盖移至 42～45 ℃的恒温箱中培养发酵,发酵时间在 2.5～3 h,发酵好的酸乳凝固无流动,无乳清分离,pH 为 3.8～4.2,发酵结束后于 5 ℃下储藏。

（5）也可以在接种后不进行灌装,而是先进行恒温培养发酵,发酵达到要求后再灌装,这种加工方法称为先发酵后灌装,可在灌装时加入果酱,称为搅拌型酸乳。

五、注意事项

（1）实验中采用先灌装后发酵的方法,要注意加发酵剂后应尽快分装完毕。

（2）无论采用哪种发酵法,都切勿在发酵过程中搅拌或摇晃。

（3）无菌操作,防止二次污染。

六、实训报告

根据实训结果,写出实训报告。

实训四　啤酒的酿造

一、实训目的

通过实训,掌握生啤的酿造过程和技术要点。

二、实训原理

啤酒是以大麦为主要原料,经发芽、糖化、酵母发酵而成的酿造酒。它含有低浓度的酒精,又含二氧化碳,适于作清凉饮料。

三、仪器与材料

麦芽粉碎机、糖化锅、过滤槽、麦芽汁煮沸锅、薄板冷却器、试管、三角烧瓶、卡氏罐、繁殖槽、贮酒桶、发酵罐、手持糖度计。

大麦芽、酒花、水、啤酒酵母。

四、操作步骤

1. 麦芽汁的制备

用麦芽粉碎机将 8 kg 麦芽粉碎,麦皮破而不碎。再将 40 L 水加入糖化锅,升温至 50 ℃,加麦芽粉搅拌均匀,保温 60～90 min,缓缓升温至 63～65 ℃,保温 1 h,然后升温至 75～78 ℃,送过滤槽立即过滤,并加少量水洗槽。

把过滤好的麦芽汁送入麦芽汁煮沸锅煮沸,加酒花 40 g,初沸时加入苦花,近结束时加入香花。煮沸时间 60～90 min,用手持糖度计测定糖度,至规定浓度 10°Bx,再冷却至 6～8 ℃,麦芽汁 pH 5.2～5.6,备用。

2. 发酵

将 40 L 麦芽汁加入发酵罐,接入酵母菌,按 1% 量接种,起始温度为 9 ℃,维持 24 h,然后升温 12 ℃,保压 4～5 d 进行发酵,然后降温到 5 ℃(此时可以回收酵母),维持 24 h。以后每天降温 0.5 ℃,至 0 ℃,品尝,若双乙酰味浓,可以在罐中保藏几天,直到口感适宜,即可饮用。

五、实训报告

根据实训结果,写出实训报告。

 项目小结

发酵工程是将微生物学、生物化学和化学工程的基本原理有机结合起来,利用微生物的生长和代谢活动来生产各种有用物质的工程技术。目前,已知具有生产价值的发酵有微生物菌体发酵、微生物酶发酵、生物代谢产物发酵、微生物的转化发酵和生物工程细胞的发酵五种。

由于微生物具有种类繁多、繁殖速度快、代谢能力强等优点,因此,微生物在发酵工程被广泛应用。工业上常用的微生物主要是细菌、放线菌、酵母菌和霉菌。除此之外,藻类、病毒等也正逐步变为工业生产常用的微生物。

发酵工艺多种多样,但基本上包括菌种制备、种子培养、发酵和提取、精制等下游处理几个过程。发酵过程中,为了能对生产过程进行必要的控制,需要对有关工艺参数进行定期取样测定或进行连续测量。其中,温度、pH、溶解氧浓度等对发酵过程影响较大。根据微生物的好氧、厌氧之分,其培养装置也相应分为好氧发酵设备与厌氧发酵设备。此外,发酵类型可根据操作方式的不同分为分批发酵、连续发酵、补料分批发酵和固体发酵四种类型。

发酵生产的下游加工过程由于种种原因逐渐受到人们重视。一般可分为发酵液预处理和固液分离、提取、精制以及成品加工四个阶段。

以酒类发酵、氨基酸发酵、有机酸发酵、单细胞蛋白的发酵生产、食用菌的发酵生产、食品添加剂的发酵生产、生物活性物质的发酵生产来举例说明发酵工程在食品工业中的应用。

复习思考题

1. 试述发酵工程的含义。
2. 目前具有生产价值的发酵产物有哪些种类?
3. 发酵常用微生物有哪些种类?
4. 发酵工业中的培养基可分为哪几种类型? 发酵培养基由哪些成分组成?
5. 比较分批发酵、连续发酵和补料分批发酵的优缺点。
6. 下游过程分哪几个步骤? 相应的分离方法有哪些?
7. 影响发酵的各因素如何控制?
8. 简述不同原料酒精发酵的机理。
9. 简述谷氨酸的发酵工艺控制。
10. 氨基酸在食品工艺中有何用途?
11. 常用的谷氨酸菌种有哪些?
12. 谷氨酸、柠檬酸发酵生产中如何控制影响因素?
13. 谷氨酸、柠檬酸的提取方法有哪些?
14. 简述食用菌生产的发酵控制及生产实例。
15. 黄原胶的性质和发酵方法是什么?
16. 维生素 A 和维生素 B_2 对人体的作用及发酵的菌种分别是什么?
17. 黄原胶在食品中的应用及对人体的营养价值是什么?
18. 试述单细胞发酵的方法。
19. 食用菌发酵的方法及发酵过程的控制因素是什么?
20. 食用菌发酵终点如何判断?

项目六

细胞工程及其在食品工业中的应用

 知识目标

　　了解细胞工程的概念及细胞工程中的基本技术及发展概况；掌握动物细胞及植物细胞的培养方法；掌握原生质体的制备方法及原生质体融合的方法和步骤；了解细胞工程在食品工业中的应用。

 能力目标

　　通过学习，了解细胞工程在酵母菌育种、氨基酸生产菌育种、酶制剂生产菌育种、食品添加剂生产等方面都有实际的应用。掌握利用细胞工程技术进行西洋参细胞培养和生产大蒜中 SOD 的生产实例。

任务一　细胞工程概述

一、细胞工程技术概述

（一）细胞工程技术的概念

　　随着细胞生物学和分子生物学的不断发展，20 世纪 80 年代出现了细胞工程这一概念。细胞工程是现代生物技术的一个重要组成部分，是细胞水平上的生物工程。细胞工程是以细胞为基本单位，在体外条件下进行培养、繁殖或人为地使细胞的某些遗传特性按人们的意愿发生改变，从而达到加速动植物个体繁育、改良品种、创造新品种及获得某些有用的物质的目的。细胞工程是在多学科相互交叉渗透、互相促进的基础上发展起来的，它涉及细胞生物学、遗传学、生物化学、生理学、分子生物学、发育生物学、发酵工程等学科。

（二）细胞工程技术研究的内容

细胞工程以动物细胞、植物细胞和微生物细胞为研究对象，根据改造遗传物质的不同操作层次，分为大规模细胞培养、细胞融合、细胞拆合（核移植、细胞器移植）、胚胎工程（胚胎培养、胚胎移植）、染色体工程等。

1. 细胞培养

细胞是生物体基本的结构与功能单位，细胞培养是指微生物细胞、植物细胞和动物细胞在人工提供的体外条件下进行生长和繁殖。细胞培养可分为三个层次：单个细胞培养、组织培养和器官培养。微生物细胞培养在大多数情况下被划分到发酵工程的范畴。以微生物细胞为研究对象进行细胞培养，具有其自身的优点，最典型的是繁殖速度快、发酵周期短，要求的培养条件简单。植物细胞和原生质体的培养可以用于育种，也可用于优良植株的快速生长，而且在种子的储藏和获得有用次生代谢产物方面发挥着重要作用；动物细胞培养多用于产生有价值的细胞产物，如疫苗，而在利用动物细胞培养进行产品检测和疾病治疗方面也有广泛的应用。

2. 细胞融合

细胞融合是利用人工和自然的方法将两个或几个不同亲本细胞融合成一个细胞，用于改良或创造新的物种及生产单克隆抗体等。细胞融合技术一般分为四个步骤：①细胞标记，在进行细胞融合之前，首先对要进行融合的细胞进行遗传标记；②原生质体的制备，微生物细胞和植物细胞具有坚韧的细胞壁，阻碍着细胞质的接触，所以利用酶法去除细胞壁得到球状原生质体或原生质体球；③诱导细胞融合，将两种或两种以上待融合的细胞（原生质体），按照一定比例置于高渗溶液中，并混合均匀，向溶液中加入诱导剂或用物理的方法促进细胞之间的融合；④筛选杂合细胞，在特定的筛选培养基上，利用预先标记好的遗传标记筛选出具有双亲遗传特性的杂合细胞。

3. 细胞拆合

细胞拆合是通过物理或化学的方法将完整细胞的细胞核和细胞质分离开，或将细胞核吸取出来，再将同种或异种的细胞核和细胞质重新组合起来，培育成新的细胞或新的生物个体的过程，也包括各种细胞器的分离和重新组合。最早采用的细胞拆合技术是利用紫外线或激光先将细胞核破坏，再用特殊的微吸管将其他细胞核注入。后来随着显微外科手术技术的不断发展，将其与细胞融合技术相结合，用微吸管将细胞核吸出，再注入其他去核细胞中，让其发生融合。

4. 胚胎工程

胚胎工程技术是一项综合性繁殖生物学技术，主要包括体胚胎移植和分割技术、卵母细胞体外成熟和移植技术、胚胎冷冻保存、克隆动物及临床移植治疗疾病等。

5. 染色体工程

染色体工程主要是按照人们的意愿添加或消减生物体的染色体，或用其他生物的染色体进行替换。染色体工程可以分为动物染色体工程和植物染色体工程。动物染色体工程主要是采用微操作技术达到基因转移的目的，植物染色体工程主要是利用传统的杂交技术来添加、消减或置换基因。

6. 其他技术

随着各个科学领域的不断发展,细胞工程中出现了多元化技术,动物克隆和干细胞技术等发展迅猛。同时这些技术在食品、医药等领域应用广泛,而且生物技术中的很多高新技术是在细胞工程基础上发展起来的,随着细胞工程技术研究的不断深入,它的前景和产生的影响将会日益显现出来。

(三)细胞工程的发展

细胞工程的理论是在细胞学说和细胞全能性学说的基础产生的,1839 年,Schwann 和 Schleiden 建立了细胞学说,这一学说的建立标志着细胞学研究进入飞速发展的阶段;1902 年德国学者 Haberlandt 在论文《植物细胞立体培养实验》中提出了细胞全能性的观点。1904 年 Hauml 等人进行了幼胚的立体培养,在提供了适合的营养物质和成长环境的培养基上,培养萝卜和辣根菜的幼胚,发现离体幼胚在培养基上得到充分发育,并且提前萌发成苗。1925 年,Laibach 进行亚麻种间幼胚杂交实验获得成功,并得到杂交种。从 20 世纪 20 年代起,人们发现植物中有很多具有显著经济价值和药用价值的物质用人工的方法难以合成,随着环境的恶化不断消亡,利用植物细胞或组织的大规模培养能很好地解决这一问题,生产人们所需的目的产物,而且产量大,速度快。1937 年,White 等人发现离体的植物组织在人工合成培养基上能够很好地生长,从而建立了植物组织的一系列连续培养物,奠定了现代组织培养的基础。20 世纪 60 年代初,Cocking 等人用纤维素酶来分离植物原生质体并获得成功。到目前为止,组织培养、原生质体培养、细胞融合已在许多植物上获得再生成功。

在动物学界,1907 年,美国生物学家 Harrison 用盖玻片悬滴培养蛙胚神经组织,发现该细胞存活数周,而且观察到细胞出现生长现象,开创了动物细胞培养的先河。20 世纪 50 年代动物细胞的大规模培养,使得很多生物活性物质得以生产,如疫苗、激素等。1975 年,Milstein 和 Geoger、Kohler 将免疫小鼠的脾细胞和小鼠骨髓瘤细胞进行融合,获得的杂交瘤细胞既能在体外无限繁殖,又能产生特异性抗体,有力地促进了免疫学的发展。1997 年,Wilmut 领导的小组用乳腺细胞的细胞核克隆出了一只绵羊"多莉(Dolly)",即证实了体细胞核的遗传全能性,也翻开了人类以体细胞核克隆哺乳动物的新篇章。1998 年,美国 Thomson 等成功地培养出了人类胚胎干细胞,保持了胚胎干细胞分化为各种体细胞的全能性。这一研究使得利用人类干细胞在体外培育所需的细胞、组织甚至器官,在临床医学上替换病变或损坏组织器官不再是天方夜谭。

细胞工程的出现是生命科学的一项重大发现,彻底改变了传统生命科学的被动状态,使人类可以克服物种之间的遗传屏障,按照自己的愿望,定向培养和改变现有物种的性状和创造出新的生命形态,以满足人们的要求。细胞工程必将影响 21 世纪人类的生存质量和经济发展。

二、细胞融合技术

(一)细胞融合技术研究进展

自然界中"自发"的细胞融合现象很早就为人们发现,早在 1912 年,Lamnbert 发现了

多核细胞的形成过程,1938年,Muller就发现肿瘤细胞能在体内自发地融合产生多核的肿瘤细胞。1950年,法国学者Barski观察到两种细胞混合培养时,自发地产生了融合现象;1953年,科学家Weibull首次利用溶菌酶制备出原生质体;1975年,Lange第一个观察到脊椎动物(蛙类)的血液细胞发生合并现象,以后陆续又有科学家发现无脊椎动物中也存在细胞合并现象。1937年,Michel用硝酸钠处理原生质体使之凝集、融合,但因为当时实验条件的限制,原生质体不能大量获得,因此,植物原生质体融合的起步要比动物细胞融合晚。20世纪50年代,日本学者冈田善雄采用紫外线将仙台病毒灭活,然后用它在体外诱导艾氏腹水瘤细胞发生融合。1960年,Cocking采用酶法大量制备原生质体获得成功,植物原生质体的融合工作才迅速发展起来。1972年美国科学家Carlson等将粉蓝烟草和郎氏烟草两个异体细胞融合成功,获得了第一个体细胞杂种植株。1974年,科学家Kao经过研究发现利用聚乙二醇(PEG)在Ca^{2+}参与的条件下能够促进植物原生质体的融合,并且可显著提高其融合率,后来研究表明聚乙二醇的促进作用不止局限在植物原生质体,原核生物细胞与真核生物细胞、动物细胞与植物细胞、人细胞与植物细胞都可以发生融合。1978年,Melchers进行了马铃薯和番茄的融合实验,获得了第一个属间杂种植株。20世纪80年代以后融合方法不再局限于利用化学试剂诱导细胞融合,出现了电融合技术、电磁融合技术、激光融合技术等,使细胞融合技术日渐成熟。

(二)细胞融合技术的内涵

细胞融合是指在自发或人工诱导下,两个或两个以上异源细胞相互接触后,其细胞膜中双层磷脂结构发生重新排列,细胞合并,染色体等遗传物质发生重新组合的过程。动物细胞不存在细胞壁,而植物细胞具有坚硬的细胞壁,在融合之前需要用除壁酶对其进行处理,经过除壁后的原生质体相互接触进行融合,这种融合也称为原生质融合。

现代细胞生物学研究表明,细胞膜是一种双层磷脂结构,蛋白质分子镶嵌在其中,这种结构具有很好的流动性,易于细胞相互融合,要实现不同细胞之间的融合,首先要将细胞彼此靠近,克服静电力、水合力等作用,由于膜具有的流动性,膜分子相互渗透,发生重新组合,构成不稳定的中间体,两细胞内的物质相互接触,遗传物质发生重组,最后融合完毕,膜的新双层构象又重新形成,构成杂合细胞。

细胞融合技术有效地克服了细胞天然性结合的屏障,并可进行遗传标记、改良品种、创造新品、遗传育种等,因此,细胞工程的发展将会给人类社会带来巨大的现实意义。

(三)促进细胞融合方法

在自然条件下细胞之间发生自发融合的概率很小,只有$10^{-6}\sim10^{-4}$,细胞融合技术的出现大大改变了这一状况,但细胞融合技术也经历了一个发展过程,现在已经建立了多种细胞融合技术。早期人们采用了多种方法进行细胞融合,科学家将两种不同的原生质体紧密地挤在一起利用离心力促进融合,或将原生质体放入冷的渗透稳定剂中进行凝聚,但效果都不好。20世纪60年代,利用病毒促进细胞融合,开创了人工细胞融合技术的新领域,70年代采用化学试剂诱导融合,成为细胞融合的主要手段,并被广泛使用。80年代出现了电转化技术,配套的仪器也相继诞生。随着细胞工程的不断发展,细胞融合技术也日新月异,方法多种多样,归结起来主要有以下几种。

1. 病毒诱导细胞融合

许多病毒能诱导细胞融合，如仙台病毒、疱疹病毒、天花病毒、黏液病毒等，其中仙台病毒（HVJ）是最早应用于动物细胞融合的细胞融合剂。仙台病毒是一种副流感病毒，直径为 50～600 nm，表面呈不规则形状，外膜由双层磷脂构成，外表面有许多 8～10 nm 的突起物，膜内包裹着 RNA 和蛋白质的复合体，而且仙台病毒具有毒力低、对人体危害小、很容易被紫外线或 β-丙炔内酯所灭活等优点，因此，它成为生物学中最常用的细胞融合剂。

病毒介导细胞融合的过程，与病毒和细胞的种类、病毒数量、温度和环境中离子强度等条件有关。应用病毒进行诱导时，需要对病毒进行灭活处理，融合过程刚开始，细胞表面要吸附足够数量的病毒粒子，接着细胞发生凝聚，病毒使相邻细胞的细胞膜发生融合，细胞质得以相互交流，最后形成融合细胞。

病毒诱导细胞融合具有很多的缺点，如病毒具有致病性与寄生性、制备比较困难、实验重复性不够、灭活不完全等，所以近年来已不多用。

2. 化学诱导融合

20 世纪 70 年代以来，化学融合剂得到了快速的发展，应用也非常广泛，常用的化学融合剂有聚乙二醇（PEG）、二甲亚砜（DMSO）、甘油乙酸酯、油酸、磷脂酸胆碱、水溶性蛋白质和多肽等，在 Ca^{2+} 配合物存在下均可促进细胞融合。

PEG 是众多化学融合剂中应用最广泛的融合剂，与病毒相比更易制备和控制，活性稳定、使用方便，促进细胞融合的能力最强。PEG 是乙二醇的多聚体，白色微带黄色的蜡状固体，相对分子质量为 200～6 000，水溶性极强。在液相介质中，其表面的许多醚键带有负电荷，通过 Ca^{2+} 参与，将带有正电荷的表面蛋白和带负电荷的糖蛋白连接在一起，使细胞发生聚合，同时由于 PEG 与水分子以氢键结合，使溶液中自由水消失，使细胞脱水而发生膜质变化，导致细胞融合。

使用化学融合剂时，必须有 Ca^{2+} 参与，Ca^{2+} 与 PO_4^{3-} 形成水不溶性配合物，构成细胞间的钙桥，促使细胞融合。但也存在一定的问题：首先，使用浓度有一定的局限性，而且对细胞的毒害也比较大；其次，诱导产生率也停留在 10^{-5} 数量级的水平，相对比较低。

3. 电处理融合

细胞电处理融合技术就是指在电场中，细胞极化成偶极分子，沿电力线排列成串，并且彼此紧密接触，然后采用高压、短时脉冲电流轰击细胞膜，使细胞膜形成纳米微口，从而使相互靠近的两个或几个细胞产生融合。

20 世纪 80 年代初，Zimnermann 等人发展了较为成熟的电诱导原生质体融合技术。4 μm 球状细胞压强度为 3 kV/cm 时，细胞膜的电压达到 1 V 以上，细胞膜发生降解，如果两极之间距离为 200 μm，要达到 3 kV/cm 强度所需电压为 60 V，当细胞处于电场中，由于电场力作用，正、负电荷排列在细胞膜两面，细胞膜就产生电势，电势的大小与外加电场强度以及细胞的半径成正比，排列在细胞膜两面的正、负电荷发生吸引作用，使细胞膜变薄，随着外加电场强度升高，吸引作用增加，当膜电势增强到临界电势时，细胞膜处于临界膜厚度，导致发生局部不稳定和降解，从而形成微孔。此操作必须在一定的温度条件下进行，不同的温度微孔产生的时间也不同，4 ℃时膜微孔可存在 30 min，37 ℃时膜微孔只

能存在几秒至几分钟。电处理融合技术除了使细胞膜产生微孔之外,还需要原生质体紧密接触,采用双向电泳技术使原生质体受到一个非均匀交流电场(kHz级到MHz级)的作用,呈链状紧密靠拢排列。

电处理融合技术是一种可控式细胞融合技术,其融合率高,重复性好,操作简便、快速,没有残留毒性,而且具有普遍性,可用于动物细胞、植物细胞和微生物等各类细胞。但电处理融合技术不适合大小相差较大的原生质体融合,加上设备昂贵等因素,在实际应用上也受到一定的限制。

4. 其他方法融合

近年来,随着现代科学技术的不断发展,又出现了一些新的促进细胞融合的方法及电处理融合技术的改进方法。

(1)激光融合细胞 激光融合技术又称为激光细胞焊接,早在1987年,德国海德堡理化研究所就报道了利用激光诱导哺乳动物和植物原生质体融合的过程,整个过程只需要几秒钟,而且融合后的细胞仍运动,证明细胞是存活的。激光融合技术具有很多优点,可以在不接触的情况下进行任意两个细胞的非接触融合,安全且易于操作,并且能够观察整个细胞的融合过程。

(2)细胞物理聚集电融合法 细胞物理聚集电融合法包括磁-电融合技术和超声-电融合技术。Vienken等研究发现,采用1.0 MHz的超声波有助于细胞的融合,其优点是不需要进行细胞的前处理。

(3)细胞化学聚集电融合法 细胞化学聚集电融合法是采用PEG、伴刀豆蛋白A等作为聚合剂促进细胞聚合接触,并加以高压短时脉冲电压促使细胞融合,融合后洗去聚合剂进行细胞培养。此法能够取得明显效果。

(4)特异性电融合法 特异性电融合法是利用特异性结合促进细胞聚集,并与电融合法连用诱导细胞融合的方法。胡强华等人用3-(2-吡啶二巯基)丙酸N-羟基琥珀酰亚胺酯(SPDP)双功能试剂将抗原标记在骨髓瘤细胞上,利用抗原-抗体特异性结合,制备转铁蛋白的抗体,特异性抗体阳性可达100%。

(四)细胞融合技术的应用

细胞融合技术在农业、工业、医药等领域已经取得了开创性的研究进展,应用领域也不断扩大,动物、植物和微生物细胞融合技术不论在基础理论,还是实际应用方面都在不断地完善。

1. 动物细胞融合技术的应用

动物细胞融合技术在实际应用方面也有重大发展,细胞融合已在细胞水平上改变动物细胞的遗传性,用于生产单克隆抗体、疫苗等特定的生物制品,缩短动物的育种周期,改良培育动物新品种等方面;动物细胞融合技术在生物学范畴也有重大突破,对研究细胞分化、基因定位、肿瘤发生机制等方面有着重要意义;在基础理论研究上,动物细胞融合技术在药物定向释放系统、细胞治疗以及抗肿瘤免疫等方面起到重要的作用;除此之外,动物细胞融合的应用还涉及生物学的各个分支学科,特别是在绘制人类基因图谱方面取得了显著成绩。

2. 植物细胞融合技术的应用

植物细胞融合不是简单的双亲遗传物质的堆积,而是发生复杂的遗传重组,这是改良作物所需要的,目前,植物细胞融合技术主要用于扩大变异。同时细胞融合技术也可将带有抗药性等细胞质的细胞与其他细胞进行融合,形成新的杂合细胞,使杂合细胞具有特殊功能。在生产应用研究方面,植物细胞融合技术在育种上有着重要意义,可以通过诱导不同的种间、属间甚至不同科间原生质体的融合,打破有性杂交不亲和性的界限,从而获得有性杂交无法获得的新品种。另外,通过细胞融合改变细胞的遗传特性,为某些珍稀植物的快速繁殖和复壮提供可行的方法,同时也可为种质的保存、无性系的繁殖和生产有用物质提供有效的保障。

3. 微生物细胞融合技术的应用

对微生物而言,细胞融合技术主要用于改良目的菌种特性、提高有用产物的产量、使菌种获得新的性状、合成新产物等。目前,微生物细胞融合的对象已扩展到酵母、霉菌、细菌、放线菌等多种微生物。不同微生物进行种间以至属间的融合,可培育出各种新菌种,应用于不同领域。

微生物细胞融合的一项突出应用是生物制药,如抗生素、生物活性物质、疫苗等的生产;另一方面的突出应用就是为发酵工业提供优良菌种,如日本国税厅酿造试验所将酿酒酵母与糖化酵母进行融合,获得的种间杂合子不仅具有糖化能力,而且具有发酵能力,利用此优良的高性能杂合子酿造西班牙谢利白葡萄酒获得成功。

三、动物细胞工程及其应用

动物细胞工程是细胞工程的一个重要组成部分,主要是从细胞生物学和分子生物学方面,根据人类的需要,一方面改造生物遗传特性,另一方面应用工程技术手段,进行大规模细胞培养,以获得目的细胞、有用代谢产物和可利用动物体。利用动物细胞培养技术生产各种特殊生物制品是植物、微生物细胞培养所无法取代的。例如,在生产中发现许多目的产物只能通过动物细胞培养获得,经研究表明,这是由于许多生物活性蛋白质不能在微生物细胞、植物细胞中表达,而只能在动物细胞中表达。另外,在动物细胞的培养过程中不易受到外源毒素的污染,这是原核细胞培养所无法具备的优点。

由于各类细胞的生物学特性存在差异,所需要的培养条件也不相同,单一的培养条件不可能适用于多种细胞。而动物细胞的结构和组成及生长所需的条件基本相同,进行体外培养有很多共同的特性:动物细胞没有细胞壁,大多数需要附着在固体或半固体培养基上生长,除需植物细胞培养、微生物细胞培养所需要的营养成分之外,还需要在培养基中加入血清成分;动物细胞对生长环境很敏感,需要在无菌状态下,创造能够高密度、长时间培养的条件。如果满足基本培养条件,大多数动物细胞都可以正常生长,对于特殊种类的细胞,只要调整培养条件就可以生长繁殖。下面介绍基本的培养基条件和培养方式。

(一)培养基的分类

培养基是供微生物、植物和动物组织生长和维持用的天然的或人工配制的养料,一般含有碳水化合物、含氮物质、无机盐(包括微量元素)以及维生素和水等。培养基除提供体

外培养细胞生长繁殖的基本营养物质,还为其创造生存环境。动物细胞培养所用培养基可分为平衡盐溶液(BSS)、天然培养基、合成培养基和无血清培养基。

1. 平衡盐溶液(BSS)

平衡盐溶液主要是由无机盐和葡萄糖组成,本身具有维持细胞渗透压,保持 pH 稳定的作用,同时也能供给细胞生存所需的能量和无机离子成分,主要用做冲洗组织和细胞以及配制各种培养液的基础溶液。最简单的 BSS 是 Ringer 生理盐水,各种 BSS 的区别主要是无机盐的种类、浓度及缓冲系统不同,在应用中根据实际情况进行选择。

2. 天然培养基

天然培养基也称复合培养基,是含有化学成分还不清楚或化学成分不恒定的天然有机物。天然培养基使用最早,主要是将直接取自动物体液或从动物组织分离提取的天然物质作为动物细胞或组织培养的培养基。天然培养基种类很多,包括生物性液体(如血清)、组织浸液(如胚胎浸液)、凝固剂(如血浆)等。其优点是含有丰富的营养物质及各种细胞生长因子、激素类物质,渗透压、pH 等也与体内环境相似,能维持细胞正常的生长繁殖,保护细胞的各种生物学性状,培养效果良好;缺点是属于成分不明确的混合物,组成复杂,来源受限,制作过程复杂,批次间差异大。目前,常见的天然培养基有水解乳蛋白和新生牛血清。在实际应用中,往往将天然培养基和合成培养基结合使用。

3. 合成培养基

1951 年 Earle 开发了供动物细胞体外生长的人工合成培养基(MEM)。合成培养基根据细胞所需要的营养成分,通过顺序加入准确称量的高纯度化学试剂与蒸馏水配制而成,其主要包括氨基酸、维生素、碳水化合物、无机盐和一些特殊成分。合成培养基种类多、成分已知,便于控制实验条件,而且虽然各种培养基是针对不同的细胞设计的,但实际上每种培养基都可以适合多种细胞培养。合成培养基的应用对动物细胞培养技术的发展有很大的推动力,但有很多天然的未知成分尚无法用已知的化学成分所替代,因此,现阶段多数人工合成的培养基只能满足动物细胞生存的要求,为了能够使细胞更好地生长繁殖,就要在基础合成培养基中加入一定量的天然成分,以弥补基础合成培养基的营养不足,最常添加的是一定量的血清。

动物血清是动物细胞培养中最常用的添加物和天然培养基,血清中含有丰富的营养成分,包括脂类、蛋白质、无机盐、维生素、激素等有效成分,能维持细胞的正常生长繁殖,但血清中也存在一些对细胞的生长和繁殖有害的成分,如免疫球蛋白、生长抑制因子等。另外血清成分复杂,各种生物分子混合在一起,有些成分至今尚不清楚,不同动物、不同批次之间也存在较大的差异。血清虽对细胞生长很有效,后期对培养产物的分离、提纯以及检测会造成一定困难。常用的动物血清主要是牛血清,其中胎牛血清质量较高,但是来源有限,成本高,限制了它的大量使用。实验室常用的是牛犊血清。

4. 无血清培养基

无血清培养基就是全部采用已知的营养成分,不需要添加血清就可以维持细胞在体外生长繁殖的合成培养基。无血清培养基一般是由基础培养基和代血清的补充因子组成。代血清的细胞生长因子现已发现几十种,包括必需补充因子和特殊补充因子。前者包括动物细胞生长所需要的胰岛素和转铁蛋白。后者包括:①生长因子,如表皮生长因子、神经生长因子、血小板生长因子等;②贴壁因子,如纤粘蛋白、胶原、多聚赖氨酸和激素等。

无血清培养基优势在于避免了血清对细胞培养的污染、毒性作用以及对产物纯化和检测等的不良影响,而且具备其他培养基无法达到的效果。虽然基础培养基加少量血清所配制的完全培养基可以满足大部分细胞培养的要求,但对于有些特殊实验,完全培养基就不适合了。例如,了解某一生长因子在细胞生长繁殖中起的作用,这需要排除其他生长因子的干扰作用,而血清中存在多种生长因子;又如需要获得细胞生长繁殖过程中分泌的特定产物(抗体、生长因子等)。无血清培养基弱势在于增加了成本,针对性太强,一种无血清培养基一般只适用于一种或一类细胞的培养,不具有普遍性。

(二) 动物细胞培养方法

根据培养物的细胞生物学,动物细胞的体外培养可分为原代培养和传代培养。原代培养也称为初代培养,指直接从机体取出细胞、组织和器官进行初次培养的过程。初次培养的细胞大约增殖 10 代左右,通常这一范围内的培养细胞称为原代细胞。将原代培养物重新接种到另外的培养基内继续进行培养,这个过程称为传代培养。在体外环境条件下,继续转接培养传代的细胞称为传代细胞。当原代细胞培养成功后,随着时间的延长和细胞数的不断增加,一方面细胞之间的密度增加,发生接触性抑制,另一方面也因营养物质的不断消耗和代谢产物的不断积累不利于生长或造成中毒,此时就需要对原代细胞进行传代培养。根据细胞生长方式的不同,体外培养细胞可分为贴壁依赖性细胞和非贴壁依赖性细胞两种。贴壁依赖性细胞生长时需要附着在某些固相或半固相基质表面,大多数动物细胞属于此类细胞。非贴壁依赖性细胞生长时不需要贴壁,悬浮在培养基中生长,此类型细胞包括血细胞、淋巴细胞、肿瘤细胞等。

1. 动物细胞培养步骤

(1) 动物细胞培养的一般程序:

机体组织→切碎→酶处理得单个细胞→培养→扩大培养

(2) 动物细胞的体外培养一般可分为以下三步。

第一步:在无菌条件下,按要求从动物体内取出适量组织,用培养液漂洗干净,去除多余部分后将组织剪切成小薄片。

第二步:将组织小薄片放入一定浓度的酶与辅助物的溶液中离散细胞,不同组织采用的酶液也不相同,主要有胰蛋白酶、胶原蛋白酶等。有时根据需要也可将几种酶进行协同作用。

第三步:将分散的细胞进行洗涤并纯化后,以适宜的浓度加在培养基中,在适宜的条件下进行培养,并适时进行传代。

2. 动物细胞培养方法

(1) 贴壁培养 贴壁培养是指细胞贴附在一定的固相表面进行的培养,主要适用于培养贴壁依赖性细胞。大多数动物细胞没有细胞壁,培养时需要附着在固相或半固相基质上才可生长繁殖。动物细胞与基质一经接触,迅速铺展,在其表面生长,一般在数天后就铺满整个生长表面,形成致密的细胞单层。培养贴壁依赖性细胞最初采用转瓶培养。

转瓶培养通常用于中小规模培养，或作为大规模培养的过渡阶段，细胞接种在圆筒形转瓶中，培养过程中转瓶不断旋转，使细胞交替接触培养液和空气，从而提供较好的传质和传热条件。转瓶培养的优点在于其结构简单、投资少、技术成熟、重复性好；缺点是劳动强度大，占用空间大，单位体积提供细胞生长的表面积小，对环境条件要求高，难以监测。20世纪70年代迅速发展起来的微载体培养逐渐取代了转瓶培养。细胞在生长过程可以贴附在微载体表面，并悬浮在培养基中生长。采用微载体系统可以增加载体的比表面积，使细胞的生长环境均一，提高单位体积的细胞产率，而且细胞培养条件易于控制和监测。微载体系统的优点正不断显现，应用范围也越来越广。

（2）悬浮培养　悬浮培养是采用搅拌、振荡等方式让细胞在培养基中悬浮生长或维持。主要适用于非贴壁依赖性细胞的培养，某些贴壁依赖性细胞经过适应和选择也可用此方法培养。20世纪60年代出现的灌注悬浮培养法非常适合细胞的大规模培养，在以后的几十年中得到了迅速的发展。该培养方法的特点是在反应器中连续灌注新鲜的培养基，同时流出旧的培养液，培养系统内培养液量维持恒定，细胞能在接近恒定状态下生长和繁殖，并保持旺盛的生长状态。此法培养的目标产物的密度可以提高10倍以上。这个反应系统中采用磁力驱动尼龙丝桨叶进行搅动，pH、温度、溶解氧量等均可控制，流出的旧培养液经过滤器过滤，防止细胞随其一并流出。灌注悬浮培养法的出现为细胞大规模培养开辟了广阔天地。

（3）大规模培养　动物细胞大规模培养是指通过人工控制培养条件，在细胞生物反应器中对动物细胞进行高密度大规模培养，不仅可以获得大量有价值的细胞，还可以利用细胞的代谢生产目的生物活性物质，包括各种疫苗、干扰素、单克隆抗体等。目前，可大规模培养的动物细胞有鸡胚、猪肾、猴肾等原代细胞及人二倍体、BHK-21（仓鼠肾细胞）等。

动物细胞是一种无细胞壁的真核细胞，对外界环境敏感、生长速度慢，对培养系统的要求高，采用生物化工技术进行动物细胞大规模培养，除提供满足细胞培养过程必需的营养物质外，还必须建立合理的细胞培养反应器。自20世纪70年代以来，对细胞培养反应器的研究发展很快，反应器种类越来越多，容量越来越大，不断开发出多种适用于大规模培养动物细胞的培养系统。

①中空纤维培养系统　中空纤维是一种圆柱形的微小透滤材料，形状类似于喝水用的吸管，直径只有200 μm左右，多为醋酸纤维或硝酸纤维构成的可透性滤膜，表面呈现海绵多孔状。透性滤膜的性质决定它可让水、营养物质、气体等小分子通过，蛋白质这样的大分子则不能穿过。如果有细胞因子或分泌因子存在，则可通过改变透性滤膜孔径来控制不同因素对细胞生长的影响。中空纤维培养系统的核心是由多层中空纤维构成。培养时将多层中空纤维浸没在培养基中，动物细胞被接种在中空纤维的外侧，细胞在那里能够贴壁生长，而培养基可以在纤维内不断地循环流动以提供细胞所需的营养物质和氧气。中空纤维培养系统可以在很小的体积内提供非常大的表面积，可达200 cm²/mL，从而可在非常小的体积范围内为细胞生长提供大量的贴壁空间。经中空纤维系统培养一段时间后，细胞密度可达每毫升10^8个或者更多。

②微载体培养系统　微载体培养技术是在生物反应器中加入培养基和对细胞无毒害的固体微小颗粒（为载体），使细胞在微载体的表面附着并生长，通过连续搅拌使微载体

处于悬浮状态。因此,这项技术兼具单层细胞培养和悬浮培养的优点,且是均相培养。微载体是指直径在 $50\sim250~\mu m$ 的微珠,制备材料主要有葡聚糖类、纤维素、明胶、玻璃和高分子聚合物等。由这些材料及其改良型制成的微载体主要迎合目标培养细胞的黏附特性,其表面所带的大量电荷和生长基质有利于细胞的附着、铺展和繁殖。该系统除前面所介绍的载体的比表面积大、使细胞的生长环境均一、提高单位体积的细胞产率等优点之外,也存在一些不足之处,如载体表面的细胞易受到剪切损伤,其系统中氧的传递受到限制,微载体价格较贵,一般不能重复使用,微载体的浓度影响细胞的密度和生理活性,在培养后期老化的细胞极易从微载体上脱落。

目前开发的微载体仍不能满足实践的需要,科学家还在致力于开发理想的微载体,其标准是:对细胞无毒害;表面为亲水性,带适量电荷使细胞易于附着生长;密度略大于培养基;珠径分布均匀;有明晰透明的光学特性,便于显微镜观察;耐受一定的温度和压力,表面光滑有弹性,可以减少细胞的损伤;不吸收培养基中的营养成分;价格低廉,能重复利用。

③ 微囊培养系统 微囊培养系统是指在无菌条件下,将待培养的细胞、生物活性物质和生长介质共同包裹在多孔的半透膜中形成微囊,再将包裹有细胞的微囊在培养基中悬浮培养。生长介质为海藻酸钠溶液,半透膜由多聚赖氨酸形成。微囊可以让小分子营养物质进入,细胞分泌的大分子产物被截留在微囊中,收集时将微囊破开就可以得到高纯度的生物大分子产物。

微囊培养的优点是:细胞在微小的环境中受到一定的保护,可以防止在培养过程中受到物理性损伤;提高细胞的密度和产物的含量;生物大分子不能自由穿越微囊,便于产物的分离纯化。缺点是:制作过程复杂,成功率低;微囊内老龄化细胞造成产物的污染;收集产物必须破开微囊,难以实现连续化生产。

(三)动物细胞大量培养的应用

动物细胞的大规模培养直接应用在食品工业中的非常少,主要是生产植物和微生物难于生产的具有特殊功能的生物活性物质,如激素、疫苗、药用蛋白质等。不断成熟的大规模动物细胞培养技术必将在多个领域发挥它的优势。

1. 生产疫苗

疫苗是一种主要成分具有免疫原性的蛋白质,是目前利用动物细胞大规模培养技术生产的最成熟的产品。已实现商业化的产品有口蹄疫苗、狂犬病毒疫苗、脊髓灰质炎病毒疫苗、牛白血病病毒疫苗等。1983 年,英国 Wellcome 公司就已经利用动物细胞大规模培养生产口蹄疫苗。法国巴斯德研究所将含有 S 和 S_2 基因的 DNA 片段插入哺乳动物细胞内,大规模培养生产乙型肝炎疫苗。这种生产方法与以往利用活体连续接种生产减毒疫苗相比,有着明显的优越性,既可节省大量动物,又缩短了生产周期,而且安全可靠。这些疫苗的大规模生产帮助人类抵御了多种病毒性传染病。

2. 生产干扰素

干扰素是动物细胞抵御病毒感染的天然产物,是一种在同种细胞上具有广谱抗病毒活性的蛋白质。干扰素蛋白作用于细胞,使细胞产生多种其他蛋白,阻断了病毒的增殖过

程,因此,只具有抑制病毒的作用而不能杀灭病毒。20世纪70年代后期开始,许多公司和研究所采用大规模培养技术培养动物细胞,利用培养的细胞得到干扰素。英国Wellcome公司采用8000 L生物反应器培养Namalwa细胞用以生产α-干扰素来满足临床实验的需要,而英国Celltech公司采用气升式生物反应器生产α、β、γ-干扰素,这些产品已行销全世界。

3. 生产单克隆抗体

单克隆抗体在疾病诊断、人和家畜的治疗以及工业上的应用日益广泛,传统的生产方法是小鼠或大鼠的腹水瘤培养法,这种方法需要消耗大量的小鼠或大鼠,而且生产量已远远不能满足人类的需要,因此迫切需要寻求更有效的生产方法。应用大规模动物细胞培养技术生产单克隆抗体才是一条更为经济、可靠的途径。杂交瘤细胞属于半悬浮培养细胞,在大规模培养的过程中,既可以采用悬浮培养,也可以采用微载体、微囊培养。英国的Celltech公司已成功地在1000 L气升式生物反应器中采用无血清培养基培养杂交瘤细胞生产单克隆抗体。1988年,我国应用中空纤维和微载体培养系统生产抗A和抗B单克隆抗体作为血型定型试剂取得了成功。

4. 培养基因工程细胞

虽然微生物的基因工程已趋于成熟并得到广泛的应用,而动物细胞能精确地转译和加工较大的或更复杂的克隆蛋白质、结构复杂的糖蛋白,还能将人们所需的蛋白质分泌到培养基中,减少了产物的分离提纯工艺。动物细胞的转基因操作和大规模培养加以结合使得更多的生物活性成分得以投入生产,例如组织型纤维蛋白溶酶原激活剂(t-PA)的生产。t-PA是一种抗血栓药物,能够将纤维蛋白溶酶原转化为纤维蛋白溶酶,从而分解纤维蛋白(血栓),实现溶栓。1983年,Genentech公司从黑色素瘤细胞株获得t-PA的mRNA,经反转录成cDNA,与质粒重组后转入CHO细胞获得高效表达,每升培养液中含t-PA 50～80 μg。

四、植物细胞工程及其应用

1904年Hanning对萝卜和辣根进行胚培养,发现离体胚可以充分发育并且能提前形成小苗,这预示着植物细胞工程进入全新的发展阶段。1934年,美国科学家White等进行番茄离体根的培养,建立了第一个活跃生长的无性繁殖系,获得了离体培养的真正成功。几年后又建立了植物组织培养的综合培养基,为以后各植物组织培养奠定了理论基础。植物细胞的应用在20世纪60年代得到广泛的重视,70年代进入高潮阶段。伴随着相关理论和技术的迅速发展,植物细胞工程也取得了巨大的成就。迄今为止,全世界已经对近千种植物进行组织和细胞培养研究,并且通过大规模培养植物细胞生产目的代谢产物,这些产物包括食品、香料、药品、色素及生物活性物质等。

(一)植物细胞工程的含义

植物细胞工程是以植物组织和细胞培养技术为基础发展起来的一门学科,它是以组织和细胞为基本单位,在体外无菌条件下进行培养、繁殖,并重新生成植株或利用细胞的生物学特性按人们的意愿生产目标物质的过程。植物组织和细胞培养按对象可分为植物器官培养、愈伤组织培养、植物细胞培养和原生质体培养。植物器官培养是指在无菌条件下,对离体的器官进行无菌培养的过程。可作为培养的器官有根尖、茎尖、叶原基、花瓣、蕊、胚、胚珠、果实等外植体。外植体即为通过无菌操作分离出用于培养的器官和组织片段的统称。愈伤组织培养是对植物各部分组织进行培养,如茎尖分生组织、表皮组织、胚乳组织等,诱导产生愈伤组织,再经过培养分化形成植株。愈伤组织是由外植体组织经培养表面增生细胞产生的一团不定型的疏松排列的薄壁组织,一般愈伤组织中没有明显的分化组织和器官。植物细胞培养是指通过无菌操作将植物细胞从机体分离出来,接种到培养基上,在人工控制的条件下进行培养,使其生长繁殖并且得到大量细胞的过程。植物细胞培养主要依据细胞的全能性,即植物的每一个细胞在离体条件下都具有可以诱导分化形成完整植株的潜在能力。原生质体培养是指将植物细胞壁去除形成原生质体后进行培养的过程。具体方法与细胞培养相似。

(二) 植物细胞培养的基本程序

自 20 世纪 70 年代以来,随着培养基和培养技术的不断发展,不仅能够对植物细胞进行大规模培养,而且能够使高等植物细胞在离体的条件下诱发愈伤组织,再经分化形成具有芽根的完整植株,并建立植物细胞培养的专门技术,其基本程序如图 6-1 所示。

(三) 植物细胞培养的类型

植物细胞培养的理论和实际操作技术都得到深远的发展,而且逐渐成为大规模、批量化生产育苗的可靠方法,在生产上得到越来越广泛的应用。由于细胞种类的不同和生产目的的不同,植物细胞培养方法也有多种不同的分类。根据培养基的物理状态的不同,可分为固体培养和液体培养;按培养规模的大小,可分为实验室培养、小规模培养和大规模培养;根据培养方式的不同,可分为悬浮培养和固定化培养。植物细胞培养的类型如图 6-2 所示。

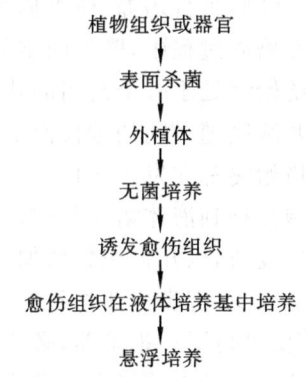

图 6-1 植物细胞培养的基本程序

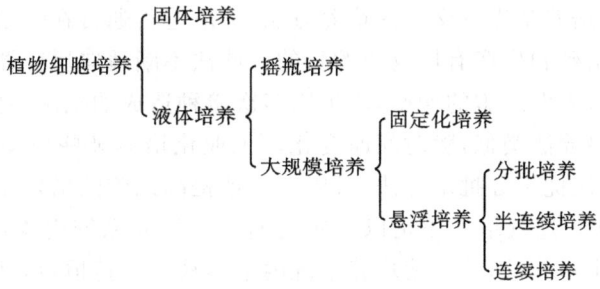

图 6-2 植物细胞培养的类型

(四) 植物细胞培养技术

植物细胞培养技术为在分子水平研究植物细胞的分化和发育提供了良好的平台,而且利用植物细胞大规模培养技术生产目的产物也得到广泛的应用。植物细胞大规模工业

化培养技术主要有植物细胞悬浮培养和植物细胞或原生质的固定化培养。前者适于大量快速地增殖细胞,但不利于次生代谢产物的积累;后者次生代谢产物含量相对较高而细胞生长较缓慢。

1. 植物细胞悬浮培养

植物细胞悬浮培养是一种使组织培养物分离成单细胞,悬浮于液体培养基中,保持良好的离散状态并不断扩增的方法。它是基于植物愈伤组织的液体培养发展起来的培养技术。悬浮培养需要获得大量单一的离散细胞,如果直接分离植物个体的组织细胞,由于分化程度的不同、生理状态的差异,势必影响培养效果,因此,在进行细胞培养时,需要提供易碎的愈伤组织进行液体振摇培养。愈伤组织能够很好地离散成为均一的单细胞。植物细胞悬浮培养的优点在于:增加了细胞与培养液的接触面积,便于营养物质的传递和交换;可带走培养物质产生的有害代谢产物,避免有害代谢产物局部浓度过高产生的影响;便于氧的传递,细胞状态基本保持均一、稳定;能够大量快速促进细胞增殖,适合大规模培养,并有利于植物某些有效成分的生产。植物细胞悬浮培养技术的基本方法有分批培养法、半连续培养法和连续培养法三种。

(1)分批培养法 分批培养是指在一个密闭系统内投入有限数量的营养物质后,接入少量细胞进行培养,使细胞生长繁殖,在特定条件下完成一个生长周期的细胞培养方法。在培养过程中,既不向培养系统中补加营养物质,也不从培养系统中放出培养液,培养系统始终处于一个封闭的状态,只有空气和挥发性代谢产物可以与外界交换。系统中培养基浓度随时间的延长而下降,细胞浓度和产物浓度随时间的延长而增加。细胞所处的环境始终都在发生变化,不能使细胞处于最佳条件下培养。细胞生长曲线一般为S形。在细胞接种到液体培养基初期很少分裂,要经历一个延滞期;然后进入对数增长期,细胞增长速度快,以几何级数增加;随后细胞数达到平衡不再增加,进入稳定期;最后随着营养物质的减少,有害代谢物质的不断积累,细胞数量开始下降,进入衰减期。分批培养结束后,若要进行下一批培养,必须另外进行继代培养,即只有更换培养基或是将细胞转移到新鲜的培养基中才能再次进行生长和繁殖。

(2)半连续培养法 半连续培养法是指将细胞和培养液装入反应器中培养一段时间后,将反应液和新鲜培养基进行交换的培养方法,反应过程通常在一定时间间隔内反复数次交换以达到细胞增殖和生产有用物质的目的。此法不断地向反应器中补加新鲜的营养物质,减少接种次数,确保细胞的增殖,避免因多次接种造成的批次间的差异,但培养细胞所处的环境与分批培养法类似,随时间而变化。工业化培养某些植物细胞或生产目的产物,采用半连续培养法优于分批培养法,可以有效地提高细胞的增殖率。

(3)连续培养法 连续培养法是以一定的速度向培养系统内添加新鲜的培养基,同时以相同的速度流出培养液,从而使培养系统内培养液量维持恒定,细胞能在接近恒定状态下生长。连续培养法由于不断添加新鲜培养基,保持营养成分的不断供给,有效地防止培养物发生营养不良的现象,同时能够使培养细胞长久保持在对数增长期,细胞的增殖速度快,适合大规模工业化生产。

连续培养的种类有封闭式连续培养和开放式连续培养。封闭式连续培养是指培养系统内添加新鲜的培养基,同时流出等量培养液,流出培养液中的细胞以机械的方式收集后,重新放入培养系统内,所以系统内的细胞是不断增加的。开放式连续培养是新鲜培养基注入的速度等于培养液流出的速度,培养细胞同培养液一并流出,当细胞的生长达到稳定状态时,流出的细胞数与系统内新增的细胞数相同,系统内的细胞密度达到恒定。

工业化生产通常采用恒浊培养和恒化培养两种方法来控制培养系统内的细胞密度。恒浊培养是人为选定一个细胞密度,用浊度法来监控细胞密度,当反应系统中细胞密度超出选定的密度时,超出的部分就会随培养液流出,以此来保证系统中的恒定细胞密度。恒浊培养时在一定范围内,细胞的增殖速率不受细胞密度和其他条件的影响。恒化培养是以恒定的速度向培养系统内注入对细胞增殖具有限制作用的物质,以控制细胞的增殖速度,保证细胞密度恒定的培养方法。恒化培养可使细胞保持稳定状态,细胞的生长、代谢方式和培养基的组成不随时间的变化而变化。

2. 植物细胞的固定化培养

1979 年,Brodelius 首次将高等植物细胞固定化培养来获得目的次生代谢产物,此后几十年,植物细胞固定化培养技术得到了长足发展,并逐渐显示出优势,为工业化细胞培养和生产目的次生代谢产物开辟了新途径。植物细胞的固定化培养是将细胞或原生质体包被在惰性载体的内部或附着在其表面,在固定化生物反应器中培养的方法。与液体培养细胞相比,其优点在于:固定化细胞生长速度要比自由悬浮细胞生长速度慢,有利于次生代谢产物的不断积累;适合于利用植物细胞大规模生产次生代谢产物;固定的细胞之间,易于建立物理、化学梯度,易于控制生产中最适宜的条件,使细胞在相对自然的环境中生长;固定化使反应活性稳定,能够长时间生产,产率高;具有较高的机械稳定性;产物易与细胞分离。

植物细胞的固定化方法主要有包埋法、吸附法和共价结合法。包埋法是目前最普遍采用的固定化方法,特别是海藻酸盐包埋法,条件温和、价格低廉、方法简单,同时高聚物又能耐受高温灭菌,广泛应用于各种类型细胞的固定化。植物细胞常用的包埋剂主要是一些多糖和高聚物,如海藻酸盐、琼脂糖、聚丙烯酰胺等。吸附法也是一种比较温和的固定化方法,是将细胞吸附在固定支持物上的细胞培养技术,应用不如包埋法广泛。共价结合法是通过共价键将植物细胞与载体相连接的方法。除此之外,将半透膜做成培养袋,把植物细胞放入其中培养的方法也取得了良好的效果。近几年来,科学家还利用植物细胞自生固定化进行细胞培养。根据植物细胞具有聚集成团的特性,将愈伤组织细胞进行液体培养,使悬浮培养的植物细胞自发聚集成具有一定分化程度的大颗粒,再进行悬浮培养。目前,一些植物已经建立起这种高密度愈伤组织颗粒培养系统,如高山红景天和烟草细胞等。

(五)植物细胞培养生物反应器的类型

植物细胞培养生物反应器的设计不仅要考虑细胞生长的条件,还要考虑有利于代谢产物的积累和纯化。理想的植物细胞培养生物反应器应该具有适宜的氧传递、良好的流动性和较低的剪切力的优点。目前已研究出多种类型的适用于植物细胞培养的生物反应器,可根据细胞的类型和培养特点加以选择。

1. 悬浮培养生物反应器

(1)机械搅拌式生物反应器 机械搅拌式生物反应器是传统的反应器类型,用来进

行植物细胞培养的搅拌式反应器是在微生物发酵的搅拌式发酵罐的基础上改进而来的，具有混合程度高、操作范围较大、适应性广等特点，在大规模生产中广泛使用。搅拌罐中产生的剪切力大，容易损伤细胞，直接影响细胞的生长和代谢，尤其对于次生代谢产物生成影响极大。搅拌转速越高，产生剪切力越大，对植物细胞伤害越大。对于有些对剪切力敏感的细胞，传统的机械搅拌罐不适用。为此，对搅拌罐进行了改进，包括改变搅拌形式、叶轮结构与类型、空气分布器等，力求减少产生的剪切力，同时满足供氧与混合的要求。一般认为机械搅拌式反应器应用于植物细胞培养存在的主要问题是植物细胞的细胞壁对剪切的耐受力差，但是也有许多学者的研究成果证明，经适当改进的搅拌式反应器能够适应植物细胞培养的要求。

（2）气动式生物反应器　气动式生物反应器是一种利用通入的空气为动力的生物反应器，空气的流动带动培养容器中的液体流动，达到与搅拌相似的混合效果。相对于传统搅拌式反应器，气动式反应器所产生的剪切力较小、结构简单、避免污染，适合植物细胞培养。其主要类型有鼓泡式反应器和气升式反应器，而气升式反应器又可分为外循环和内循环两种形式。

2. 固定化细胞生物反应器

虽然通过愈伤组织培养或细胞悬浮培养均能得到所需的次生代谢产物，但植物细胞培养的最大问题是培养中的细胞遗传和生理的活性不稳定，由于细胞间的不一致性，在培养过程中高产细胞系往往出现产率低和产生其他代谢物的情况。固定化细胞培养可以在一定程度上克服这种倾向。另外，固定化细胞包埋于支持物内，可以消除或极大地减弱流体流动引起的剪切力。细胞在一个限定范围内生长也可以导致一定程度的分化发育，从而促进次级代谢产物的产生。固定化细胞生物反应器已用于辣椒、胡萝卜、长春花、毛地黄等植物细胞的培养。

（1）填充床反应器　在此反应器中，细胞固定于支持物表面或内部，支持物颗粒堆叠成床，培养基在床层间流动。填充床中单位体积细胞较多，由于混合效果不好常使床内氧的传递、气体的排出、温度和 pH 的控制较困难。如支持物颗粒破碎还易使填充床阻塞。

（2）流化床反应器　典型的流化床是利用流体（液体或气体）的能量使支持物颗粒处于悬浮状态。该反应器混合效果较好，但流体的剪切力和固定化颗粒的碰撞常使支持物颗粒破损，导致细胞外流。

（3）膜反应器　膜固定化方法是采用具有一定孔径和选择透过性的膜固定植物细胞，营养物质可以通过膜渗透到细胞中，细胞产生的次级代谢产物通过膜释放到培养液中。相对于其他两种反应器，膜反应器具有容易控制、易于放大、产物易分离、简化下游工艺等优点，但因为膜材料的限制，膜反应器成本较高。

（六）植物细胞工程的应用

1. 植物育种

植物细胞培养已经越来越广泛地应用于植物的育种，对于一些植物来说，易于诱导花粉细胞分裂，方法简单，适合大规模生产，可以迅速而大量地形成单倍体，具有选择效率高、排除杂种优势的干扰、消除致死基因等优点。目前世界上已经有 300 多种植物获得花粉培养植株。此法也可用于胚培养,能够进行胚的挽救;用于打破种子休眠等方面;还可消除远缘亲本之间的自交不亲和性,克服物种间的生殖隔阂,是改良植物品种的有效手段,可获得多种有益品种。目前,利用植物细胞培养再生植株的植物种类已超过1 500种。

2. 脱毒和离体快速繁殖

植物受病毒的危害日益严重,当植物受病毒侵染后,常常造成品质劣变、生长迟缓、产量下降等。通过细胞培养获得脱除病毒的材料可以有效地改善这一问题。利用植物快速繁殖技术培养植物脱毒材料、高附加值经济作物和珍稀濒危植物,是植物细胞工程中应用最广泛、最有效的方面。目前,植物快速繁殖技术在发达国家和发展中国家均有商业化应用,规模化植物快速繁殖脱毒研究和应用也在不断扩大,植物种类包括果树、蔬菜、花卉、森木、药用植物等,其中以脱毒马铃薯、香蕉、甘蔗、葡萄、草莓、苹果、柑橘、大蒜等规模较大。离体快速繁殖优点在于材料来源单一、培养速度快、不受季节和地区的影响、重复性好。

3. 次生代谢产物的生产

利用植物细胞培养技术生产植物源性生物产品,是植物细胞工程的一个重要领域。此法操作简单,重复性好,适合大规模生产,应用范围包括生产天然药物(如人参皂苷、地高辛、长春碱等)、食品添加剂(如花青素、胡萝卜素、甜菊苷等)、生物农药(如拟除虫菊酯、鱼藤碱等)和酶制剂(如SOD酶、木瓜蛋白酶等)等。例如,利用植物细胞培养生产蛋白质用于饲料和食品,用组织培养人工难以合成的药物和有效成分。随着植物细胞工程的不断发展,利用植物细胞大规模培养技术生产植物次生代谢产物方面也会加快商业化进程。

4. 植物种质资源的保存

植物种质资源是生物多样性保护和植物遗传育种的物质基础。虽然植物种质资源在不断地扩大,但是受到气候、病虫害等环境因素的影响,一些珍贵的、濒危的植物资源日渐枯竭,造成田间保存耗资巨大,而且导致有益基因不断丧失。利用植物细胞培养技术进行超低温保存可有效地改善这一情况。超低温保存后的再生植株经形态学、生理生化、染色体数目与结构等方面的分析,细胞的无性系变异频率与常规快速繁殖方法相似。细胞的超低温保存技术可以大大节省人力、物力和土地,是中长期保存种质资源方法的有效补充。

任务二　细胞工程在食品工业中的应用

一、细胞工程在酵母菌育种中的应用

酵母菌是人类应用最早的微生物之一,在现代食品工业中占有非常重要的地位,对它的研究非常广泛。目前用于生产酒精和酿酒的酵母,是经过物理、化学方法诱变而得到的菌种,虽然具有生长快、耐酒精的优点,但是不能分解淀粉或糊精,也不发酵乳糖。克鲁维酵母具有良好的发酵乳糖能力,将克鲁维酵母与酿酒酵母通过聚乙二醇诱导融合,获得种

间杂合子,不仅能发酵乳糖,而且可以发酵葡萄糖、蔗糖、麦芽糖、棉子糖和蜜二糖,在以乳糖为碳源的培养基中其发酵能力是亲本克鲁维酵母的两倍。

工业化酿酒过程中,渗透压的不断变化严重影响酿酒酵母的活性,将蜜蜂酵母(*S. mellis*)与酿酒酵母进行原生质体融合,得到的杂合子能耐 40%以上的葡萄糖,明显改善了酿酒酵母的抗渗透压能力,而且产生乙醇的能力也大大加强。理想的酿酒酵母除了要求具有发酵力强,赋予酒独特的风味外,发酵终了时菌体能够凝集在一起,利于后面的工艺操作,也是改革酿酒工业生产的技术关键,糖化酵母(*S. diastaticus*)1376 能发酵淀粉但不具凝集性,*S. cervisiae*1161 具有高度的凝集性,将两种菌株进行融合获得的融合子既具有凝集特性,又能分解淀粉。这样,在提取工艺中容易沉淀分离,减少或避免离心、压滤等工序,可以缩短工艺流程,降低生产成本。

二、细胞工程在氨基酸生产菌育种中的应用

自 1956 年首次从自然界分离得到 L-谷氨酸生产菌以来,对氨基酸生产菌的育种进行了深入的研究。生产谷氨酸的高产菌 FM84-415 不够稳定,易被噬菌体感染,给生产带来极大的损失,赵广铃等人选用 FM242-4 和 FM84-415 作为亲本菌进行原生质体融合,经培养筛选出的菌株性能稳定,产酸能力明显高于亲本菌株,而且对噬菌体有很好的抗性。

黄色短杆菌是赖氨酸的高产菌株,但生长缓慢,生产周期长,在生产过程中易被污染,给生产带来极大的不便,将乳酸发酵短杆菌与黄色短杆菌作为亲本菌进行原生质体融合,获得的赖氨酸生产菌不仅对葡萄糖的转化率大幅提高,而且大大缩短了发酵周期,与黄色短杆菌相比,发酵周期缩短了 11%,有效地提高了生产能力。

三、细胞工程在酶制剂生产菌育种中的应用

枯草杆菌是淀粉酶、蛋白酶等酶制剂的生产菌,也是进行育种研究最多的一类菌种。经研究表明,将蛋白酶生产菌枯草芽孢杆菌经过一系列的育种,与地衣芽孢杆菌进行原生质体融合,得到的杂合子产酶能力比亲本提高 15%~20%,再经紫外线诱变,产酶能力比亲本提高 30%。凌晨等学者对 α-淀粉酶生产菌进行育种研究,将地衣芽孢杆菌变种 A.4041-E 与地衣芽孢杆菌 PF1093 进行原生质体融合,得到产酶能力高于亲本 50%~75%的杂合子,而且大大改善了亲本不易保藏的缺点。

四、细胞工程在食品添加剂生产中的应用

食品添加剂在食品工业中扮演着重要的角色,既赋予食品宜人的外观、口感和滋味,又使其在一定时期内保持新鲜状态,同时还能增加食品的营养价值。目前,食品添加剂的生产途径主要有直接提取、化学合成和生物技术生产。直接提取法是一种传统的利用天然产物的方法,但很多食品添加剂,如香精、色素等都是植物的次生代谢产物,含量低,提取困难,受环境和植物种类的影响大,产品的性质也不稳定;化学合成得到的产品,产量高,性质均一稳定,但作为食品添加剂,人们更希望是天然的产品,而且由于代谢过程极为

复杂,很多产物还难以在人工条件下化学合成;进入 20 世纪,生物技术用于生产各类添加剂的研究开始兴起,其中利用植物细胞培养生产天然食品添加剂更得到了深远的发展。1975—1985 年间,研究人员提出许多利用植物细胞培养提高次生代谢产物产率的方法,这些方法的不断完善使得植物细胞培养技术开始在商业上运用,从而展示了生产食品添加剂的潜能。90 年代初,香兰素成为利用植物细胞培养生产的一种重要的食品添加剂,除此之外,更多的食品添加剂被开发利用,如甜菊叶中含有的甜菊苷是一种天然的甜味剂,甜度大约是蔗糖的 300 倍,将甜菊的愈伤组织进行培养,经检验在甜菊的愈伤组织和培养液中都含有甜味苷。近年来经研究发现,在玫瑰的细胞培养液中增加成熟的不分裂细胞可产生除五倍子酸和儿茶酚之外更多的酚类;将热带栀子花的细胞进行培养,在培养液中有含量很高的单萜葡萄糖苷、乌口树苷等多种香料物质。

实训五 细胞工程法生产人参

一、实训目的

西洋参属五加科人参属植物,为名贵的中药材之一,具有降血脂、镇静、造血及健胃作用,所含的主要有效成分是皂苷,目前尚不能人工合成。通过实训,掌握西洋参细胞培养工艺。

二、材料与仪器

材料:西洋参根、70%乙醇、10%漂白粉、0.1%升汞溶液、2,4-D(2,4-二氯苯氧乙酸)、KT(激动素)、酪蛋白水解物。

仪器:恒温培养箱、切刀、培养皿、锥形瓶、试管、酒精灯、无菌操作台、培养瓶、摇床、摇瓶、搅拌罐、反应器、离心机、过滤装置、真空干燥箱等。

三、方法与步骤

1. 工艺流程

西洋参根 $\xrightarrow{\text{消毒}}$ 无菌根 $\xrightarrow{\text{切片}}$ 无菌根片段 $\xrightarrow{\text{诱导培养}}$ 愈伤组织 $\xrightarrow{\text{悬浮培养}}$ 悬浮培养物 $\xrightarrow{\text{大规模培养}}$ 细胞培养物 $\xrightarrow{\text{过滤、干燥}}$ 西洋参细胞干粉

2. 工艺步骤

(1) 外植体的选择 将人工栽培的西洋参根清洗干净,选取适合于细胞培养的部分,将其切片(50~100 mm 厚),浸入 70%乙醇中 30 s,再放入 10%漂白粉或 0.1%升汞溶液中 10~20 min,取出后用无菌水除去残留的消毒剂。

(2) 愈伤组织的诱导 诱导西洋参愈伤组织的培养基是添加 2.5 mg/L 2,4-D、0.8 mg/L KT 和 0.7 g/L 酪蛋白水解物的 MS 培养基。将已消毒的西洋参根的片段切成 1 mm 厚、4~5 mm 长宽的小块组织,在每个培养瓶中接入 1 g 左右的小组织块,于 25~26

℃培养 20 d 生长愈伤组织,接下来进行移植继代培养,可获得西洋参愈伤组织无性系。

（3）悬浮培养 西洋参悬浮培养的培养基是添加 1.25 mg/L 2,4-D、0.4 mg/L KT 和 0.7 g/L 酪蛋白水解物的 MS 培养基。每一个摇瓶接种 1～2 g/L(细胞干重),置于摇床中在 27～29 ℃以 120 r/min 速度振荡培养,培养 20～25 d 后即得悬浮培养物。

（4）细胞大规模培养 西洋参大规模培养所用培养基与悬浮培养基相同,反应器为 10 L 通气搅拌罐,培养基充满系数为 0.7～0.8。将悬浮培养物接种于反应器中,接种量为 1～2 g/L(细胞干重),在 27～29 ℃下,以 50～70 r/min 速度搅拌,以 0.6～0.8 m³/(m³·min)通气量培养 18～20 d,即得西洋参细胞培养物。

（5）细胞收集与干燥 采用过滤或离心的方法收集培养结束后的细胞,用去离子水洗涤 3～5 次,每次抽干,然后于 50 ℃以下真空干燥或冻干,制得西洋参细胞干粉,收率一般为 3～5 g/L(干重)。

四、实训报告

根据实训结果,写出实训报告。

实训六　大蒜细胞培养生产 SOD

一、实训目的

超氧化物歧化酶(superoxide dismutase,简称 SOD)是生物体内清除超氧阴离子自由基的一种重要酶类。医学界研究发现,SOD 对各种疾病均有一定的疗效,尤其治疗类风湿性关节炎、红斑狼疮、皮肌炎等均有明显效果。此外,在防辐射、防衰老、抗肿瘤等方面也已进入临床。SOD 可从动植物组织中直接提取,但成本高,操作复杂。大蒜是 SOD 含量极高的一种植物,利用大蒜细胞培养生产 SOD 具有成本低、实用性强等优点。通过实训,掌握大蒜细胞培养生产 SOD 的方法。

二、材料与仪器

材料:大蒜、70%乙醇、10%漂白粉、0.1%升汞溶液、K₃PO₄缓冲液。

仪器:恒温培养箱、切刀、培养皿、三角瓶、试管、酒精灯、无菌操作台、培养瓶、摇床、摇瓶、搅拌罐、反应器、离心机、超滤装置等。

三、方法与步骤

1. 工艺流程

大蒜 $\xrightarrow{消毒}$ 无菌蒜瓣 $\xrightarrow{切块}$ 无菌蒜块 $\xrightarrow{诱导培养}$ 愈伤组织 $\xrightarrow{悬浮培养}$ 悬浮培养物 $\xrightarrow{深层培养}$ 发酵液 $\xrightarrow{离心}$ 细胞收集 $\xrightarrow{破壁、匀浆、离心}$ SOD 浓缩液

2. 工艺步骤

（1）愈伤组织的诱导和培养　将大蒜置于 8 ℃环境储藏 1 个月，打破其休眠状态，用无菌水清洗干净，浸于 70% 乙醇中 15～30 s，再放入 0.1% 升汞溶液消毒 8 min，取出后用无菌水清洗 3 次，将消毒后的蒜瓣切块放入盛有愈伤组织培养基的三角瓶中，于 25 ℃培养 20 d 左右，并且每天循环光照 12 h，诱发愈伤组织后转移到愈伤组织培养基上，继续培养 20 d。

（2）悬浮培养　将培养好的愈伤组织接种到悬浮培养基中，于 25～30 ℃培养 7 d 以后，可将愈伤组织上脱落下来的单细胞或小细胞团作为种子进行深层发酵。大蒜细胞经过短暂的适应后迅速进入对数增长期，经过 15 d 培养，细胞生长速度达到最大值，细胞内的 SOD 也达到最大积累量，细胞单位酶活力可达 312.9 U/g，总酶活力可达 3.8×10^4 U/L。

（3）SOD 浓缩液的提取　大蒜细胞深层发酵后，离心收集细胞，用无菌水反复冲洗，然后加入 2～3 倍的 K_3PO_4 缓冲液（pH7.8），破壁匀浆，离心取上清液，经超滤浓缩后得 SOD 浓缩液。

四、实训报告

根据实训结果，写出实训报告。

 项目小结

20 世纪 80 年代出现了细胞工程这一概念。它是现代生物技术的重要组成部分。在短短的几十年间已得到了迅速发展，可以实现细胞的体外培养和改造，在食品、畜牧、农业、医学、能源、环保等领域有着广泛的应用和深入的研究。细胞工程研究的内容主要包括：细胞融合技术，介绍植物细胞和微生物细胞去除细胞壁的方法、诱导细胞发生融合的方法；细胞培养技术，介绍动植物离体细胞的特点、不同培养基的配制、动植物细胞的各种培养方式及反应器；对细胞拆合、胚胎工程、染色体工程等也作了简单的讲述。

细胞融合技术的发展为人们提供了大量优良性状的动、植物细胞和微生物细胞，避免了烦琐的菌种选育过程。动物细胞培养能够生产植物和微生物难于生产的具有特殊功能的生物活性物质，如激素、疫苗、药用蛋白质等。将动物细胞培养技术与细胞融合技术相结合获得的单克隆抗体目前已经成为临床检验快速而灵敏的方法。植物细胞工程中的细胞培养包括对单个细胞的培养和组织器官的培养，植物组织培养在农作物以及园艺产品的快速繁殖方面的应用尤为突出，利用植物细胞培养得到的代谢产物已经广泛应用于食品添加剂中。利用动物胚胎细胞和体细胞的移植技术，目前已经克隆了多种动物。这些技术在加快动物繁殖、培育优良品种、保护珍稀动物等方面具有良好的应用前景。

细胞工程的发展与应用极大地推动了食品工业的发展，在酵母菌育种、氨基酸生产菌育种、酶制剂生产菌育种、食品添加剂生产等方面都有实际的应用。进行了利用细胞工程技术进行西洋参细胞培养和生产大蒜中 SOD 的生产实训。

 复习思考题

1. 简述细胞工程的含义。
2. 细胞工程的基本技术有哪些？
3. 细胞融合技术的方法有哪些？各有什么优缺点？
4. 无血清培养基最终取代其他培养基培养动物细胞的原因有哪些？
5. 植物细胞悬浮培养的方法有哪些？
6. 简述利用细胞培养技术生产西洋参细胞的工艺流程。

项目七

食品生物技术与食品安全检测

 知识目标

掌握主要食源性微生物的致病机理及检测方法;了解肠出血性大肠埃希杆菌等食源性微生物的生理学特性;掌握主要的农药残留类型及其典型检测方法;掌握转基因食品的安全评价方法;了解转基因食品的检测方法及相关法规。

 能力目标

学会运用所学理论分析与解决实际问题;提高食品安全检测职业素养。

任务一　食源性微生物的毒害与检测

近年来,食源性疾病已经成为世界范围内广泛关注的问题。在发生的食源性疾病中,由于食源性微生物或其代谢物污染而造成危害的比例始终很大,占总量的80%以上。微生物类群庞大,可以在食品加工、运输、储存等环节污染食物,一旦控制措施效果不佳,极易造成食源性微生物疾病。下面介绍几种比较典型、危害比较大、发病率较高的食源性微生物。

一、肠出血性大肠埃希杆菌

致病性大肠埃希杆菌可分为很多种,与人类有关的统称为致泻性大肠埃希杆菌,如产肠毒素大肠埃希杆菌(ETEC)、肠致病性大肠埃希杆菌(EPEC)、肠出血性大肠埃希杆菌(EHEC)等。

肠出血性大肠埃希杆菌是能引起人的出血性腹泻和肠炎的一群大肠埃希杆菌,其中以1982年发现的一种血清型O157∶H7为代表菌株。该菌株为革兰氏染色阴性,无芽孢,有鞭毛,动力实验呈阳性。肠出血性大肠埃希杆菌除其代表菌株O157∶H7外,还包

括 O157：NM、O26：H11、O111：H8、O121：H19、O4：NM 等血清型菌株。

肠出血性大肠埃希杆菌在外环境存活能力较强,广泛分布在水、土壤、食物中。人可以通过进食被污染的水、食物或接触病人、无症状带菌者而被传染。自 1982 年首次在美国造成大规模致人出血性肠炎爆发后,已造成多个国家的人群感染、致病,日本曾多次爆发流行。

肠出血性大肠埃希杆菌 O157：H7 耐冷藏、耐酸,在冰箱中可以长期存活,甚至在人的胃液(pH=2)中依然可以存活 2 h 以上,发酵食品(如酸奶、泡菜)即使 4 ℃储存一周,仍可以检出该菌的存在。这些特点使得肠出血性大肠埃希杆菌 O157：H7 成为威胁人群健康的典型致病性微生物。7 月、8 月、9 月三个月为该致病菌的流行高峰期,大量食用快餐食品为该菌的大规模爆发或散发流行创造了条件。

(一)肠出血性大肠埃希杆菌 O157：H7 的生物学特性

大肠埃希杆菌 O157：H7 不同于其他血清型大肠埃希杆菌,在 30～42 ℃生长均好,但最佳生长温度仍为 37 ℃,迟缓发酵山梨醇-麦康凯(SMAC)培养基可作为对 O157：H7之筛选培养基。在 SMAC 培养基上,O157：H7 菌落无色,而发酵菌株呈粉红色,但有半数 EPEC 菌株有类似 O157：H7 之特性,应注意 EPEC 与 EHEC 之鉴别。大肠埃希杆菌 O157：H7 耐酸、耐低温,在 pH2.5～3.5,温度 37 ℃下,能耐受 5 h 而不失去活性,在冰箱内能长期生存。不耐热,75 ℃下 1 min 即被杀死。图 7-1 所示为大肠埃希杆菌 O157：H7 显微图像,图(b)中可见明显的鞭毛和菌毛。

 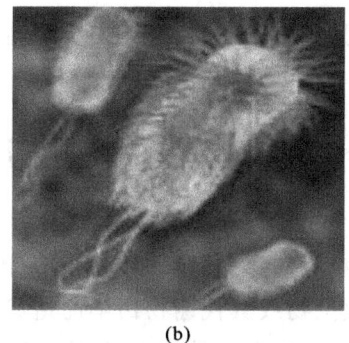

(a)　　　　　　　　　　　(b)

图 7-1　大肠埃希杆菌 O157：H7 显微图像

大肠埃希杆菌 O157：H7 能产生大量类志贺样毒素(Shiga-like toxin,简称 SLT)。SLT 有抗原性,可被志贺 I 型菌毒素之兔抗血清中和。因 SLT 能使 Vero 细胞(即非洲绿猴肾细胞)变性,溶解,死亡,故又称为 Vero 毒素,简称 VT。在细菌产生的毒素中,VT 为最强毒素之一。加热至 98 ℃,15 min 可被灭活。根据抗原性不同,分为 VT1、VT2 两种。结构上均由 1 个 A 亚单位和 5～6 个 B 亚单位组成。相对分子质量分别为 3300 及 8000。

(二)肠出血性大肠埃希杆菌 O157：H7 的发病机理

肠出血性大肠埃希杆菌从口腔侵入人体,到达肠腔后,借助菌毛局限性黏附在肠绒毛的刷状缘上,B 亚单位与肠上皮细胞糖脂受体 GB3 结合黏附,A 亚单位具有毒素活性,进入细胞并抑制蛋白质合成,损害肠上皮细胞,重点是盲肠与结肠,肉眼可见肠黏膜弥漫性出血、溃疡。由于 GB3 受体除分布在肠上皮细胞，还广泛存在于血管内皮细胞、肾和神经组织细胞，因而可损害血管内皮细胞、红细胞和血小板而导致溶血尿毒综合征（HUS）。广泛性肾小管坏死可导致急性肾衰竭。副交感神经的兴奋性由于毒素的作用而增强，可出现窦性心动过缓以及惊厥，Vero 毒素还刺激内皮细胞释放 Ⅷ 因子，从而出现血栓形成性血小板减少性紫癜。

（三）肠出血性大肠埃希杆菌 O157：H7 **的检测**

目前使用的检测肠出血性大肠埃希杆菌 O157：H7 的方法主要包括细菌培养鉴定、免疫学方法、基因检测特定序列等三种方法。我国国家标准规定了三种检测肠出血性大肠埃希杆菌 O157：H7 的方法。

（1）常规培养法　这种方法利用增菌、分离后的纯菌落进行生化实验和鉴定，对是否为肠出血性大肠埃希杆菌 O157：H7 作出判断。具体步骤如下。

① 增菌。以无菌取样 25 g(mL)，加入 225 mL mEC＋n 肉汤（改良 EC 肉汤），均质，于 36 ℃±1 ℃培养 18～24 h。同时做阳性及阴性对照。

② 分离。取增菌后 mEC＋n 肉汤划线或取 0.1 mL 涂布接种于 CT-SMAC（改良山梨醇-麦康凯琼脂）平板和改良 CHROMagar（科玛嘉）O157 弧菌显色琼脂平板上，于 36 ℃±1 ℃培养 18～24 h，观察菌落形态。在 CT-SMAC 平板上，典型菌落为不发酵山梨醇的圆形、光滑、较小的无色菌落，中心呈较暗的灰褐色，发酵山梨醇的菌落为红色；在改良 CHROMagar O157 弧菌显色琼脂平板上为圆形、较小的菌落，中心呈淡紫色至紫红色，边缘无色或淡灰色。

③ 初步生化实验。在 CT-SMAC 和改良 CHROMagar O157 弧菌显色琼脂平板上挑取 5～10 个典型或可疑菌落，分别接种于 TSI（三糖铁）琼脂，同时接种于 MUG-LST 肉汤（月桂基磺酸盐胰蛋白胨肉汤-MUG），于 36 ℃±1 ℃培养 18～24 h，必要时进行氧化酶实验和革兰氏染色。在 TSI 琼脂中，典型菌株为斜面与底层均呈阳性反应，呈黄色，产气或不产气，不产生硫化氢；置 MUG-LST 肉汤管内于长波长紫外灯下观察，无荧光产生者为阳性结果，有荧光产生者为阴性结果；对分解乳糖且无荧光的菌株，在营养琼脂平板上分纯，于 36 ℃±1 ℃培养 18～24 h，并进行血清实验和生化实验鉴定。

④ 将上述培养纯菌落分别接种于各种生化培养基中（包括 TSI 培养基、山梨醇发酵培养基、胰蛋白胨肉汤等），于 36 ℃±1 ℃培养。若生化反应和 O157：H7 标准血清凝集实验呈阳性，则可报告该样品中检出肠出血性大肠埃希杆菌 O157：H7。

（2）免疫磁珠捕获法　该法同常规培养法相比，使用免疫磁珠进行捕获和分离，代替了上法中的分离步骤。

（3）基因检测法　应用 EHEC 特异性 DNA 探针，其敏感性、特异性均可达 99%。或应用 PCR 对 EHEC DNA 序列分析，发现其溶血素 AB 基因为 EHEC 特有，其特异性强，敏感快速，3～4 h 可出结果。其他尚有对 SLT1、SLT2 两对寡核苷酸引物同时扩增的多重 PCR 法，但尚未在临床上广泛应用。基因检测法可用于临床研究与流行病学调查。

二、金黄色葡萄球菌及其肠毒素

葡萄球菌广泛分布于自然界中，在空气、水、土壤和物品上，在人和动物的皮肤表面上

及与外界相通的腔道中都能看到它们的身影。葡萄球菌中以腐生葡萄球菌数量最多，一般不会致病。金黄色葡萄球菌在致病葡萄球菌中致病力最强，可产生肠毒素、杀白血球素、溶血素等毒素，引起食物中毒的是肠毒素。

（一）金黄色葡萄球菌的生物学特性

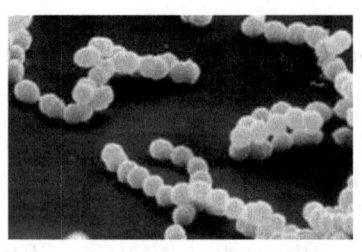

图 7-2　金黄色葡萄球菌显微图片

金黄色葡萄球菌（见图 7-2）为革兰氏阳性球菌，呈葡萄串状排列，无芽孢，大多数无荚膜，无鞭毛，不能运动。金黄色葡萄球菌营养要求不高，在普通培养基上生长良好，需氧或兼性厌氧，最适生长温度为 37 ℃，最适生长 pH 为 7.4，干燥环境下可存活数周。耐盐性较强，在含有 7.5%～15%氯化钠的培养基中仍能生长。

金黄色葡萄球菌可分解葡萄糖、麦芽糖、乳糖、蔗糖，产酸不产气。甲基红反应呈阳性，VP 反应呈弱阳性。许多菌株可分解精氨酸，水解尿素，还原硝酸盐，液化明胶。金黄色葡萄球菌具有较强的抵抗力，对磺胺类药物敏感性低，但对青霉素、红霉素等高度敏感。

在不形成芽孢的细菌中，金黄色葡萄球菌的抵抗力最强，在干燥的脓汁、痰液中可存活 2～3 个月；加热 60 ℃ 1 h 或 80 ℃ 0.5 h 才能将其杀死；近年来由于广泛使用广谱类抗生素，耐药菌株迅速增多，对青霉素 G 耐药的菌株已达 90%以上，尤其是耐甲氧西林金黄色葡萄球菌（又称超级细菌），几乎能抵抗人类现在所有的药物，已经成为医院内感染最常见的致病菌。

（二）金黄色葡萄球菌的抗原特性

金黄色葡萄球菌表面的抗原由多糖抗原、蛋白质抗原和荚膜抗原组成。蛋白质抗原是一种存在于细胞壁上的表面蛋白，即葡萄球菌 A 蛋白（SPA）。它由一条单链多肽组成，能与人或哺乳动物血清中的 IgG1、IgG2、IgG4 的 Fc 段发生非特异性结合，形成具有抗吞噬、损伤血小板等多种生物学活性的聚合物。多糖抗原具有群特异性，存在于细胞壁，依据多糖抗原已将金黄色葡萄球菌分为 A、B、C1、C2、C3、D、E 和 F 八个型。A 型肠毒素引起的食物中毒最多，B 型次之。A 型多糖抗原的化学组成为磷壁酸中的 N-乙酰葡萄糖胺核糖醇残基。大多数金黄色葡萄球菌表面具有荚膜多糖抗原，有利于细菌黏附于细胞表面。

（三）金黄色葡萄球菌的致病性

金黄色葡萄球菌是人类化脓感染中最常见的病原菌，可引起局部化脓感染，也可引起肺炎、伪膜性肠炎、心包炎等，甚至败血症、脓毒症等全身感染。金黄色葡萄球菌的致病力强弱主要取决于其产生的毒素和侵袭性酶，具体有如下几类。

（1）溶血毒素：外毒素，分 α、β、γ、δ 四种，能损伤血小板，破坏溶酶体，引起肌体局部缺血和坏死；对人类起致病作用的主要是 α-溶血毒素，它的化学成分是蛋白质，60 ℃下 30 min 即可破坏。

（2）杀白细胞素（PVL）：多项研究表明，PVL 在金黄色葡萄球菌所致的坏死性肺炎等严重病症中起着重要的作用。PVL 具有杀细胞作用,它可破坏人的白细胞和巨噬细胞,可引起透膜效应,可引起靶细胞释放多种炎症因子等。

(3)肠毒素:金黄色葡萄球菌能产生数种引起急性胃肠炎的蛋白质性肠毒素,分为 A、B、C1、C2、C3、D、E 及 F 八种血清型。肠毒素可耐受 100 ℃煮沸 30 min 而不被破坏,也不受蛋白酶的影响,所以误食肠毒素污染的食物后,肠毒素在肠道中作用于内神经受体,刺激呕吐中枢,产生呕吐;还会产生急性肠胃炎症状,引起腹泻。含有丰富蛋白质、水分且有一定量淀粉的食物,若存放在空气流通不畅且温度较高的地方,极易产生肠毒素。

金黄色葡萄球菌肠毒素污染的有效控制已经成为世界性的卫生问题。

(4)血浆凝固酶:当金黄色葡萄球菌侵入人体时,该酶使血液或血浆中的纤维蛋白沉积于菌体表面或凝固,阻碍吞噬细胞的吞噬作用。葡萄球菌形成的感染易局部化与此酶有关。

(5)脱氧核糖核酸酶:金黄色葡萄球菌产生的脱氧核糖核酸酶能耐受高温,可以作为鉴定金黄色葡萄球菌的依据。

(四)金黄色葡萄球菌及肠毒素的检验

1. 金黄色葡萄球菌的检验

(1)样品的处理:无菌操作取 25 g 或 25 mL 食物样品,放入 225 mL 灭菌 7.5%氯化钠胰蛋白胨大豆肉汤中均质,制成 10^{-1} 稀释液。

(2)增菌培养:将 10^{-1} 稀释液接入 7.5%氯化钠肉汤或胰蛋白胨肉汤中,36 ℃±1 ℃培养 18~24 h。

(3)分离培养:将上述稀释液或培养液分别划线于血平板和 Baird-Parker 平板,置 36 ℃±1 ℃培养 18~24 h。金黄色葡萄球菌在血平板上呈金黄或白色菌落,大而突起,表面光滑,周围有溶血圈。在 Baird-Parker 平板上菌落为圆形,直径 2~3 mm,颜色灰或黑色,周围有一混浊带,在其外层有一透明圈。如图 7-3 所示。挑取上述菌落进行革兰氏染色镜检及血浆凝固酶实验。

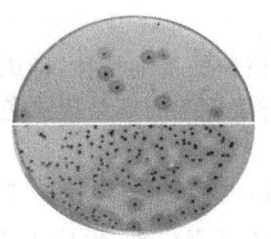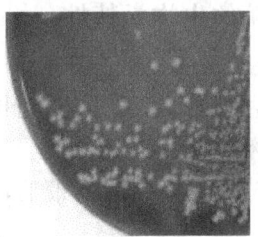

(a) Baird-Parker平板　　　　　　(b) 血平板

图 7-3　金黄色葡萄球菌分离培养

(4)染色观察:从平板上挑取可疑性菌落进行革兰氏染色,金黄色葡萄球菌为革兰氏阳性,显微镜下呈葡萄状排列,无芽孢、荚膜,直径 0.5~1 μm。

(5)血浆凝固酶实验:挑取可疑性菌落分别接种到 5 mL BHI(脑心浸出液肉汤)和营养琼脂小斜面上,36 ℃±1 ℃培养 18~24 h。吸取 0.5 mL 新鲜配制的兔血浆放入小试管,与 0.2~0.3 mL 金黄色葡萄球菌试液浸液肉汤 24 h 培养物充分混匀,36 ℃±1 ℃培

养,每隔半小时观察一次,连续观察 6 h,如出现凝固(即将小试管倾斜或倒置时,内容物不流动)或凝固大于原体积的一半,判为阳性。同时做阴、阳性对照。

如结果可疑,挑取营养琼脂小斜面的菌落到 5 mL BHI,36 ℃±1 ℃培养 18～24 h,重复实验。

2. 肠毒素的检验

由于肠毒素比产生它的金黄色葡萄球菌更不易破坏,所以在必要的时候,对可能被污染的食品需要再进行肠毒素的检测。常用酶联免疫吸附法(ELISA)、血清学反应、动物学实验对食物中的肠毒素进行检测。

动物学实验是较早时期采用的一种金黄色葡萄球菌肠毒素检测方法,通常采用染毒食品喂饲动物,然后观察动物可能出现的各种异常的生理或形态变化,因这种方法准确性不高,现多不采用。血清学反应是利用肠毒素作为抗原可与抗体结合,形成肉眼可见的沉淀和凝集现象,对肠毒素进行快捷的定性检测的一种方法。这种方法准确性比较高,且检测所用时间短。ELISA 是目前应用较广的一种肠毒素定性、定量检测方法,具有敏感、简捷、快速的特点。ELISA 的基本原理是将抗体先结合到某种固相载体表面,然后将样品和酶标抗原与结合在固相表面的抗体结合形成复合物,反应终止后洗去未结合物,加入底物显色,通过颜色的有无和深浅进行定性和定量测量。

三、肉毒梭菌和肉毒毒素

肉毒梭状芽孢杆菌简称肉毒梭菌,在自然界中分布广泛,土壤、霉变干草、禽畜粪便中均存在。它产生的外毒素称为肉毒毒素,能引起严重的毒素性食物中毒,是目前已知的化学毒物与生物毒素中毒性最强烈的一种,对人的致死量为 10^{-9} mg/kg,其毒力比氰化钾大一万倍。引起中毒的食品有腊肠、火腿、鱼及鱼制品和罐头食品等。在美国以罐头发生中毒较多,日本以鱼制品较多,在我国主要与发酵食品有关,如臭豆腐、豆瓣酱、面酱、豆豉等。

(一)肉毒梭菌的生物学特性

肉毒梭菌属于厌氧性梭状芽孢杆菌属,具有该菌的基本特性,即厌氧性的杆状菌,形成芽孢(见图 7-4),芽孢比繁殖体宽,呈梭状,新鲜培养基的革兰氏染色为阳性,产生剧烈的细菌外毒素,即肉毒毒素。

肉毒梭菌具有 4～8 根周毛性鞭毛,运动迟缓;没有荚膜。如图 7-5 所示。

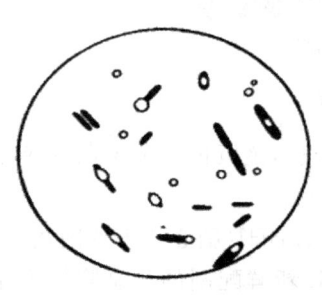

在固体培养基表面上,形成不正规圆形,3 mm 左右的菌落。菌落半透明,表面呈颗粒状,边缘不整齐,界线不明显,向外扩散,呈绒毛网状,常常扩散成菌苔。在血平板上,出现与菌落几乎等大或者较大的溶血环。在乳糖卵黄牛奶平板上,菌落下培养基为乳浊状,菌落表面及周围形成彩虹薄层,不分解乳糖;分解蛋白的菌株,菌落周围出现透明环。

图 7-4　肉毒梭菌芽孢形态显微图片

肉毒梭菌发育最适温度为 25～35 ℃,培养基的最

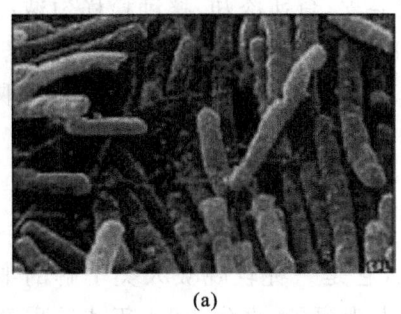 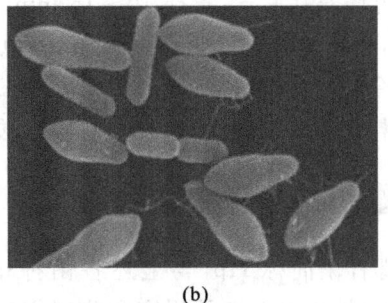

(a)　　　　　　　　　　　　　(b)

图 7-5　肉毒梭菌显微图片

适 pH 为 6.0～8.2。

(二)肉毒梭菌的致病性

肉毒梭菌的致病性在于所产生的神经毒素即肉毒毒素,这些毒素能引起人和动物中毒。根据肉毒毒素的抗原性,肉毒梭菌至今已有 A、B、C、D、E、F、G 等七个型,各个型的肉毒梭菌分别产生相应型的毒素。引起人群中毒的,主要有 A、B、E 三型。C、D 两型毒素主要是畜、禽肉毒中毒的病原。F、G 型肉毒梭菌极少分离,未见 G 型菌引起人群中毒的报道。

肉毒毒素对酸性反应比较稳定,对碱性反应比较敏感。某些型的肉毒毒素在适宜条件下,毒性能被胰酶激活和加强。肉毒毒素对热具有较高的耐受性,煮沸 1 min 或 75 ℃加热 5～10 min,毒素才能被完全破坏。

肉毒梭菌及其毒素导致的中毒病例虽然不多,但是因其发病急、病程发展快、病死率高等特点依然受到了世界各国的重视。主要症状有视力减弱、全身无力、伸舌和张口困难、抬头费力、瞳孔散大、呼吸麻痹等。

(三)肉毒梭菌及其毒素的检测

1. 肉毒毒素的检测——小鼠腹腔注射法

液体样品可直接离心,固体或半固体样品须加适量明胶磷酸盐缓冲液浸泡、粉碎、离心,取上清液进行检测。另取一份上清液,调 pH 至 6.2,每 9 份加 10% 胰酶水溶液 1 份,混匀。

检出实验:取上述离心的上清液和经胰酶处理过的上清液分别注射小白鼠三只,每只 0.5 mL,观察 4 d。注射液中若有肉毒毒素存在,小白鼠多在 24 h 内发病,呼吸麻痹死亡。

确证实验:取致小鼠发病处理液,分三份。一份加等量多型混合肉毒抗毒诊断血清;一份加等量明胶磷酸盐缓冲液,煮沸;一份加等量明胶磷酸盐缓冲液,不做处理。三份混合液分别注射小白鼠 2 只,每只 0.5 mL,观察 4 d。若注射加诊断血清与煮沸加热的两份混合液的小白鼠均获保护而存活,而唯有注射了未做任何处理的混合液的小白鼠以特有症状死亡,则可判定检样中肉毒毒素的存在。

2. 肉毒梭菌的检验——增菌产毒培养实验

肉毒梭菌检验方法的重点是产毒及毒素的检出实验,如要证实是否有肉毒梭菌存在,只要分离、培养、毒素鉴定即可。

取疱肉培养基三支,煮沸 10～15 min。第一支,急速冷却,接种检样匀液;第二支,冷却至 60℃,接种检样匀液,保温 10 min,急速冷却;第三支,接种检样匀液,继续煮沸 10 min,急速冷却。三支培养基于 30 ℃培养 5～10 d,若有生长,取培养液离心,取上清液进行肉毒毒素的检测,阳性结果说明有肉毒梭菌存在。

四、幽门螺杆菌

幽门螺杆菌简称 Hp,与上述各菌种相比,它是一种较晚被人类了解的细菌。1979年,首次在慢性胃炎患者的胃窦黏膜组织切片上观察到,直到 1984 年才发现幽门螺杆菌与慢性胃炎、胃溃疡等疾病的关系。2005 年,巴里·马歇尔和罗宾·沃伦因此发现而被授予诺贝尔生理学或医学奖。

(一)幽门螺杆菌的生物学特性

幽门螺杆菌是一种单极、多鞭毛、末端钝圆、螺旋形弯曲的细菌,如图 7-6 所示。长

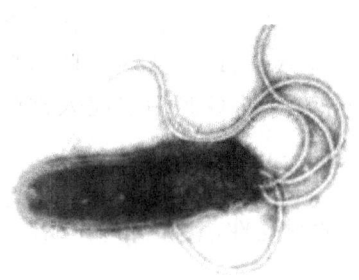

2.5～4.0 μm,宽 0.5～1.0 μm。革兰氏染色阴性。有动力。在胃黏膜上皮细胞表面常呈典型的螺旋状或弧形。幽门螺杆菌是微需氧菌,环境氧要求 5%～8%,在大气或绝对厌氧环境下不能生长。许多固体培养基可作幽门螺杆菌分离培养的基础培养基,布氏琼脂使用较多,但需用适量全血或胎牛血清作为补充物才能生长。

图 7-6 幽门螺杆菌显微图片

(二)幽门螺杆菌的致病性

幽门螺杆菌感染是慢性活动性胃炎、消化性溃疡、胃黏膜相关淋巴组织(MALT)淋巴瘤和胃癌的主要致病因素。1994 年世界卫生组织/国际癌症研究机构(WHO/IARC)将幽门螺杆菌定为 I 类致癌原。

幽门螺杆菌的传染力很强,可通过手、不洁食物、不洁餐具、粪便等途径传染。幽门螺杆菌进入胃后,借助菌体一侧的鞭毛提供动力穿过黏液层。研究表明,幽门螺杆菌在黏稠的环境下具有极强的运动能力,强动力性是幽门螺杆菌致病的重要因素。幽门螺杆菌到达上皮表面后,通过黏附素牢牢地与上皮细胞连接在一起,避免随食物一起被胃排空。并分泌过氧化物歧化酶和过氧化氢酶,以保护其不受中性粒细胞的杀伤作用。幽门螺杆菌富含尿素酶,通过尿素酶水解尿素产生氨,在菌体周围形成"氨云"保护层,以抵抗胃酸的杀灭作用。

幽门螺杆菌的感染破坏了黏液层,使胃黏膜防御能力降低,使胃酸等攻击作用相对增加,是形成慢性胃炎和胃溃疡的主要原因。在大量的研究中还发现了幽门螺杆菌致胃癌的可能机制:幽门螺杆菌引起的炎症本身具有直接或间接杀伤细胞 DNA 的基因毒性。

(三)幽门螺杆菌的检测

自 1983 年通过胃镜取活检标本分离培养成功以来,对幽门螺杆菌感染的诊断已发展出了许多方法,包括细菌学、病理学、血清学、同位素示踪、分子生物学等。但总的来说,从标本采集角度看,可以分为侵袭性和非侵袭性两大类。

侵袭性方法主要指必须通过胃镜取活检标本检查的方法,是目前消化病学科的常规方法。它包括细菌的分离培养和直接涂片、快速尿素酶实验、药敏实验。快速尿素酶实验检验试剂中含尿素、pH 指示剂(酚红)、防腐剂和缓冲剂。活检取样通常在胃窦,标本放置于试剂后观察颜色变化,判断结果。在酸性条件下,酚红呈黄褐色,若试剂颜色由黄褐色变为红色或紫红色(pH>8.4),判为阳性,若试剂颜色不变则为阴性。此法特别适合在基层单位开展,准确性可达 90% 以上,是目前临床上最常用的诊断方法。

非侵袭性方法主要指不通过胃镜取活检标本诊断幽门螺杆菌标本感染的方法。这类方法包括抗体检测、抗原检测、尿素 $^{13}C/^{14}C$ 呼气实验等。尿素 $^{13}C/^{14}C$ 呼气实验由于简便、快捷、重复性好,且敏感性和特异性均不低于侵袭性方法,目前已成为诊断 Hp 感染的标准方法。该方法的原理是尿素酶分解尿素后生成氨气和 CO_2;CO_2 经胃黏膜吸收进入血液循环系统,最后随呼气排出;让受检者口服一定剂量的 $^{13}C/^{14}C$ 尿素,如胃中存在 Hp,其产生的尿素酶可将 $^{13}C/^{14}C$ 尿素分解为 $^{13}CO_2/^{14}CO_2$,从肺中呼出,定时收集呼气样本,再用高精度的气体同位素质谱仪便可检测到呼气中的 $^{13}CO_2/^{14}CO_2$ 增加,若增加值超过一定标准便可诊断为 Hp 感染。

任务二　农药残留检测

20 世纪 40 年代以来,随着以 DDT 为标志化学合成农药在全球范围的广泛应用,人类在与自然界的有害生物的斗争中取得了相当的成就。通过化学农药控制作物的病虫害,挽回了大量的粮食损失;通过化学农药在农产品生产、储存、运输过程中的运用,提高了农产品的品质,改善了人类的生活;通过化学农药控制疟疾、痢疾等传染疾病的媒介昆虫,挽救了很多人的生命。化学药物在人类的进步和生产力的发展中起到了巨大的促进和推动作用。1962 年,美国海洋生物学家蕾切尔·卡逊《寂静的春天》的出版引发了公众对环境问题的注意,将环境保护问题提到了各国政府面前。人们开始意识到,农药残留会与其他有害的化学品一起,影响着人类的身体健康、生态平衡和生物的多样性,易造成食品安全和生态安全问题。因此,联合国于 1972 年 6 月 12 日在斯德哥尔摩召开了人类环境会议,并由各国签署了《人类环境宣言》,开始了环境保护事业,自此农药残留也正式成为科研的对象。

一、食品中的农药残留状况

(一)农药残留

农药残留(pesticide residues)是农药使用后一段时期内没有被分解而残留于生物体、农作物、土壤、水体、大气中的微量农药原体、有毒代谢物、降解物和具有毒理学意义的杂质等所有衍生物的总称。六六六、滴滴涕等有机氯农药和它们的代谢产物化学性质稳定,在农作物及环境中消解缓慢,同时容易在人和动物体内脂肪中积累。有毒代谢物和降解物,如对硫磷的氧化产物对氧磷,二硫代氨基甲酸酯类杀菌剂的代谢物乙撑硫脲,丁硫克

百威、丙硫克百威的主要代谢物克百威和 3-羟基克百威。杂质主要指农药生产过程中的无效异构体和合成过程中产生的有害产物,如六六六、滴滴涕的异构体。

六六六

滴滴涕

(二) 农药残留的分类

目前使用的农药,有些在较短时间内可以通过生物降解成为无害物质,而有些(如包括 DDT 在内的有机氯类农药)难以降解,则是残留性强的农药。根据残留的特性,可把残留性农药分为三种:容易在植物机体内残留的农药称为植物残留性农药,如六六六等;易于在土壤中残留的农药称为土壤残留性农药,如艾氏剂、狄氏剂等;易溶于水,而长期残留在水中的农药称为水体残留性农药,如异狄氏剂等。残留性农药在植物、土壤和水体中的残存形式有两种:一种是保持原来的化学结构;另一种是以其化学转化产物或生物降解产物的形式残存。

农药残留根据使用有机溶剂和常规的提取方法能否从基质中提取出来,分为可提取残留和不可提取残留。可提取残留是农药残留的研究对象。

(三) 农药残留的来源

农药残留主要有以下几种方式。

1. 生产过程中施用农药后直接污染

作为食品原料的农作物、农产品、畜禽因直接施用农药而被污染,其中以水果和蔬菜受到的污染最为严重。在生产过程中,农药直接喷洒于农作物的茎、叶、花和果实的表面,造成农产品的污染。部分农药被农作物吸收到植株体内,经过生理作用转运到植物的根、茎、叶、花和果实后,代谢残留于农作物中,尤其以皮、壳和根茎部的农药残留最高。在畜禽的生产中,使用广谱驱虫和杀螨药(如有机磷、除虫菊脂类、氨基甲酸酯类农药制剂)杀灭动物体表的寄生虫,药物用量过大时,被动物吸收或舔食,在一定时间内造成畜禽产品的农药残留。在农产品的储存过程中,为了让农产品保持新鲜,防止腐烂、发芽、变质,施用农药造成食用农产品的直接污染。如在粮食储藏过程中使用的熏蒸剂、柑橘和香蕉用的杀菌剂,马铃薯、洋葱和大蒜用的抑芽剂,均可导致这些食品中有农药残留。

2. 环境中吸收造成污染

农田、草场和森林施药后,一部分农药降落至土壤中,一部分扩散到大气中,随着大气的运动四处扩散,也会逐渐累积进入土壤、水体中,并通过该途径进入生物体内,使得农产品、农作物、水产品受到污染。

3. 通过食物链造成污染

农药污染环境后,经过食物链的传递可以发生生物富集效应,致使轻微的农药污染而造成食品中农药的高浓度残留。如用带有农药残留的饲料喂食畜禽,造成畜禽产品的农药污染。蜜蜂采集被污染的蜜粉源植物后,生产的蜂蜜、花粉、蜂王浆和蜂胶产品会有农药污染。水产品也会通过食物链的生物富集造成农药污染。

4. 其他途径造成污染,多为意外情况

例如,在农产品的加工、储运过程中,使用了被农药污染的容器、运输工具等;或者与农药混放、混装造成农药污染。再如,加工面粉时误购了被拌过毒饵的小麦,造成面粉的农药污染等。

食品中农药的残留量主要受农药的种类、性质、剂型、使用方法、施药浓度、使用次数、环境条件、动植物种类等因素影响。一般来说,性质稳定、生物半衰期长、与机体组织亲和力强及脂溶性的农药,易通过食物链进行生物富集。施药次数多、用药时浓度大、施药间隔时间短,易使食品中农药残留多。环境中的温度、降水、阳光、风等因素也对农药残留有着重要的影响。值得注意的是,种植大棚蔬菜时,由于环境的封闭,农药在大棚中降解缓慢,并且沉降后会再次污染农作物,因此大棚农产品的农药残留会比自然环境下的农药残留高。

(四) 农药残留的毒性

因摄入或长时间重复暴露农药残留而对人、畜以及有益生物产生急性中毒或慢性毒害,称为农药残留毒性。农药残留的大小受农药的性质和毒性、残留量等因素的制约而表现出极大的差异。因食用农药残留过高的食物而引起急性中毒的现象一般是由高毒农药的违规使用造成的。这类农药包括有机磷杀虫剂(如甲胺磷、对硫磷、甲拌磷、氧乐果等)、氨基甲酸酯类农药(如克百威、涕灭威等)。在 20 世纪 80—90 年代,由于菜农违规使用甲胺磷,使蔬菜上的甲胺磷残留量超标,在我国上海、北京、浙江等地多次发生食用蔬菜中毒的事件。不少国家和地区对此类高毒农药已经作出停止或限制使用的规定。

$$C_2H_5O \quad S$$
$$\overset{\displaystyle |}{P}\!-\!O\!-\!\bigcirc\!-\!NO_2 \qquad (CH_3O)_2\overset{\overset{\displaystyle O}{\|}}{P}\!-\!S\!-\!CH_2\!-\!CO\!-\!NHCH_3$$
$$C_2H_5O$$

对硫磷   氧乐果

除了高毒农药外,构成突出的残留毒性的农药有以下一些类型:化学稳定性强的、难以生物降解的、脂溶性强的、易于在生物体内富集的农药,有机氯杀虫剂的许多品种多属于这一类,如滴滴涕、六六六;农药亲体或其杂质或代谢物具有致畸性、致癌性、致突变性的农药,如代森类杀菌剂的代谢产物乙撑硫脲、三环锡等。还有一类农药,在动物的毒性实验中,发现明显的或潜在的致畸作用,或具有类似生物体激素性质,扰乱生物体内分泌系统作用,近年来被称为环境激素化合物或内分泌干扰化合物。它们产生的这种作用被称为迟发性神经毒性。1996 年,美国环境保护署(EPA)确认了 60 种环境激素化合物。

为了防止食品中农药残留危害人体健康,在农药残留的安全性评价的基础上,制订了每种农药在每种农产品中的最大残留限量(MRLs,maximum residue limits)。最大残留限量是指农畜产品中农药残留的法定最大允许量,其单位是 mg/kg。

二、食品中的农药残留分析

根据农药的类别,农药残留分为杀虫剂(包括有机氯类、有机硫类、有机磷类等)残留、

杀菌剂残留、除草剂残留几个常见的种类。以下将按照不同的农药类型介绍它们残留的分析方法。

（一）有机氯类

有机氯杀虫剂是发现和应用最早的一类人工合成杀虫剂，为氯代烃类、碳环或杂环化合物，传统上将其分为四类：①滴滴涕（DDT）及其同系物；②六六六；③环戊二烯类及有关化合物；④毒杀芬及有关化合物。同类中各化合物的化学结构和药理作用有些相似，但毒性有差别。

20 世纪 40—70 年代，该类农药在全世界应用广泛。其中，滴滴涕和六六六是当时生产量最大、使用最广泛的品种。数十年中，滴滴涕广泛用于灭虱和灭蚊，对控制蚊、虱传染的斑疹伤寒和疟疾的传播起了重大作用，挽救了几千万人的生命。有机氯农药化学性质相当稳定，不溶或微溶于水，易溶于多种有机溶剂和脂肪，在环境中残留时间长，不易分解，并能借助大气和水不断地迁移和循环，从而波及全球的每个角落。有机氯农药通过食物链传递时能发生富集作用，是一类重要的农药和环境污染物。1970 年前后，许多国家颁布了禁用或限制使用有机氯杀虫剂的规定。由于有机氯农药在环境中性质稳定，有明显的生物积累作用，因此这类农药的残留分析始终具有特殊的意义。

有机氯农药的分析中应根据待测物的性质选取合适的提取方法和净化方法，检测方法中气相色谱法由于具有方便、快捷等优点而被广泛采用。

1. 提取方法

对有机氯杀虫剂残留的提取，根据基质不同，一般采用索氏提取法、振荡法、超声波法、捣碎法、固相提取法以及洗脱法、消化法、液-液分配法等。

2. 净化方法

目前有机氯农药残留的测定多用 GC-ECD 法（电子捕获气相色谱法）。由于 ECD 是一种非常灵敏的检测器，很容易被样品中的干扰物质污染，因此，必须通过净化处理防止杂质的污染。净化的方法有多种，一般采用柱层析法、磺化法、液-液分配法等。

3. 检测方法

使用气相色谱法分析有机氯农药残留时，一般采用 ECD 检测。该检测器对有机氯农药具有很高的灵敏度和选择性，最小检测量可达 $10^{-11} \sim 10^{-14}$ g。但对于其他卤化物、含硫化合物、含磷化合物以及过氧化物、硝基化合物、多环芳烃、共轭羰基化合物等电负性物质，皆具有很高的灵敏度和选择性，所以在分析中需要注意这些杂质带来的干扰，分析时对这些物质通常可用辅助技术进行净化消除。

目前多采用分离效果好的毛细管气相色谱法，常用的固定液种类有 OV-1、OV-101、OV-17、OV-210、QF-1、SE-30、SP-2250、SP-2401、SP-5、DB-5、DB-608、SPB-608、DC-200等。主要针对检测化合物的性质来选择固定液的种类，极性化合物选择极性固定液，弱极性化合物选择弱极性或非极性固定液。

（二）有机磷类

20 世纪末，在我国农药生产种类中，杀虫剂占了总产量的近 70%，而在杀虫剂总产量中，有机磷农药又占了近 70%。有机磷农药在我国农药生产和使用中有着特殊的地位。

有机磷农药品种不同,经口急性毒性差别很大。依经口急性毒性可将有机磷农药分为高毒、中毒、低毒三类。有机磷农药为神经毒物,进入体内后主要抑制血液和组织中胆碱酯酶活性,胆碱能引起神经紊乱,表现为出汗、震颤、共济失调、精神错乱、语言失常等。

有机磷农药在结构上有许多共性,主要分为五种结构类型:磷酸酯型,如敌敌畏、久效磷等;硫代和二硫代磷酸酯型,如对硫磷、乐果等;磷酰胺和硫代磷酰胺型,如甲胺磷、棉安磷;焦磷酸酯型,如治螟磷;膦酸酯和硫代膦酸酯型,如敌百虫、苯硫磷等。

$$(C_2H_5O)_2\overset{\displaystyle S}{P}-O-\overset{\displaystyle S}{P}(OC_2H_5)_2$$

治螟磷

$$(CH_3O)_2\overset{\displaystyle O}{P}-O-\underset{CH_3}{\overset{\displaystyle}{C}}=\underset{CO-NHCH_3}{\overset{\displaystyle H}{C}}$$

久效磷

$$(CH_3O)_2\overset{\displaystyle S}{P}-S-CH_2-CO-NHCH_3$$

乐果

$$\underset{CH_3O}{\overset{CH_3S}{P}}\overset{\displaystyle O}{P}-NH_2$$

甲胺磷

$$(CH_3O)_2\overset{\displaystyle O}{P}-\underset{OH}{\overset{\displaystyle}{C}}H-CCl_3$$

敌百虫

苯硫磷

有机磷农药具有以下特性。

(1)性质不稳定,易分解。无论纯品、制剂还是残留于环境、作物介质中的大多数有机磷农药都比较容易氧化、水解或降解,环境温度、pH、水分能影响这些过程。从毒理学角度来看,由于有机磷农药在生物体内往往会氧化成毒性比原来农药更大的化合物,因此,在有机磷农药的残留分析中,应注意其有毒理学意义的氧化物分析,如乐果和氧乐果、甲基对硫磷和甲基对氧磷等。

(2)极性。有机磷农药的极性关系到提取溶剂、薄层色谱展开系统、气相色谱柱的固定液选择等。在不同的有机磷农药类别中,以磷酰胺型、磷酸酯型、膦酸酯型的极性比较大;硫醇型有机磷农药极性一般强于硫酮型;甲基同系物强于乙基同系物。极性弱的有机磷农药(如辛硫磷、杀螟松)在提取时可以用弱极性溶剂(如石油醚)作为提取溶剂,以减少杂质的干扰;在净化柱上可以用弱极性溶剂进行淋洗;在薄层展开时,可以用弱极性溶剂系统进行展开;在气相色谱固定液选择时,可选用弱极性的固定液(如 DC-200、DEGA、OV-101)。反之亦然。

(3)胆碱酯酶的抑制力。由于不同有机磷农药对胆碱酯酶的抑制力不同,在薄层-酶抑制技术和目前应用广泛的酶源速测技术中,不同农药、不同酶源表现出的检出极限可差几个数量级。

从有机磷农药的毒性、稳定性及其对胆碱酯酶的抑制作用可以看出,有机磷农药对环境安全和人、畜健康的主要威胁在于其残留的急性中毒等方面。因此,其残留分析也较多地集中于水、果品、蔬菜、作物等食品或饲料的残留分析。

针对有机磷农药的分析方法如下。

(1) 提取方法。选择农药残留物的提取溶剂时,根据相似相溶原理,极性农药选择极性溶剂,非极性农药选择非极性溶剂。

常用的混合提取溶剂有乙腈-石油醚、丙酮-石油醚、丙酮-正己烷、丙酮-苯、丙酮-二氯甲烷等。一般来说,混合溶剂作为有机磷农药的提取溶剂比单一溶剂效果好。

就提取方法而言,一般采用振荡法、洗脱法(柱层析淋洗)、超声波法、捣碎法等。提取时样品中加入无水硫酸钠可有助于水溶性较强的化合物的释出。由于某些有机磷农药的热稳定性较差,一般不宜采用索氏提取法。

(2) 净化方法。这里主要介绍柱层析法。常见的柱层析有弗罗里硅土吸附柱层析、活性炭吸附柱层析、中性氧化铝吸附柱层析、凝胶柱层析等。

(3) 测定方法。有机磷农药残留的测定方法主要是气相色谱法,还有高效液相色谱法。应用气相色谱法的检测器为氮磷检测器(NPD)、火焰光度检测器(FPD)以及质谱检测器(MS)。根据化合物结构特点,也有用电子捕获检测器(ECD)进行检测的情况。

(三) 氨基甲酸酯类

氨基甲酸酯类杀虫剂是以毒扁豆碱为结构母体而进行人工合成的一类杀虫剂。从结构来看,氨基甲酸酯类杀虫剂主要可分为 N-甲基氨基甲酸酯类和 N,N-二甲基氨基甲酸酯类两大类。由于前者杀虫谱广、作用强,因此此类农药品种较多。氨基甲酸酯类杀虫剂使用后,其母体在植物体中易被代谢,大多数的氨基甲酸酯在施用后较短的时间内,就可被降解成相应的代谢产物。这些代谢产物通常具有与母体化合物相同或更强的活性。例如,涕灭威亚砜比涕灭威本身具有更有效的抗胆碱酯酶作用。这类农药的残留毒性问题与有机磷农药相似,但有两点不同:一是没有迟发性神经毒性;二是含氨基,进入体内后,在酸性条件下易与食物中亚硝酸盐反应生成亚硝基化合物,有致突变性和致癌性。

20 世纪 70 年代以来,由于部分有机氯和有机磷杀虫剂引起严重的环境生态问题而受到禁用或限用,而氨基甲酸酯类杀虫剂的用量逐年增加,这就使得其残留状况备受关注。在我国农业生产上大量使用的氨基甲酸酯类杀虫剂主要有克百威、异丙威、灭多威、涕灭威、抗蚜威、速灭威、混灭威、仲丁威、害扑威等,国外除了这些品种外还大量使用甲萘威。

$$CH_3-NH-CO-O-N=C-SCH_3$$
$$|$$
$$CH_3$$

灭多威

$$CH_3-S-\overset{\overset{\displaystyle CH_3}{|}}{\underset{\underset{\displaystyle CH_3}{|}}{C}}-CH=N-O-CO-NH-CH_3$$

涕灭威

害扑威

速灭威

O—CO—NH—CH₃   CH₃—NH—CO—O

甲萘威   克百威

在对氨基甲酸酯进行分析时应该注意以下几个方面。

（1）提取。氨基甲酸酯类杀虫剂残留分析样品的制备，主要应考虑此类农药对热不稳定、易水解等特点。在提取和浓缩操作过程中，温度不能过高，提取液的 pH 应避免高于中性，以免引起水解。对于水样、土壤及含油量少的植物样品中的氨基甲酸酯类杀虫剂残留，可用与水混溶的溶剂，如甲醇、乙腈、丙酮等提取，后加水稀释，然后用 C₁₈ 固相柱提取，以不同比例的甲醇-水清洗或洗脱，可获得直接用于分析测定的样品。但由于这类化合物的极性较强，有时 C₁₈ 柱的提取净化效果较差，则可以选用氨基丙基键合硅胶柱或石墨化炭黑柱进行提取。

传统的溶剂提取法在氨基甲酸酯类杀虫剂残留的提取中也是主要的方法，一般使用组织搅碎器或其他方法将试样制成匀浆。最常用的提取溶剂有丙酮、二氯甲烷、石油醚、乙腈、乙酸乙酯、甲醇等，提取液经过净化除去干扰物，最后进行色谱分析。用索氏提取法时，要注意防止农药的热分解和挥发。

（2）净化。最常用的净化方法有液-液分配法、柱色谱法和沉淀法。液-液分配常用的溶剂有丙酮-己烷和乙腈-己烷（石油醚）等。

柱色谱法常用的有弗罗里硅土、硅胶、氧化铝或氨基丙基键合硅胶等正相柱，以及 C₁₈ 柱等反相柱。

（3）应用气相色谱法、气质联用仪进行检测。氨基甲酸酯在 GC 中不稳定，即使在选择柱条件方面下很大工夫，仍不可避免产生氨基甲酸酯的分解，同时也缺乏灵敏度高的选择性检测器，于是只能对不发生分解的氨基甲酸酯进行直接 GC-MS 测定。而对易热分解的化合物，或是考虑将氨基甲酸酯完全水解，以测定氨基甲酸酯的甲胺或酚部分，或是通过热稳定衍生化后测定其衍生物。

① 直接测定：对担体、固定液、色谱柱的老化条件和色谱条件予以特别注意，可直接用气相色谱仪测定某些氨基甲酸酯类农药。一般选用低极性的固定液如甲基或苯基硅酮（SE-30、DC-200、OV-101、OV-17），并采用较短的玻璃柱或石英柱，工作温度适中（140～190 ℃），可直接测定一些氨基甲酸酯类农药。

② 衍生化法：衍生化法是将氨基甲酸酯化合物衍生为适于 GC 的某一种检测器测定的化合物，一般是将农药制成卤代衍生物。这种方法虽可制备成适合 GC 检测的化合物或提高检测的灵敏度，但它无法将农药亲体和它的降解产物在测定中区分开来。同时，操作复杂、耗时长，具有很大的局限性。

（四）拟除虫菊酯类

天然除虫菊素是高效、低毒、低残留的杀虫剂。拟除虫菊酯类杀虫剂是仿天然除虫菊素合成的化学杀虫剂，不仅具有天然除虫菊素杀虫活性高、有强烈的击倒作用和在自然环境较易降解的特点,而且杀虫毒力及对日光的稳定性均优于天然除虫菊素,广泛用于农作物害虫和卫生害虫的防治。合成拟除虫菊酯类在哺乳动物体内通过水解、氧化和轭合代谢,在组织中无蓄积。环境中,在土壤和植物中迅速降解,它们强吸附在土壤和淤泥上,难以用水洗脱,在生物体内几乎没有生物蓄积趋势。

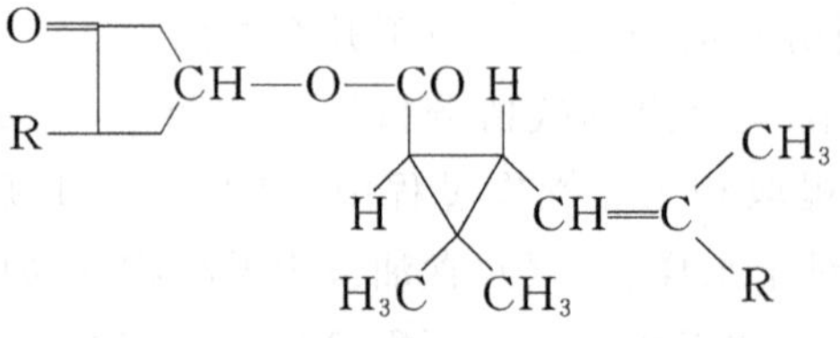

除虫菊素

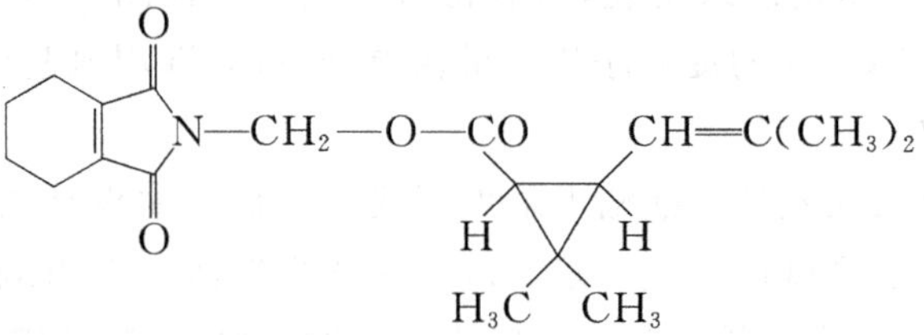

胺菊酯

拟除虫菊酯类的分析方法如下。

(1)提取方法。动植物和环境中拟除虫菊酯杀虫剂残留的提取一般采用加有机溶剂、组织捣碎、振荡的方法。常用的溶剂有正己烷、石油醚、丙酮、乙腈及其混合溶剂。

(2)净化方法。一般采用柱层析净化。常用的吸附剂有弗罗里硅土、氧化铝、硅胶等。

(3)测定方法。

① 气相色谱法。气相色谱是目前测定拟除虫菊酯残留的主要手段。检测器大多使用电子捕获检测器、质谱以及氢火焰离子化检测器等。使用 HP-5、HP-17、OV-101、DB-5MS、DB-5、PE-5、OV-1701、BP-1 等毛细管柱。

② 高效液相色谱法。拟除虫菊酯类杀虫剂残留测定也可利用高效液相色谱为检测手段。例如:蔬菜中的甲氰菊酯、氰戊菊酯、溴氰菊酯、氟氯氰醚菊酯、氟丙菊酯、氟胺氰菊酯、联苯菊酯残留;牛奶中的七氟菊酯、高胺菊酯、苯醚氰菊酯、百树菊酯、氟氰菊酯、氟胺氰菊酯、溴氰菊酯、生物丙烯菊酯、甲氰菊酯、三氟氯氰菊酯、氯菊酯、氯氰菊酯、氰戊菊酯、氯溴氰菊酯残留的测定;糙米中的氯氰菊酯、氰戊菊酯、溴氰菊酯、氯菊酯残留。

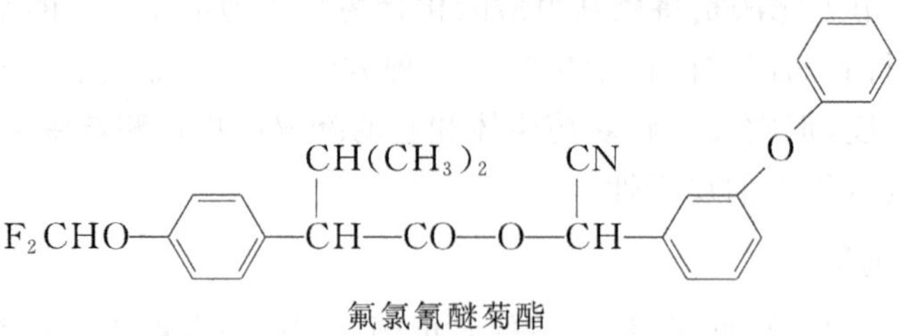

氟氯氰醚菊酯

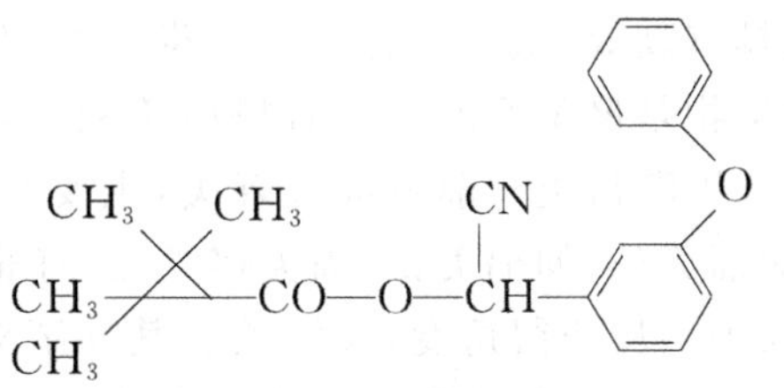

甲氰菊酯

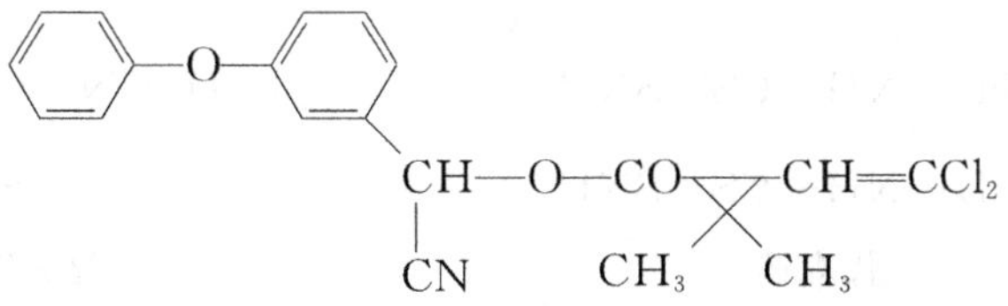

氯氰菊酯

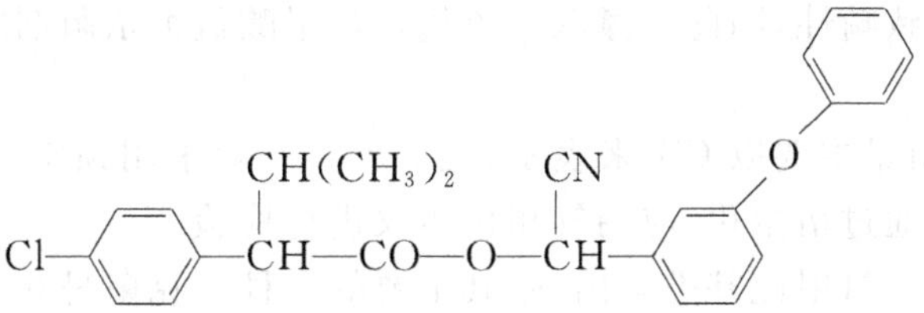

氰戊菊酯

（五）其他含氮杀虫剂

其他含氮杀虫剂主要是指除有机氯、拟除虫菊酯、有机磷酸酯或氨基甲酸酯之外的含氮的有机杀虫剂，主要包括甲脒类、沙蚕毒素类、氯代烟碱类及其他的特异性杀虫剂（如灭幼脲、噻嗪酮、抑食肼）等。甲脒类和沙蚕毒素类杀虫剂对水稻螟虫等具有较好的防治效果，在水稻上有广泛的应用；氯代烟碱类杀虫剂（如吡虫清、吡虫啉等）是近年来开发的一种新型的具有内吸作用的杀虫剂，对蚜螨类害虫具有较高的防效，近年来得以大面积推广；特异性杀虫剂由于其作用机制独特，高效、低毒，在生产上得到广泛应用。由于其他含氮杀虫剂在作物上的大量应用，其在农产品中的残留、残毒引起人物的关注，特别是一些已禁用或限用的杀虫剂（如杀虫脒），其残留量分析更是引人注目。

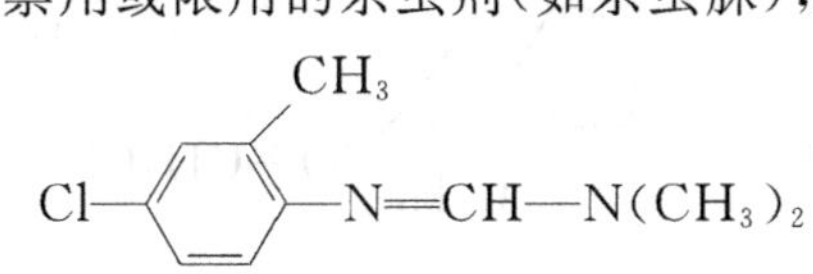

杀虫脒

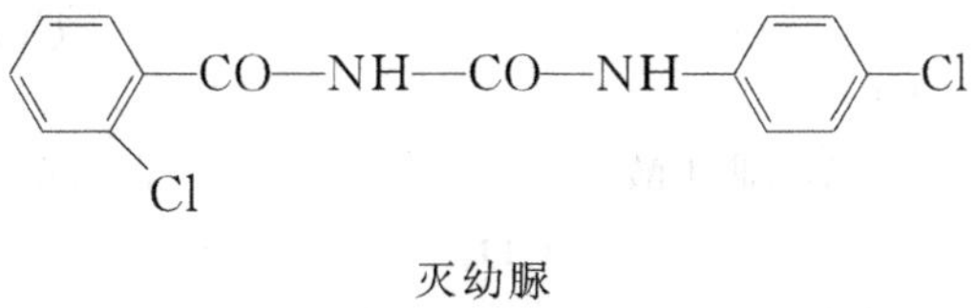

灭幼脲

由于许多其他含氮杀虫剂在化学结构上与氨基甲酸酯类杀虫剂相似，如取代脲类和沙蚕毒素类中的杀螟丹、杀虫隆、灭虫隆等，它们很多也具有分配系数小、对热不稳定、遇碱水解和降解产物有毒理学意义（如杀虫脒）等特性，因此，这类农药的残留分析在技术上与氨基甲酸酯类杀虫剂有相似之处。

（六）有机硫类杀菌剂

该类杀菌剂是指毒性基团或成型基中含有硫的有机合成杀菌剂，是最早研制的有机

杀菌剂。有机硫类杀菌剂具有高效、低毒、杀菌谱广、药害少、不易产生抗药性等优点。其中二硫代氨基甲酸盐类衍生物是最重要的一类有机硫杀菌剂,包括乙撑双二硫代氨基甲酸盐类和二甲基二硫代氨基甲酸盐类。前者即代森类,主要有锌盐、锰盐和铵盐等,代表品种是代森锰锌等;后者即福美类,如福美铁、福美锌等;还有非盐的二分子二甲基二硫代氨基甲酸氧化物,如福美双等。从残留角度,人们关心其在蔬菜、水果及在土壤环境中的残留。由于该类药剂几乎无内吸作用,使用后主要残留在植物体表面,因此,残留提取比较容易。

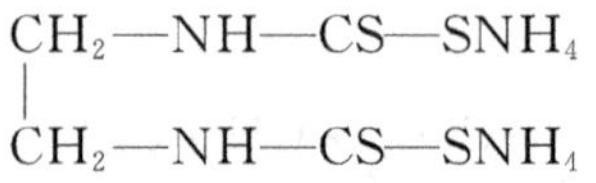

$$CH_2—NH—CS—SNH_4$$
$$|$$
$$CH_2—NH—CS—SNH_4$$

代森铵

$$(CH_3)_2N—C—S—Fe$$
$$\|$$
$$S$$

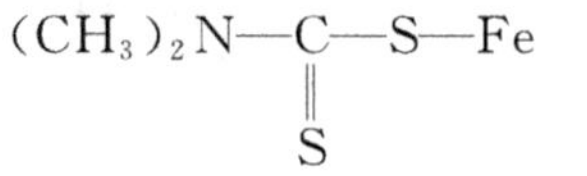

福美铁

该类杀菌剂的杂质及其在环境中的降解产物乙撑硫脲,引起实验动物甲状腺瘤,具有致癌性、致突变性和致畸性,因此乙撑双二硫代氨基甲酸盐类杀菌剂的安全问题受到高度重视。

该类杀菌剂残留量主要以 CS_2 来表示,检验 CS_2 一般采用顶空气相色谱法。对于降解产物乙撑硫脲,多通过衍生化,应用气相色谱仪进行检验。

除此之外,还有三氯甲硫基类杀菌剂,其主要的品种有克菌丹和灭菌丹。该类化合物残留多应用丙酮-石油醚混合液提取,以弗罗里硅土-活性炭净化,气相色谱法检验。

另外氨基磺酸盐和取代苯磺酸类杀菌剂,如氨基磺酸钠、敌锈钠等,提取、检验方法与上述较为类似。

(七) 除草剂

除草剂主要分为苯氧羧酸类除草剂、二苯基醚类除草剂、酰胺类除草剂、苯脲类除草剂、磺酰脲类除草剂等,大多数的除草剂可因光照而分解,在土壤中可以通过微生物的降解而丧失活性,降解后的产物对人体毒害较小。检验过程中,由于除草剂相对分子质量一般较大,不易汽化,多采取液液提取后,应用高效液相色谱仪进行检验。

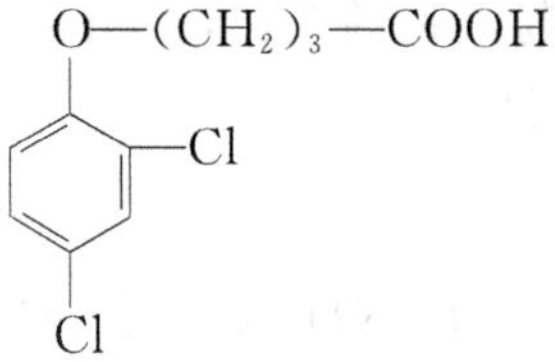

2,4-滴丁酸 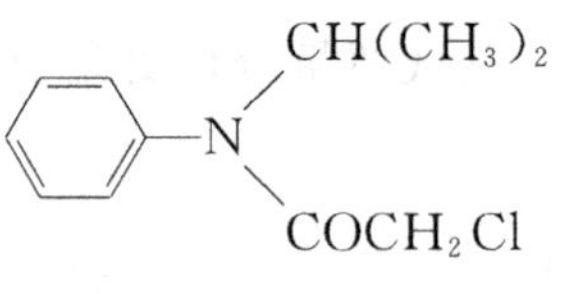   毒草安 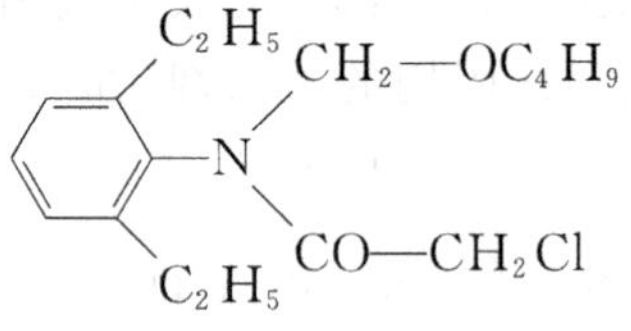   丁草胺

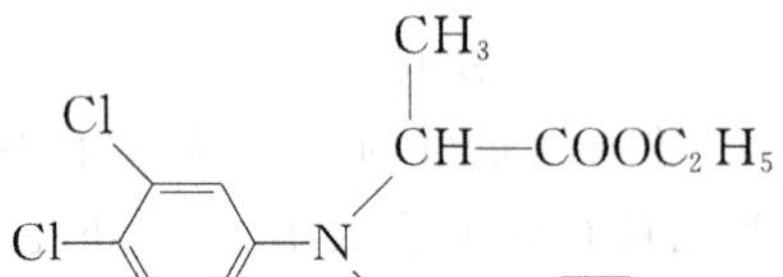

新燕灵 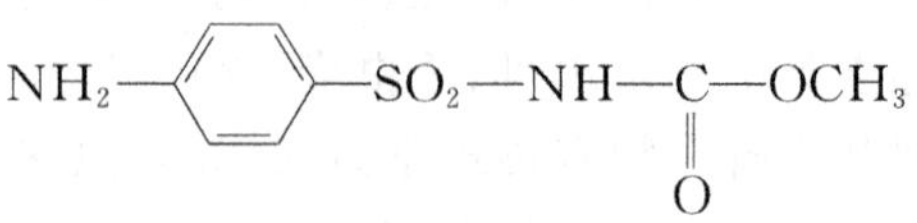   磺草灵

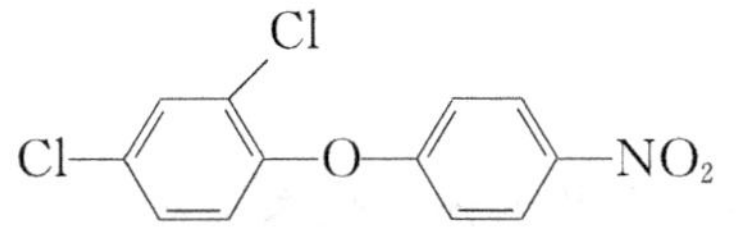

除草醚

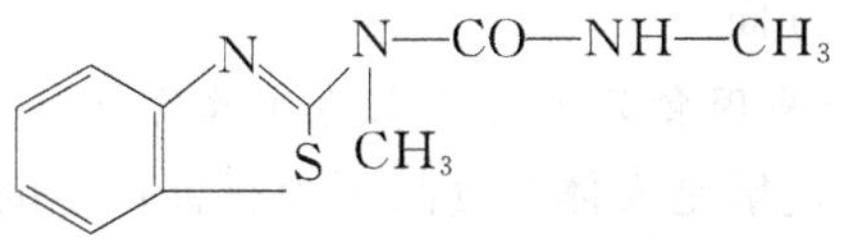

甲基苯噻隆

以苯氧羧酸类除草剂为例,介绍其残留的检测方法。该类除草剂的取代基主要有苯氧基、芳氧基、杂环氧基苯氧基等。脂肪酸主要有乙酸、丙酸、丁酸等。苯氧羧酸类除草剂杀草谱较广,主要用于防治一年生、多年生阔叶杂草及莎草科杂草。苯氧羧酸类除草剂的主要品种有 2,4-D、2 甲 4 氯、吡氟禾草灵、禾草灵、喹禾灵、噻唑禾草灵等。苯氧羧酸类除草剂由于在分子内具有相当大的亲脂性成分,在水中的溶解度极低,多采用丙酮-石油醚混合液提取,以弗罗里硅土-活性炭或中性氧化铝净化,主要以高效液相色谱法检验。

任务三　转基因食品的安全检测

一、转基因食品安全问题

当前转基因食品安全性争议范围之广,大概只有 20 世纪 40 年代的核技术能与之相比。支持派认为如果转基因农业生物技术得不到社会支持,这一研究将被扼杀,并且强调,迄今为止并没有发现转基因食品危害人体健康和环境的确切证据。但 1998 年 8 月,英国阿伯丁的罗威特研究所 Pustai 教授发现老鼠食用转基因土豆之后免疫系统受到破坏;1999 年美国康乃尔大学也发现,转基因玉米会危害蝴蝶幼虫及其相关生态环境。因此,环保团体认为,这种违反自然的转基因作物及产品未经长期安全测试,长期食用可能对人类及生态环境造成负面影响。尤其是注重环境和生态保护的欧盟国家,对转基因作物更加排斥,因而抵制美国转基因生物产品的进口。

关于转基因生物安全性的争论主要在两个方面:一是通过食物链对人产生影响,二是通过生态链对环境产生影响。

食物安全性因素主要考虑以下几点:①转基因产物的直接影响,即营养成分、毒性或增加食物过敏性物质的可能;②转基因间接影响,指经遗传工程修饰的基因片段导入后,引发基因突变或改变代谢途径,致使其最终产物可能含有新的成分或改变现有成分的含量所造成的间接影响;③植物里导入了具有抗除草剂或毒杀虫功能的基因后,它是否也像其他有害物质一样能通过食物链进入人体内;④转基因食品经胃肠道的吸收而将基因转移至胃肠道微生物中,从而对人体健康造成影响。

环境安全性因素主要考虑以下几点:①转基因生物对农业和生态环境的影响;②产生超级杂草的可能;③种植抗虫转基因作物后可能使害虫产生免疫并遗传,从而产生更加难以消灭的"超级害虫";④转基因向非目标生物漂移的可能性;⑤其他生物吃了转基因食物是否会产生畸变或灭绝;⑥转基因生物是否会破坏生物的多样性等。

鉴于以上情况和现有的研究成果,当前人们关注的转基因食品质量安全问题主要有

以下几个方面。

1. 转基因食品可能产生的过敏反应

食物过敏是人体对食品所含有害物质的反应,它涉及人体免疫系统对某种特异蛋白的异常反应。转基因作物通常插入特定的基因片断以表达特定的蛋白,而所表达蛋白如果是已知过敏原,则有可能引起人类的不良反应,即便表达蛋白为非已知过敏原,但只要是在转基因作物的食用部分表达,则也需对其进行评估。

2. 抗生素标记基因可能使人和动物产生抗药性

由于转基因食品研发中使用了抗生素抗性标记基因,用于帮助在植物遗传转化筛选和鉴定转化的细胞、组织和再生植株。标记基因本身并无安全性问题,有争议的一个问题是会有基因水平转移的可能性。因此,对抗生素抗性标记基因的安全性考虑之一是转基因植物中的标记基因是否会在肠道水平转移至微生物,从而影响抗生素治疗的有效性,进而影响人或动物的安全。

3. 对人和动物健康的影响

转基因食品对人或动物健康的影响在于外源性基因在目标生物中重组、表达的过程中,可能形成新的有毒和致敏物质。1998 年秋,苏格兰 Rowett 研究所的 Arpad Pustztai 在一部电视纪录片中公布他的实验结果:用转雪莲花凝集素基因(GNA)的马铃薯饲喂大鼠,引起大鼠器官生长异常、体重减轻、免疫系统遭到破坏。这在当时引起轰动,使公众对转基因食品的安全性提出怀疑。但经过英国皇家学会组织专家评审,于 1999 年 5 月作出了这项实验有 6 条缺陷的结论。目前关于食用转基因食物是否会影响人或动物的健康依然没有定论。

4. 食品品质的改变

转基因食物营养学的变化也是值得引起重视的问题。转基因食品在营养方面的变化可能包括营养成分构成的改变和不利营养成分的产生。通过插入确定的 DNA 序列可以为宿主生物提供一种特定的目的品质,称为预期效应,在理论上也有一些生物获得了额外的品质或使原有的品质丧失,这就是非预期效应,对转基因食品的评价应包括这类非预期效应。许多研究致力于用基因工程技术改变作物以期获得更理想的营养组成,由此提高食品的品质,如淀粉含量高、吸油性低的马铃薯,含 β-胡萝卜素的金稻,有利于酿造的低蛋白的水稻,不含芥子酸的卡诺那油菜等,但也出现了非预期的效应,如一种遗传工程大豆提高了赖氨酸含量,却降低了脂类的含量。

5. 外源基因的安全性

外源基因主要包括两大类,即目的基因和标记基因。目前在转基因食品工程中应用的目的基因已超过百种。目的基因通过在受体生物细胞内表达生物活性物质,或通过调节受体生物中某些特异基因的表达,或通过删除受体生物中某些不利的基因,实现其对受体生物表型和性状的修饰作用。转基因研究的目标不同,所使用的目的基因也不相同。常用的目的基因有除草剂抗性基因、病虫害抗性基因、品质改良基因等。标记基因包括选择标记基因和报告基因,是植物遗传转化中筛选和鉴定转化的细胞、组织和再生植株的一类外源基因。在选择压力下,不含选择标记基因及其产物的非转化细胞和组织发生死亡,而转化细胞由于有抗性,因此可以继续存活。常用的选择标记基因有抗生素抗性基因和除草剂抗性基因。报告基因是一种编码可被检测的蛋白质或酶的基因,也就是说,是一个其表达产物非常容易被鉴别的基因。把它的编码序列和基因表达调节序列相融合形成嵌合基因,或与其他目的基因相融合,在调控序列控制下进行表达,从而利用它的表达产物来标定目的基因的表达调控,筛选得到转化体。常用的报告基因有 β-葡萄糖苷酸酶基因(*gus*)、荧光素酶基因(*luc*)、氯霉素乙酰转移酶基因(*cat*)和绿色荧光蛋白基因(*gfp*)等。有时标记基因本身就是目的基因,如除草剂抗性基因。这些基因并非原来亲本动植物所有,有些甚至来自不同类、种或属的其他生物,包括各种细菌、病毒和生物体。目前的研究证实,外源基因不会对人体产生毒性,而且经 DNA 水平转移至肠道微生物或上皮细胞的可能性也非常小。但外源基因可能对食品的营养价值产生无法预期的改变,其中有些营养降低,而另一些营养增加。而新转入的目的基因由于其自身稳定性及插入受体生物基因组位置的不确定性,可能导致转基因食品的营养成分构成发生变化,产生新的有毒物质等。

6. 潜在毒性

遗传修饰在打开一种目的基因的同时,也可能无意中提高天然植物毒素的含量。例如,龙葵素、棉酚、组胺、酪胺、番茄中的番茄毒素、马铃薯中的茄碱、葫芦科作物中的葫芦素、木薯和利马豆中的氰化物、豆科中的蛋白酶抑制剂、油菜中致甲状腺肿物质、香蕉中胺类前体物、神经毒素等。生物进化过程中,生物自身的代谢途径在一定程度上抑制毒素表现,即所谓的沉默代谢。但是在转基因食品加工过程中,基因的导入有可能导致沉默代谢被打开,使得毒素蛋白发生过量表达而增加这些毒素的含量,给消费者健康造成危害。

7. 影响人体肠道微生态环境

转基因食品中的标记基因有可能传递给人体肠道内正常的微生物群,引起菌群谱和数量变化,通过菌群失调影响人的正常消化功能。

8. 影响膳食营养平衡

转基因食品的营养组成和抗营养因子变化幅度大,可能对人体膳食营养产生影响,造成体内营养素平衡紊乱。此外,有关食用植物和动物中营养成分改变对营养的作用、营养基因的相互作用、营养的生物利用率、营养的潜能和营养代谢等方面的作用,目前介绍的资料很少。

9. 对环境的影响

转基因食品在研究、生产过程中使新的组合基因释放到环境中,可能对环境造成不利影响。例如,转基因植物可通过花粉、种子等途径扩散到环境中,再经过自然选择、进化,有可能产生生命力极强(如具有抗虫害、抗除草剂等特性)的杂草。抗虫害的转基因农作物除对害虫有致死作用外,对其他昆虫也具有毒性,可能对生态环境造成不利影响。另外,释放到环境中的大量微生物则可能使自然界的物质循环受到干扰。

二、转基因食品安全检测

转基因食品安全检测是指对深加工食品和食品原料中的转基因成分进行检测,是对

转基因食品进行确定、生产和管理的必要手段。由于转基因食品存在一些不确定因素，可能蕴藏着 DNA 逃逸、过敏蛋白的产生等危险性，因而转基因食品的生物安全性问题已经引起了世界上的许多国家，以及世界卫生组织（WHO）、联合国粮农组织（FAO）、国际食品法典委员会（CAC）、经济合作与发展组织（OECD）等国际组织的普遍关注和高度重视，美国、欧盟、日本、澳大利亚、俄罗斯、加拿大、中国等先后制定了有关转基因产品的政策和法规，并发展了许多转基因食品的检测技术和方法。当前国际社会对转基因食品检测采用的技术路线主要有两条，即通过检测外源蛋白质和外源 DNA 来进行识别。

（一）外源蛋白质检测

外源蛋白质检测主要是基于免疫分析技术，此技术的优点主要在于免疫反应的高度特异性，即使有干扰性的化合物存在，也能准确地识别抗原性物质。常用的检测转基因食品的免疫方法有酶联免疫吸附实验法和蛋白质印迹法。

1. 酶联免疫吸附实验法

酶联免疫吸附（ELISA）实验主要是基于针对检测蛋白的抗体与检测蛋白具有极高和特异亲和力，通过它们之间酶反应将抗原抗体反应信号放大，实现对目标蛋白的检测。此法一般在酶联板上或膜上进行，检测一次需要 4 h 左右。此法操作快速方便、费用低，可以半定量及定量检测，具有商业可利用性，并具有高度选择性和灵敏性。而由 ELISA 法衍生出来的试纸条法等更可应用于田间检测。但 ELISA 法的一些缺点限制了它的使用：①由于转入的目的基因的种类众多，抗体种类需求也多；②食品中的蛋白质容易因加工的过程失活或分解，使检测结果假阴性率增加。因此，ELISA 法检测只适用于原材料、浅加工食品的检测，对深加工食品不能检测；ELISA 法对一些转基因食品无法检测，如 Novertis BTl76 玉米，因为苏云金菌素只存在于叶片中，而不存在于玉米粒中。

2. 蛋白质印迹法

蛋白质印迹法（western blot）将电泳的较高的分离能力、抗体的特异性和显色酶反应的灵敏性结合起来，是检测复杂混合物中特异蛋白质的最有力的工具之一；普遍用于分离、检测特异的目的蛋白质，灵敏度为 1～5 ng。它可确定一个样品中是否含有低于或超过预定限值水平的目的蛋白质，特别适用于难溶或不溶蛋白质的分析。

免疫测定的主要缺点之一是复杂基质（如加工的蔬菜和食品）对它的准确性和精确度有干扰。实际上，许多存在于食物基质中的物质，如表面活性剂（皂角苷）、酚化物、脂肪酸、内源磷酸（酯）酶，均可以抑制特异的抗原-抗体相互作用。此外，外源基因表达的蛋白质在较低水平时或热处理变性时，免疫方法的检测能力下降。某些导入蛋白质并不是在植物的所有组织中均有表达，例如在玉米中一些蛋白质大部分表达在叶子中，而不在玉米粒中。特别需要指出的是，在加工过程中蛋白质会发生降解，因此这种技术只适合未加工的原材料的检测。而且如果导入的 DNA 的蛋白质没有表达，也不能应用这种技术。DNA 相对于蛋白质具有更多的热稳定性，能够在食物加工过程中存留。

（二）外源 DNA 检测

DNA 存在于生物体的大部分细胞内，无组织依赖性。而且由于非编码基因的存在以及密码子的简并性，DNA 提供了更为详细的信息。此外，DNA 分子相对稳定性好，受食品加工的影响小。因此,基于 DNA 的检测方法特异性高,适合多数种类的样品(原材料、食品配方成分、加工产品)的检测,所以被认为是最有前途的检测转基因食品中外源基因的方法。由于用聚合酶链反应法(PCR)检测有可能呈假阳性结果,而应用于转基因食品检测的特异性 PCR 方法可防止假阳性,该方法采用一套成对引物,这些引物横跨两个毗邻的基因元件或特异地结合目的基因序列。尽管目前有几种可以应用的检测技术如毛细管凝胶电泳法(CGE)、高效液相色谱法(HPLC)和质谱法,但常见的是印迹杂交法(southern blot)和 PCR 法。DNA 芯片技术是目前有待发展的 DNA 检测技术。

1. 聚合酶链反应法

聚合酶链反应法(PCR)就是利用核酸复制酶、引物和核酸单体组成物质(4 种单核苷酸),在试管内完成模板脱氧核糖核酸(DNA)的复制。DNA 的体外复制分成 3 个步骤:高温(94 ℃左右)将 DNA 双链分开;在合适的温度下,引物和 DNA 模板上特定互补区域结合;在 DNA 复制酶作用下(72 ℃左右),利用 4 种单核苷酸,从引物结合位点沿着模板 DNA 开始合成互补的 DNA 新链。每完成 1 次复制,模板核酸增加 1 倍。由于耐高温复制酶的出现,现在可以利用 PCR 扩增仪,循环进行上述过程,每循环 1 次,模板核酸放大 1 倍,理论上讲,10 个循环后则模板 DNA 会放大 1 024 倍,20 个循环则放大超过 100 万倍,理论上可以不断扩增下去,进行无限制的放大。因此,PCR 是目前最灵敏的检测方法。理论上讲,只要有一个模板分子存在,就可以将其放大到可以检测出的水平;只要知道模板核酸序列,任何核酸都能用 PCR 方法进行检测。但通常每一种模板核酸都需要设计不同的引物和反应参数,不同酶和仪器也需使用不同的参数和程序。

PCR 技术操作简便,结果精确,能系统化和大量检测,是一种用于检测转基因食品的最普遍的方法。

(1)定性 PCR 法。

PCR 法是最常用的 DNA 检测方法,非常灵敏。在实验室里只需要 100~350 mg 的待测样品就足够进行 DNA 抽提(在 PCR 反应前抽提的 DNA 必须稀释,因为通常一个反应体系仅需 5~50 ng)。该方法的一个关键的限速步骤是 DNA 抽提与纯化。定性 PCR 法的一般程序为:提取食品中的 DNA;设计与待测特异 DNA 片断相适应的引物;对待测 DNA 片断进行 PCR 扩增;用琼脂糖凝胶电泳分离扩增的 DNA,EB 染色后,分析鉴定转基因成分。定性 PCR 法本身具有局限性,所采取的 PCR 法因其高敏感性常伴有假阳性现象,而操作上的误差,加上一些反应抑制因素也可带来假阴性现象,其最大的不足是无法对转基因成分进行定量分析。

(2)定量 PCR 法。

研究者们在定性 PCR 法的基础上,发展了不同的定量 PCR 检测方法。目前定量检测方法主要有定量竞争 PCR(QC-PCR)和实时定量 PCR 方法(real time PCR),已被一些国家的政府实验室采用。

① 定量竞争 PCR:先构建含有修饰过的内部标准 DNA 片断(竞争 DNA),与待测 DNA 进行共扩增,因竞争 DNA 片断和待测 DNA 的大小不同,经琼脂糖凝胶可将两者分开,并可进行定量分析。

② 实时定量 PCR:此方法须设计一个内部探针,该探针包含 5′端荧光报告因子和 3′

端淬灭因子。PCR 反应前,淬灭因子与荧光报告因子的位置相近,使荧光受到抑制而检测不到荧光信号。随着 PCR 反应从上游的 PCR 引物开始,引物和标记探针与目标 DNA 分子中对应的互补序列复性,聚合酶与探针相遇,利用其 5′核酸外切酶活性使报告因子释放,产生的荧光可被内设的激光器记录,记录到的荧光强度可反映 PCR 的产物量,从而实现实时定量分析。实时定量 PCR 方法的主要缺点是荧光标记探针会在一些食物基质中水解。另外,仪器较贵。

2. PCR-ELISA

PCR-ELISA 是一种将 PCR 的高效性与 ELISA 高特异性结合在一起的检测方法,它利用地高辛或生物素等标记引物,将 PCR 扩增产物与固相板上特异的探针结合,再加入抗地高辛或生物素的酶标抗体辣根过氧化物酶结合物,最后使底物显色,在酶标仪上读取数值。利用 PCR-ELISA 对转基因大豆检测,灵敏度比欧盟推荐的 PCR 方法提高 5～10 倍。它快速方便,避免了有毒物质 EB 的使用,适合大批量自动检测。

3. 印迹杂交法

印迹杂交法也是对 DNA 进行检测的一种方法,结果精确,但操作复杂、费时,因此不作为常用的检测方法。

三、转基因食品法律法规

转基因食品方面的全球性法规及区域性法规,主要是由国际食品法典委员会、联合国的几个专门机构、生物多样性公约缔约国以及经济合作与发展组织等机构制定的。国际食品法典委员会成立了生物技术食品政府间特别工作组(CXFBT)以特别关注转基因食品。2002 年 10 月,在日本召开的第三次会议上,工作组将《现代生物技术食品风险分析的基本原则》和《重组 DNA 植物食品的食品安全性评价执行准则》推进到法典制定程序的最后一步,将《过敏性评价》附录和《食品中重组 DNA 微生物的食品安全性评价执行准则》提交执行委员会。这一系列法规和文件的制定,表明国际食品法典委员会在转基因食品安全性评价方面的工作在逐步完善和深入。还有其他的转基因食品方面的国际法规。联合国粮农组织于 1991 年制定了《影响植物遗传资源保护和利用的植物生物技术行为守则草案》;联合国环境规划署(UNEP)于 1995 年制定了《UNEP 生物安全性国际技术准则》,为各国政府间组织、私人团体以及其他国际组织在建立和实施生物技术安全性评价国家能力、推动合作和信息交换等方面提供了参照依据;联合国工业发展组织于 1991 年出版了《向环境释放生物体的自愿行为守则》;世界卫生组织于 2002 年公布了一项全球性食品安全战略草案《食品安全规划—2002》,提出了七项维护全球食品安全的战略措施;等等。

从各国颁布的与转基因食品有关的法律法规来看,主要分为以美国为代表的支持派和以欧盟为代表的谨慎派。

由于欧盟对转基因食品可能危害健康和环境的担忧比较强烈,欧盟对转基因食品及相关产品一直持谨慎态度,欧盟的转基因法规体系也比较系统和全面。自 1990 年 4 月颁布了《关于转基因生物有意环境释放的指令》规定了强制性标识制度以来,一直在关注转基因食品的安全性问题,并不断地更新和颁布新的法规以完善转基因食品的法规管理体系。2003 年欧盟农业部长理事会正式通过了两项关于转基因生物(GMO)的欧盟委员会提案,即《转基因食品和饲料管理条例》和《转基因生物、饲料、食品追踪与标识管理条例》,标志着欧盟建立了一个清晰的追溯和标识转基因生物的体系,用于规范转基因食品和转基因动物饲料的市场投放和标签标识。

作为世界上最大的转基因食品生产国,美国对转基因一直保持宽松态度,转基因技术应用广泛且在转基因生物安全管理上比较宽松,对转基因食品的生产和流通不加任何限制,对食品是否属于转基因类或来源于转基因作物不必加以说明或标识。美国食品和药物管理局在 20 世纪 80 年代颁布了《联邦食品、药品和化妆品条例》,对转基因食品实行安全管理。1986 年,美国总统办公厅科技政策办公室发布《生物技术协调框架》,并于 1992 年对此作了修订,该协调框架阐明了美国生物安全管理的基本原则,即美国的环境保护局、农业部、食品和药物管理局根据规章行使生物安全监督职责应基于食品本身的特征和风险,而不应根据所采用的技术,而且生物技术食品的安全应根据各个食品的情况逐案鉴定。

日本政府虽然批准转基因技术在食品行业的使用,但是仍属谨慎态度,主张通过非强制性行政指南对基因工程的操作程序,即对生物技术本身进行安全管理。2001 年 4 月出台转基因生物标识规定,规定如果 24 种大豆、玉米产品转基因含量超过 5%,进行强制性标识;如果产品要标识为"不含转基因",必须具备以下两个条件:转基因含量小于 5%;证明产品在生产和销售的每一阶段都是基于"身份保持"基础之上的。

我国关于转基因生物的研究和生产起步较晚,但是发展较快。与转基因食品安全有关的法律制度已经粗具规模,一共颁布过行政法规 1 部,部门规章 8 部,其中农业部 5 部,卫生部 1 部,检验检疫总局 1 部,科委 1 部,如《农业转基因生物安全管理条例》、《农业转基因生物标识管理办法》、《转基因食品卫生管理办法》等,体现出了一定程度的全过程控制理念,对农业转基因生物和转基因食品的规范也较为完善。但与欧美发达国家相比,我国在转基因标识制度(如转基因标识标准、标识范围)、转基因食品追踪制度、转基因审批制度等方面仍有不够完善的地方。我国近期对农业转基因生物采取"积极研究、慎重推广、加强管理、稳妥推进"的方针。为保障相关法规的实施,采取了有效的管理措施,成立了农业转基因生物安全管理领导小组和国家农业转基因生物安全委员会,制定了农业转基因生物安全管理部际联席会议制度以及农业转基因生物安全评价管理程序、进口安全管理程序、标识审查认可程序、临时措施管理程序等四个规范性文件,对有关申请、受理、审查和批复等各环节及时间要求作出了明确规定,并公开发布。

对转基因食品持反对态度的国家中,斯里兰卡态度较为典型。2001 年起该国禁止所有转基因食品的进口,以及转基因食品的制造、运输、储存、分发和销售。

生物技术的应用提高了粮食的产量,提供了更为优质的作物品种,提供了多种食品安全检测的方式方法,可以说在当今食源性疾病不断上升,恶性食品污染事件接二连三,食品加工新技术与新工艺带来不确定性危害的形势下,食品生物技术应用于食品安全检测具有广大的发展空间。

实训七 蔬菜水果中农药残留检测

一、实训目的

了解蔬菜水果中农药残留的气相色谱检测方法及外标定量法。

二、实训原理

蔬菜水果中的有机磷农药经提取、分离纯化后在富氢焰上燃烧,以 HPO 碎片的形式放射出波长 526 nm 的光,这种特征光通过滤光片选择后,由光电倍增管接收,转化成电信号,经放大后被记录下来。将试样的峰面积与标准峰面积相比,计算出试样相当的量。

三、试剂与仪器

1. 试剂

二氯甲烷、无水硫酸钠、丙酮、硫酸钠溶液(50 g/L)。

中性氧化铝:层析用,经 300 ℃活化 4 h,备用。

活性炭:称取 20 g 活性炭,用 3 mol/L 盐酸浸泡过夜,抽滤至干,用水洗至无氯离子,在 120 ℃下烘干备用。

农药标准储备液:准确称取有机磷农药标准品,用苯(或二氯甲烷)配制成储备液,在冰箱中保存。

农药标准使用液:临用时使用二氯甲烷稀释为使用液,使其浓度为敌敌畏、乐果、马拉硫磷、对硫磷每毫升各相当于 1.0 μg。

2. 仪器

均质器、振荡仪、配备火焰光度检测器(FPD)的气相色谱仪。

四、方法与步骤

1. 提取与净化

将蔬菜或水果加入专用的无菌样品袋中,一起放入均质器中,关上门便可自动开始和完成样品破碎、混匀。称取 10 g 混匀的样品,置于 250 mL 具塞的锥形瓶中,加 30～100 g 无水硫酸钠(根据蔬菜含水量)脱水,使用垂直振荡器剧烈振摇后,如有固体硫酸钠存在,说明所加无水硫酸钠已够。加 0.2～0.8 g 活性炭(根据蔬菜色素含量),脱色。加 70 mL 二氯甲烷,在振荡器上振摇 0.5 h,使用过滤器,经滤纸过滤。量取 35 mL 滤液,在通风橱中室温下自然挥发至近干,用二氯甲烷少量多次研洗残渣,移入 10 mL(或 5 mL)具塞刻度试管中,并定容至 2 mL,备用。

2. 色谱条件

进样口温度 220 ℃,检测器温度 300 ℃,柱温 180 ℃(敌敌畏检测柱温为 130 ℃),色谱柱可选用 HP-5 毛细管柱。

3. 测定

将混合农药标准使用液 1～5 μL 分别进样,可测得不同浓度有机磷标准溶液的峰面积,以此绘制敌敌畏、乐果、马拉硫磷、对硫磷农药的标准曲线。以测定标准溶液相同的进样体积测定试样中的有机磷农药峰面积,从标准曲线中求得相应的含量。

五、实训结果

试样中有机磷农药的含量按照下式计算:

$$X = \frac{A \times 1\,000}{m \times 1\,000 \times 1\,000}$$

式中:X——试样中有机磷农药的含量,mg/kg;

A——进样体积中有机磷农药的质量,ng;

m——进样体积相当于试样的质量,g;

在重复性条件下,两次独立测定结果的绝对差值不得超过算术平均值的 10%。

六、实训报告

根据实训结果,写出实训报告。

 项目小结

食源性微生物污染是食源性疾病的主要原因,常见的食源性致病微生物有肠出血性大肠埃希杆菌、金黄色葡萄球菌、肉毒梭菌、幽门螺旋杆菌等。前三种致病菌主要是通过产生毒素的方式致病,而幽门螺旋杆菌则由于其高致病性和致癌性而备受关注。目前常使用的针对病原菌的检测方法主要有培养检测法、基因检测法等。食物中肠毒素常采用酶联免疫吸附法(ELISA)、血清学反应、动物学实验进行检测;肉毒毒素的检测采用小鼠腹腔注射法等;幽门螺旋杆菌的检测分为侵袭性和非侵袭性两大类,侵袭性方法主要包括细菌的分离培养和直接涂片、快速尿素酶实验、药敏实验,非侵袭性方法主要包括抗体检测、抗原检测、尿素 $^{13}C/^{14}C$ 呼气实验等。

农药残留是农药使用后一个时期内没有被分解而残留于生物体、收获物、土壤、水体、大气中的微量农药原体、有毒代谢物、降解物和具有毒理学意义的杂质等所有衍生物的总称。根据农药残留的特性可分为植物残留性农药、土壤残留性农药和水体残留性农药。根据农药的类别,农药残留分为杀虫剂(包括有机氯类、有机硫类、有机磷类等)残留、杀菌剂残留、除草剂残留几个常见的种类。常用的检测方法是在使用特定的方法提取和净化后,使用气相色谱法或液相色谱法进行测定。这种检测方式具有相对简单、易操作且重复性好的特点。

转基因食品是近几十年出现的新型食品,它具有抗病虫害能力强、增强营养、增加产量等优点。但是关于转基因食品是否安全依然是争论的焦点,各国对待转基因食品的态度也大不相同。转基因食品的检测主要包括外源蛋白的检测和外源基因的检测。常用的检测转基因食品的免疫方法有酶联免疫吸附实验法和蛋白质印迹法。常见的外源基因的

检测方法是印迹杂交法和 PCR 法。

复习思考题

1. 大肠杆菌的检测方法有哪些?
2. 金黄色葡萄球菌的致病机理及检测方法是什么?
3. 试述肉毒梭菌的致病性及主要检测方法。
4. 试述幽门螺旋杆菌的致病性及非侵入法检测步骤。
5. 试述农药残留的主要种类及其典型的检测方法。
6. 农药残留的方式有哪些?
7. 试述转基因食品及转基因生物的概念。
8. 转基因食品的优点及不利因素有哪些?

项目八

现代生物技术与食品工业"三废"治理

 知识目标

了解食品工业"三废"的来源和特征;掌握食品工业"三废"的排放标准;理解食品工业"三废"应用生物技术治理的原理。

 能力目标

掌握利用生物技术对食品工业"三废"进行处理的方法,提高分析问题与解决问题的能力。

任务一 食品工业废水生物处理技术

一、食品工业废水的来源和基本特征

1. 废水的水质指标

废水的水质指标可分为物理指标、化学指标和生物指标三大类,分别代表水中杂质的种类和数量,可用于判断废水水质的优劣及污染程度,并作为确定废水处理的程度和工艺流程的重要依据。

(1) 废水的物理指标 主要包括温度、颜色、臭味及固体含量等。由于食品工业废水常含有有机物、生物色素、有机添加剂等影响废水色度的物质和大量悬浮固体,因此,重点监测的指标是色度和悬浮物(SS)。

① 色度:色度是衡量水色程度的指标。测定时,一般以除去悬浮物后的真色为标准,采用比色分析法,即用已知浓度的标准有色溶液(如铂钴标准溶液,1 L 水中含 1 mg 铂时具有的颜色称为色度 1 度)和未知色度的水样在颜色上进行比较而得出结果。

② 悬浮物(SS):固体污染物在水中以三种状态存在,即溶解态、胶体态和悬浮态。能

181

透过滤膜(孔径为 0.45 μm)的固体污染物称为溶解固体(DS),不能透过的称为悬浮固体或悬浮物(SS),两者合称为总固体(TS)。悬浮物是一项重要水质指标,它的存在使水质混浊,管道及设备阻塞、磨损,干扰污水处理及回用设备的运行。

(2) 废水的化学指标　包括有机指标和无机指标两大类。生化需氧量、化学需氧量、总有机碳、总氮和氨氮、含磷化合物等都是最常用的有机指标。常用的无机指标包括 pH、碱度、硫酸盐、氯化物、氰化物和重金属等。

① 生化需氧量(BOD):BOD 是指 1 L 废水中的有机污染物在好氧微生物作用下进行氧化分解时消耗的溶解氧。实际测定时,常采用 BOD_5,即水样在 20 ℃条件下培养 5 d 的生化需氧量。

② 化学需氧量(COD):COD 是指用强氧化剂使被测废水中有机物进行化学氧化时所消耗的氧量。常用的氧化剂有高锰酸钾和重铬酸钾。后者氧化能力较前者强,能使废水中的绝大部分还原性污染物氧化,因此,实际使用时常采用重铬酸钾作氧化剂,其测定结果表示为 COD_{Cr} 或 COD。

如果污水中各种成分相对稳定,那么 COD 与 BOD_5 之间应有一定的相关性,可根据 BOD_5/COD 的比值大小判断废水的可生物降解性。当该比值小于 0.3 时,说明废水中含有难生物降解的物质,生物处理的难度较大甚至不宜采用生物处理的方法;当该比值大于 0.3 时,则代表废水可采用生物技术进行处理。

③ 总有机碳(TOC):TOC 是指废水中所含有机物的含碳量。可采用 TOC 测定仪进行测定,当燃烧温度为 950 ℃时,样品中所有的有机碳和无机碳都燃烧生成 CO_2,此为总碳。当燃烧温度为 150℃时,只有无机碳转化为 CO_2,此为总无机碳(TIC),总碳和总无机碳之差即为 TOC。

④ 总氮和氨氮:总氮是废水中一切含氮化合物的总称,包括无机氮和有机氮,其测定一般采用容量法。废水中的氨氮大多来自有机含氮化合物的生物分解,也可直接来自食品工业的含氮废水,如味精工业废水,氨氮浓度可达 7 000 mg/L 以上。总氮的测定一般采用容量法,浓度低时也可采用比色法。氨氮的测定采用纳氏试剂分光光度法。

⑤ 含磷化合物:在废水中,含磷化合物分为有机与无机两大类。有机磷化合物如葡萄糖-6-磷酸、α-磷酸甘油酸、磷肌酸等,有机磷化合物大多呈胶体和颗粒状,可溶性的只占 30%左右。无机磷化合物主要是一些可溶性的磷酸盐,如正磷酸盐(PO_4^{3-})、磷酸氢盐(HPO_4^{2-})、磷酸二氢盐($H_2PO_4^-$)、偏磷酸盐(PO_3^-)等。这些废水中的化合物主要来自马铃薯加工厂、骨粉厂、罐头厂等产生的废水。

废水中的一切含磷化合物都是先设法转化成正磷酸盐,再进行测定。目前常用的方法是磷钼酸铵比色法。某些食品工业废水中缺少磷营养源,需要加以补充。

(3) 废水的生物指标　一般通过细菌总数和大肠菌群数两个指标来度量废水中所含生物污染物质,用特定暴露时间内使实验生物死亡 50%的毒物或废水的浓度,即半致死浓度 LD_{50} 来具体评价。

废水水样中含有的细菌总菌落数量,说明水质的有机污染程度,以细菌个数/L 废水计,它的测定是将定量水样接种于营养琼脂培养基中,在 37 ℃温度下培养 24 h 后,计数生长细菌菌落数,然后根据接种的水样数量,算出 1 mL 水样中的菌数,即得细菌总数。

大肠菌群数是水质细菌检验的常用指标,以 1 L 水样中所含的大肠菌群数目来表示。大肠菌群数的测定方法目前常用的有两种:发酵法和滤膜法。

2. 食品工业废水的来源和基本特征

食品工业废水来源很广,包括鱼肉类的加工,禽蛋、水果、蔬菜类加工,乳品加工,谷物加工,豆制品加工等不同类型的加工行业。食品工业原料广泛,制品种类繁多,排出废水的水质差异很大,如表 8-1 所示。

表 8-1　食品工业废水来源及水质

加工厂类别	产品名称	原料	主要污染源	排水水质/(mg/L)
肉类加工厂	红肠、火腿、咸肉(包括各种肉罐头)	禽肉、鱼肉、调料	原料处理设备、水煮设备、冷却水	pH:5.5~7.5 BOD:300~600 SS:100~150
奶制品厂	奶油、干酪、酸乳酪、奶粉、炼乳、各种加工奶、冰激凌	牛奶	设备和各器具清洗排水	pH:6.5~11 BOD:50~400 SS:70~150
水产品加工厂	鱼贝罐头、鱼贝类加工制品、鱼粉、饲料、海产品肥料、骨粉肥料	鱼贝类、调料	原料处理设备、水煮设备、器具清洗排水、除臭设备排水	pH:6.6~8.5 BOD:200~2 000 SS:150~1 000
砂糖加工厂	砂糖、糖粒	原糖	过滤设备、冷却水	pH:6.0~8.0 BOD:80~200 SS:70~100
膨化粉、酵母、酵母合成剂制造厂	膨化粉、酵母和酵母合成剂	面粉、糖蜜	糖蜜发酵排水、清洗排水、杂排水	pH:6.0~9.0 BOD:300~1 200
面包糕点厂	各种面包、饼干和糕点	面粉、砂糖、酵母等	清洗搅拌机和其他各种容器排水	pH:6.0~8.0 BOD:200~600
饮料厂	汽水、柠檬汁、橙汁、果露	砂糖、碳酸	设备和各种容器清洗水	pH:6.0~12.0 BOD:250~350 SS:100~150
啤酒厂	啤酒	麦芽、酒花	麦芽清洗设备和冷却水	pH:8.0~11.0 BOD:200~800 SS:210~350
清酒厂	清酒	米	冲洗设备排水	pH:7.0~9.0 BOD:50~300 SS:100~200
酒厂	白酒、威士忌酒、白兰地酒、果酒、药酒	薯类、各种水果和米等	蒸馏后发酵排水、冲洗设备排水	pH:6.0~8.0 BOD:600~900 SS:600~2 000

加工厂类别	产品名称	原料	主要污染源	排水水质/(mg/L)
琼脂厂	琼脂(含工业用)	石花菜	原料处理设备、漂白洗水	pH:1.0～14 BOD:300～600 SS:250～500
蔬菜、水果罐头和农产品加工厂	蔬菜水果罐头、腌(泡)菜、果酱、果冻、奶油花生、冷冻野菜	各种蔬菜和水果	原料处理设备、杀菌、冷却水	pH:1.0～12.0 BOD:200～600 SS:20～200
调料厂	豆酱、酱油、食用氨基酸、谷氨酸、苏打、辣酱油、番茄酱、蔬菜调味汁、蛋黄酱、醋、香辣调料、咖喱粉	小麦、米和蔬菜	原料处理设备、洗涤设备、清洗排水	pH:6.0～8.0 BOD:40～300 SS:200～300
粮食加工厂	白米、面粉、荞麦粉、玉米粉、豆粉、黄豆面	小麦和大豆	原料处理设备、收集装置排水	pH:6.0～8.0 BOD:20～400 SS:400～600
食用油制造厂	食用油、色拉油、人造奶油、食用精制油脂	各种油	原油洗净设备、脱酸设备、冷却水	pH:1.4～7.0 BOD:150～1 100 SS:90～100
淀粉厂	淀粉、玉米粉	红薯、马铃薯和玉米	原料处理设备、漂白设备	pH:6.0～8.0 BOD:500～3 000 SS:3 000
葡萄糖、麦芽糖制造厂	葡萄糖、麦芽糖	淀粉、麦芽	原料处理设备、漂白设备	pH:6.0～8.0 BOD:1 500～2 000 SS:1 000～2 500
面条制造厂	切面、挂面、荞麦面粉、手擀面、通心粉	小麦、面粉、荞麦	原料处理设备、水煮设备	pH:6.0～8.0 BOD:250～600
豆馅制造厂	豆馅	小豆、杂豆	原料处理设备、沉淀设备、压滤设备	pH:5.0～8.0 BOD:500～4 000 SS:250～5 000

食品加工过程中,废水排放的主要污染物包括:①漂浮在废水中的固体物质,如菜叶、果皮、鱼鳞、碎肉、禽羽、畜毛等;②悬浮在废水中的油脂、蛋白质、淀粉胶体物质等;③溶解在废水中的糖、酸、碱、盐等;④原料中夹带的泥沙和动物粪便;⑤可能存在的腐败菌和致病菌等。

多数食品加工过程中废水量很大,虽然不含有毒污染物,但有机质悬浮物含量高,易腐败,使受纳水体富营养化,造成藻类等大量滋生繁殖,迅速消耗水体中的溶解氧,使鱼类和水生生物窒息死亡。废水中的悬浮物沉入河底后在厌氧条件下分解,产生臭气,使水质恶化,影响水体的使用价值。水面漂浮着油脂、漂浮性物质等破坏景观,甚至引起病菌感染,危害人、畜等及农、牧、渔业。因此,为保护环境、消除污染,食品工业废水必须进行有效处理。

废水处理的任务是采用各种技术措施将废水中所含的各种形态的污染物分离出来,或将其分解、转化为无害和稳定的物质,使废水得到净化。现代废水处理技术按其作用原理和去除对象可分为物理法、化学法和生物法。

(1) 物理法是利用物理作用,分离废水中呈悬浮状态的污染物质,在处理过程中不改变水的化学性质,如重力分离、气浮、反渗透、离心分离、蒸发等。

(2) 化学法是利用化学反应来分离、转化、破坏或回收废水中的污染物,并使其转化为无害物质,如混凝、中和、氧化还原、吸附、电渗析、汽提、萃取等。

(3) 生物法是利用水中的微生物的新陈代谢功能,使废水中呈溶解态和胶状的有机物降解,并转化成为无害的物质,废水得以净化。

对于食品工业污水,一般采用两级处理方式:一级处理是采用固液分离技术去除污水中的悬浮物和漂浮物;二级处理是主要处理过程,由于食品工业废水中微生物营养物质较为充分,无毒性,可生物降解,因此较适宜采用生物技术进行处理。通常处理污染物浓度较低的食品工业废水采用好氧生物处理技术,主要有活性污泥法、生物膜法、自然生物处理法等。处理有机物浓度高的食品工业废水采用厌氧生物处理技术,目前开发了一系列的厌氧生物反应器。

二、废水好氧生物处理技术

废水好氧生物处理技术是在充分供氧的条件下,借助于好氧微生物(主要是好氧细菌)或兼性好氧微生物将有机污染物氧化分解成较稳定的无机物的处理技术。

好氧生物处理降解有机污染物的基本条件是:①有充足的氧气供微生物进行好氧代谢;②有必要的营养物质(如 C、N、P 等,BOD_5:N:P＝100:5:1)和环境条件(如 pH 为 6～9,温度为 10～50 ℃)维持微生物正常代谢;③微生物、污染物和氧三者充分混合接触,使处理过程传质效果好,生化反应速率高。

在废水好氧生物处理过程中,代谢按两个途径进行(见图 8-1):①合成代谢,部分有机物被微生物所利用,合成新的细胞物质;②分解代谢,部分有机物被分解,形成 CO_2 和 H_2O 等,并产生能量,用于合成代谢。同时,微生物细胞物质也进行自身的氧化分解,即内源代谢。当废水中有机物充足时,合成反应占优势,内源代谢不明显;当有机物浓度大为降低或已耗尽时,微生物的内源代谢就成为向微生物提供能量,维持其生命活动的主要方式了。

废水中所含的可溶性有机物不能直接作为微小动物的营养源,因此,废水中的净化机能可看做是直接接种的细菌或真菌等腐生动物营养型微生物的作用,但实际上,如果没有原生动物、袋形动物存在的话,则也达不到废水净化的目的。常见的好氧微生物有好氧细菌、真菌、原生动物、藻类等,其中数量多、作用大的是好氧细菌。用好氧法处理废水,处理需时较短,如果条件适宜,一般 5 d 可除去生化需氧量 80%～90%,有时甚至可达到 95%以上。

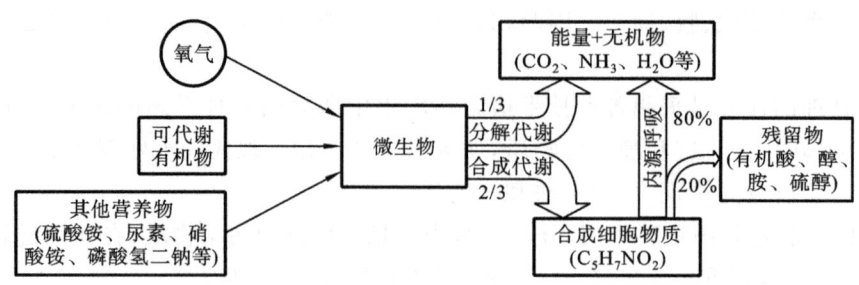

图 8-1　好氧微生物对有机物的分解过程

1. 活性污泥法

活性污泥法是一种应用最广的废水好氧生物处理技术,它以活性污泥为主体,利用在曝气池内呈悬浮状态、流态化的微生物群体的凝聚、吸附、氧化分解等作用来去除污水中的有机污染物。处理过程中所产生的活性污泥具有很强的吸附与氧化分解有机物的能力,而且易于沉淀分离。

活性污泥是一种絮花状的泥粒,实际上是由微生物、微生物所吸附的有机物以及微生物代谢活动产物所组成的聚集体。只要轻轻搅动,它们就会悬浮在水中,稍一静止就会沉降下来。为了得到水质良好的出水和足够数量的回流污泥,活性污泥的凝聚、沉降性能十分重要。

活性污泥除去废水中的有机物经历三个阶段:①吸附阶段,活性污泥具有很大的比表面积,微生物分泌的多糖类黏液具有很强的吸附作用,与废水接触后,短时间便会有大量有机质被污泥所吸附,废水中的 BOD_5 或 COD 出现明显下降;②氧化阶段,在有氧的条件下,微生物对已吸附有机物进行生物代谢,一部分氧化分解获取能量,另一部分合成为新的细胞质;③絮凝体形成与凝聚沉降阶段,氧化阶段合成的菌体有机体形成絮凝体,从水中分离出来,使水得到净化。

活性污泥处理系统有效运行的基本条件如下:①废水中含有足够的可溶性易降解有机物,作为微生物生理活动所必需的营养物质;②混合液含有足够的溶解氧;③活性污泥在池内呈悬浮状态,能够充分地与废水相接触;④活性污泥连续回流,及时地排除剩余污泥,使混合液保持一定浓度的活性污泥;⑤没有对微生物有毒害作用的物质进入。

活性污泥处理的基本流程如图 8-2 所示,处理系统由以下几部分组成。

(1) 初次沉淀池:用以去除废水中的原生悬浮物,悬浮物少时可以不设。

(2) 曝气池:经初次沉淀池初步净化的废水进入曝气池中,有机污染物与活性污泥在池中充分接触,并被吸附和氧化分解。

(3) 曝气系统:供给曝气池生物反应所需要的氧气,并起混合搅拌作用。

(4) 二次沉淀池:用以分离曝气出水中的活性污泥。

(5) 污泥回流系统:将二次沉淀池中一部分沉淀污泥回流到曝气池,以保证曝气池中有足够的微生物浓度。

(6) 剩余污泥排放系统:在曝气池内,污泥不断增殖,这部分净增的污泥量构成剩余污泥,通过排放系统将其排放。

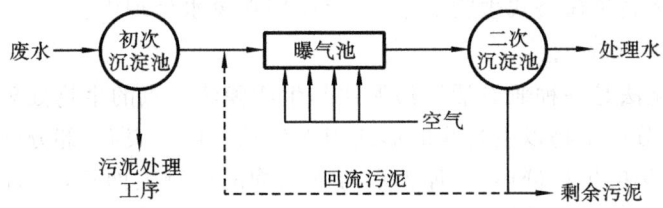

图 8-2 普通活性污泥处理系统

在活性污泥法中,曝气的作用是供应充足的氧,并对混合液进行搅拌,使活性污泥保持悬浮状态与废水能充分混合接触。常用的曝气方式有鼓风曝气法、机械搅拌法和射流曝气法等。曝气池实质上是一个生化反应器,按废水和回流污泥的进入方式及其曝气池中的混合方式,活性污泥法可分为推流式和完全混合式两大类。推流式又分普通曝气法、渐减曝气法、阶段曝气法、吸附再生法、并联可调曝气法和两级活性污泥法;完全混合式又分延时曝气法、氧化沟法、加速(纯氧)曝气法、曝气沉淀组合法、间歇活性污泥法、射流曝气法和深井曝气法等。

2. 生物膜法

污水与滤料等载体流动接触,载体把水中的胶体物质和微生物吸附在表面,水中的有机物使微生物繁殖,微生物又进一步吸附废水中的悬浮、胶体和溶解状态的有机物,在载体的表面会形成一种膜状污泥即生物膜,污水与膜接触,水中的有机污染物作为营养被膜中生物摄取并分解,使污水得到净化。

生物膜法与活性污泥法的工作原理基本相同,不同的是活性污泥法的微生物生长在活性污泥上、悬浮在废水中,而生物膜法的微生物生长在载体上。与活性污泥法相比,生物膜法具有以下特点:①固着于固体表面上的生物膜对废水水质、水量的变化有较强的适应性,操作稳定性好;②不会发生污泥膨胀,运转管理较方便;③由于微生物固着于固体表面,即使增殖速度慢的微生物也能生长繁殖,因此生物膜中的生物更为丰富,且膜中生物种群沿水流方向具有一定分布;④由于高营养级微生物的存在,有机物代谢时较多地转化为能量,合成的新细胞即剩余污泥量较少;⑤采用自然通风供氧;⑥活性生物难以人为控制,因而在运行方面灵活性较差;⑦由于载体材料比表面积小,故设备容积负荷有限,空间效率较低,因此生物膜法的处理效率比活性污泥法略低,出水 BOD_5 相应较高。

生物膜法的主要设备是生物滤池(见图8-3)、生物转盘,为分离生物膜需设置二次沉淀池。滤料是生物滤池的主要组成部分,其表面上覆盖一层长满各种微生物的生物膜,废水沿滤料空隙流动,依靠生物膜对废水中的有机质进行吸附和氧化分解代谢,使废水得到净化。理想的滤料应质轻、强度高、耐腐蚀、表面积和孔隙率大,常用滤料有碎石、炉渣、焦炭、瓷环、塑料波纹板等。生物转盘(又称浸没式生物滤池)采用硬塑料、玻璃钢、竹席等圆盘材料。目

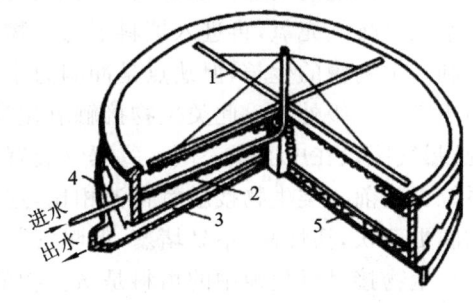

图 8-3 生物滤池
1—旋转布水器;2—滤料;3—集水沟;
4—总排水沟;5—渗水装置

前,塔式滤池(又称高负荷塔式生物滤池)广泛应用在废水处理中。

3. 生物接触氧化法

生物接触氧化法是一种兼有活性污泥法与生物膜法特点的生物处理方法。接触氧化池内设有填料,部分微生物以生物膜的形式附着生长于填料表面,部分则呈絮状悬浮物生长于水中,形成密集的生物群体,增加废水与微生物的接触表面积,不断的曝气充氧和生物膜的及时更新,增强了微生物的活性,提高了设备的处理能力,处理效果更加稳定。由于滤料及生物膜均淹没于水中,故又称为淹没式生物滤池。

生物接触氧化法的主要特点如下:①由于填料的比表面积大,池内的充氧条件良好,生物接触氧化池内单位容积的生物固体量高于活性污泥法曝气池及生物滤池,因此,生物接触氧化池具有较高的容积负荷;②由于相当一部分微生物附着生长在填料表面,生物接触氧化法不需要设污泥回流系统,也不存在污泥膨胀问题,运行管理简便;③由于生物接触氧化池内生物固体量多,水流属完全混合型,因此生物接触氧化池对水质水量的骤变有较强的适应能力;④由于生物接触氧化池内生物固体量多,当有机容积负荷较高时,其F/M比(有机负荷率)可以保持在一定水平,因此污泥产量可相当于或低于活性污泥法。

生物接触氧化池由池体、填料、布水装置和曝气系统四部分组成,如图8-4所示。

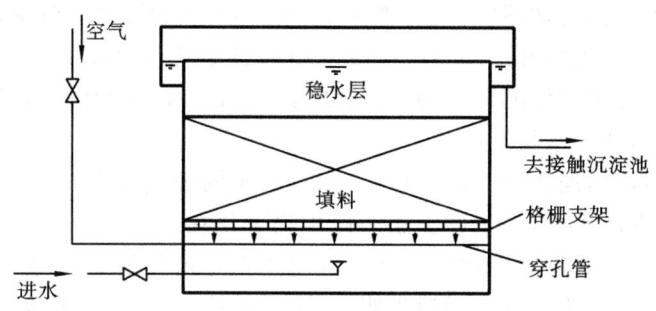

图8-4 生物接触氧化池

生物接触氧化池中填料高度一般为3.0 m左右,取决于采用的鼓风机风压。填料层上水层高度约0.5 m,填料层下布水区高度与池型有关,在0.5～1.5 m。

根据曝气装置与填料的相对位置,生物接触氧化池可分为两大类。①曝气装置与填料设在不同隔间内的。这种类型的生物接触氧化池可分成曝气区和接触氧化区两部分。废水先经曝气充氧,再进入填料层与生物膜相接触。显然,在填料层内水流比较平缓,这有利于生物膜的生长,但缺点是冲刷力小,生物膜不易脱落,较易发生堵塞现象。一般适用于废水三级处理。此类生物接触氧化池的曝气装置可采用表面曝气机械或鼓风曝气系统,曝气区设在中心或一侧。②曝气装置直接设在填料底部的,其曝气装置多为鼓风曝气系统。与前一类生物接触氧化池相比,这种构造可增加有效容积,填料层间紊流激烈,生物膜更新快,活性高,不易堵塞;但曝气装置设在填料底部,检修不便。

生物接触氧化池中的填料是微生物的载体,其特性对生物接触氧化池中生物固体量、氧的利用率、水流条件和废水与生物膜的接触情况等起着重要的作用,是影响生物接触氧化池处理效果的重要因素。

常用的填料可分为硬性填料、软性填料和半软性填料。硬性填料是指由玻璃钢或塑料制成波状板片,在现场再黏合成蜂窝状,常称为蜂窝填料。软性填料由尼龙、维纶、腈纶、涤纶等化学纤维编织而成,又称纤维填料。为防止生物膜生长后纤维结成球状,减小填料的比表面积,又有以硬性塑料为支架,上面缚以软性纤维的,称为半软性填料或复合纤维填料。

选择填料时应考虑废水性质、有机负荷及填料的特性。蜂窝填料寿命较长,但易堵塞,因此应根据有机负荷选择合适的孔径。软性填料不易堵塞,重量较轻,价格也低,但生物膜易结成团块,使用寿命也较短。

三、废水厌氧生物处理技术

厌氧生物处理过程又称厌氧消化,是在厌氧条件下由活性污泥中的多种微生物共同作用,使有机物分解并生成甲烷和二氧化碳的过程。废水厌氧生物处理是环境工程与能源工程中的一项重要技术,过去多用于城市污水处理厂的污泥、有机废料以及部分高浓度有机废水的处理。近年开发了各种新型工艺和设备,大幅度提高了厌氧反应器内活性污泥的持留量,使处理时间大大缩短,效率得以提高,也可用于中、低浓度有机废水。

(一)厌氧生物处理的特点

与好氧生物处理相比较,厌氧生物处理具有如下优点。

(1)应用范围广。由于供氧限制,好氧法一般只适用于中、低浓度有机废水的处理,而厌氧法既适用于高浓度有机废水,也适用于中、低浓度有机废水。有些有机物,如固体有机物、着色剂蒽酮和某些偶氮染料等,用好氧生物处理法难以降解,但用厌氧生物处理法可以降解。

(2)能耗低。厌氧生物处理能量需求大大降低,还可产生能量。这是因为厌氧生物处理不要求供给氧气,反而能生产出含有 $50\% \sim 70\%$ 甲烷(CH_4)的沼气,含有较高的热值($21\,000 \sim 25\,000$ kJ/m³),可以用做能源。为处理 1 kg 废水,好氧生物处理约需消耗 $0.5 \sim 1.0$ kW·h 电能,而厌氧生物处理每去除 1 kg COD 约能产生 3.5 kW·h 电能。

(3)负荷高。通常,好氧法的有机容积负荷为 $2 \sim 4$ kg/(m³·d),而厌氧法为 $2 \sim 10$ kg/(m³·d),高的可达 50 kg/(m³·d)。

(4)剩余污泥数量少,浓缩性、脱水性良好。好氧法每去除 1 kg BOD 将产生 $0.4 \sim 0.6$ kg 生物量,而厌氧法去除 1 kg COD 将产生 $0.02 \sim 0.1$ kg 生物量,其剩余污泥量只有好氧法的 $5\% \sim 20\%$。同时,消化污泥在卫生学和化学上都是稳定的。因此,剩余污泥处理和处置简单,运行费用低,甚至可作为肥料、饲料或饵料利用。

(5)氮、磷的营养需要量较少。好氧法一般要求 BOD_5:N:P 为 100:5:1,而厌氧法的 BOD_5:N:P 为 100:2.5:0.5,处理氮、磷缺乏的工业废水时所需投加的营养盐量较少。

(6)厌氧处理过程有一定的杀菌作用。可以杀死废水和污泥中的寄生虫卵、病毒等。

(7)厌氧活性污泥可以长期储存。厌氧反应器可以季节性或间歇性运转,与好氧生化法相比,在停止运行一段时间后,能较迅速启动。

与好氧生物处理相比较,厌氧生物处理具有如下缺点:

（1）厌氧微生物增殖缓慢，因而厌氧设备启动和处理时间比好氧设备长；

（2）厌氧法处理后废水有机物浓度高于好氧处理，出水往往达不到排放标准，需作进一步处理，故一般在厌氧处理后再串联好氧处理；

（3）对温度、pH等环境因素更为敏感，厌氧细菌可分为高温菌和中温菌两大类，其适宜的温度范围分别为55 ℃左右和35 ℃左右；

（4）处理过程的反应较复杂，如前所述，厌氧消化是由多种不同性质、不同功能的微生物协同工作的一个连续的微生物学过程，远比好氧生物处理中的微生物过程复杂。

（二）厌氧生物处理法的基本原理

废水厌氧生物处理与好氧生物处理的根本区别在于，它不以分子态氧作为受氢体，而以化合态的氧、碳、硫、氮等为受氢体。厌氧生物处理是一个复杂的微生物化学过程，主要依靠三大细菌类群，即水解产酸细菌、产氢产乙酸细菌和产甲烷细菌的联合作用完成，相应地将厌氧消化过程分为三个阶段。

（1）第一阶段，称为水解、发酵阶段，复杂有机物在微生物作用下进行水解和发酵。例如，多糖先水解为单糖，再通过醇解途径进一步发酵成乙醇和脂肪酸，如丙酸、丁酸、乳酸等；蛋白质则先水解为氨基酸，再经脱氨基作用产生脂肪酸和氨。

（2）第二阶段，称为产氢、产乙酸阶段，是由一类专门的细菌（称为产氢产乙酸细菌），将丙酸、丁酸等脂肪酸和乙醇等转化为乙酸、H_2和CO_2。

（3）第三阶段，称为产甲烷阶段，由产甲烷细菌利用乙酸和H_2、CO_2，产生CH_4。研究表明，厌氧生物处理过程中约有70%CH_4产自乙酸的分解，其余少量则产自H_2和CO_2的合成。

上述三个阶段的反应速率依废水性质而异。在以纤维素、半纤维素、果胶和脂类等污染物为主的废水中，由于这类物质不易水解，因此第一阶段的水解易成为整个厌氧生物处理过程的速率限制步骤。简单的糖类、淀粉、氨基酸和一般的蛋白质均能被微生物迅速分解，对于以这类有机物为主的废水，产甲烷阶段易成为限速阶段。

虽然厌氧消化过程可分为以上三个阶段，实际上，这三个阶段在厌氧反应器中是同时进行的，并保持某种程度的动态平衡，这种动态平衡一旦被pH、温度、有机负荷等外加因素所破坏，产甲烷阶段将首先受到抑制，会导致低级脂肪酸的积存和厌氧进程的异常变化，甚至整个厌氧消化过程停滞。

（三）影响厌氧生物处理的因素

厌氧生物处理法对环境条件的要求比好氧生物处理法更严格。一般认为，控制厌氧处理效率的基本因素有两类：一类是基础因素，包括微生物量（污泥浓度）、营养比、混合接触状况、有机负荷等；另一类是环境因素，包括温度、pH、氧化还原电位、有毒物质等。

由厌氧生物处理法的基本原理可知，厌氧过程要通过多种生理上不同的微生物类群的联合作用来完成。产甲烷阶段以前的所有微生物可统称为不产甲烷菌，包括厌氧细菌和兼性厌氧细菌，尤以兼性厌氧细菌居多。与产甲烷菌相比，不产甲烷菌增殖速度快，对pH、温度、厌氧条件等外界环境因素的变化具有较强的适应性，而产甲烷菌是一群非常特殊的、严格厌氧的细菌，它们对生长环境条件的要求比不产甲烷菌更严格，繁殖的世代期更长。因此,产甲烷细菌是决定厌氧消化效率和成败的主要微生物,产甲烷阶段是厌氧过程的速率限制步骤。因此,以下主要讨论对产甲烷菌有影响的各种因素。

1. 温度

温度是影响微生物生存及生物化学反应最重要的因素之一。各类微生物生长的适宜温度范围不同,一般认为,产甲烷菌的生长温度范围为 5~60 ℃。

由图 8-5 可见,厌氧消化速率随温度升高变化比较复杂,在厌氧消化过程中,存在着两个不同的最佳温度范围:55 ℃左右和 35 ℃左右。根据不同的最佳温度范围,厌氧微生物分为嗜热菌(高温细菌)和嗜温菌(中温细菌)两大类,相应的厌氧消化则被称为高温消化(55 ℃左右)和中温消化(35 ℃左右)。高温消化的反应速率约为中温消化的 1.5~1.9 倍,产气率也高,但气体中甲烷所占百分率较中温消化低。当处理含有病原菌和寄生虫卵的废水或污泥时,采用高温消化可取得较理想的卫生效果,消化后污泥的脱水性能也较好。在工程实践中,还应考虑经济因素,采用高温消化需要消耗较多的能量,当处理废水量很大时,往往不宜采用。

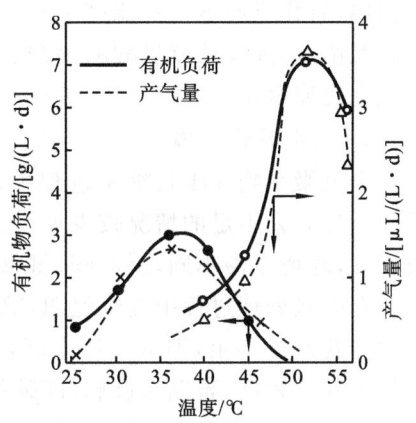

图 8-5 温度对消化的影响

随着各种新型厌氧反应器的开发,由于生物量的增加,温度对厌氧消化的影响变得不再显著,因此处理废水的厌氧消化反应常在常温条件(20~25℃)下进行,以降低能量的消耗和运行费用。

2. pH

产甲烷菌对 pH 变化的适应性很差,其最适 pH 范围为 6.8~7.2,如图 8-6 所示。在 pH6.5 以下或 8.2 以上的环境中,厌氧消化会受到严重的抑制,这主要是对产甲烷菌的抑制。水解细菌和产酸菌也不能承受低 pH 的环境。

厌氧发酵体系中的 pH 除受进水 pH 的影响外,还取决于代谢过程中自然建立的缓冲平衡。影响酸碱平衡的主要参数为挥发性脂肪酸、碱度和 CO_2 含量。系统中脂肪酸浓度的提高,将消耗 HCO_3^- 并增加 CO_2 浓度,使 pH 下降。但产甲烷细菌的作用会产生 HCO_3^-,使系统的 pH 回升。若系统中没有足够的 HCO_3^-,将使挥发酸积累,导致系统缓冲作用被破坏,即所谓的"酸化"。pH 降到 5 以下时,对产甲烷菌毒性较大,同时产酸作用本身也受抑制,使整个厌氧消化过程停滞,此时即使将 pH 恢复到 7.0 左右,厌氧装置的处理能力仍不易恢复;而在 pH 稍高时,只要 pH 恢复到 7.0 左右,产甲烷菌便能较快地恢复活性,因此,厌氧装置适宜在中性或稍偏碱性状态下运行。在生产中常把挥发酸浓度及碱度作为管理指标。

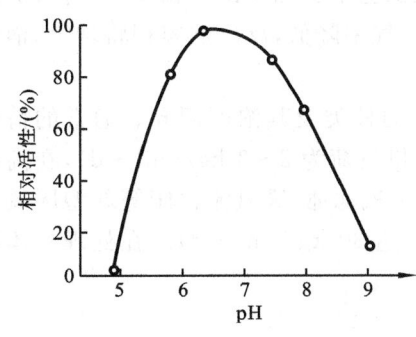

图 8-6 pH 对产甲烷菌活性的影响

3. 氧化还原电位

绝对的厌氧环境是产甲烷菌进行正常活动的基本条件,由于不像好氧菌具有过氧化氢酶,产甲烷菌对氧和氧化剂非常敏感。厌氧反应器介质中的氧浓度可以用氧化还原电位来表示。研究表明,不产甲烷菌可以在氧化还原电位为$-100\sim+100$ mV 的环境下进行正常的生理活动,而产甲烷菌的最适氧化还原电位为$-400\sim-150$ mV,培养产甲烷菌的初期,氧化还原电位不能高于-320 mV。但影响厌氧反应器中氧化还原电位的条件不仅有氧浓度,挥发性有机酸的增减、pH 的升降、铵离子浓度的高低等因素均可影响系统的氧化还原电位。

4. 废水的营养比

厌氧微生物在生长繁殖过程中,需按一定的比例摄取碳、氮、磷以及其他微量元素。其他营养元素不足的情况较少见,工程上主要控制的是进料的碳、氮、磷比例。微生物种类不同,环境条件不同,所需碳、氮、磷比例不完全一致。

在厌氧处理过程中提供氮源,除满足合成菌体所需之外,还有利于提高反应器的缓冲能力。若氮源不足,即碳氮比太高,不仅厌氧菌增殖缓慢,消化液的缓冲能力也降低,pH容易下降。相反,若氮源过剩,即碳氮比太低,氮不能被充分利用,将导致系统中氨的过分积累,使 pH 上升至 8.0 以上,从而抑制产甲烷菌的生长繁殖,使消化效率降低。

5. 有机负荷

在厌氧生物处理法中,有机负荷通常指容积有机负荷,即消化器单位有效容积每天接受的有机物质量($kg/(m^3 \cdot d)$),也可表示为反应器单位有效容积每天接受的挥发性固体质量($kgCOD/(kgVSS \cdot d)$)。有机负荷是影响厌氧消化效率的一个重要因素,直接影响产气量和处理效率。在一定范围内,随着有机负荷的提高,产气率(单位质量物料的产气量)趋向下降,而消化器的容积产气量则增多;反之亦然。对于具体的应用场合,进料的有机物浓度是一定的,有机负荷或投配率的提高意味着停留时间相对缩短,有机物分解率下降,势必使产气率减少。但由于反应器相对的处理量增多了,单位容积的产气量将提高。

如前所述,厌氧处理系统正常运转取决于产酸与产甲烷反应速率的相对平衡。一般产酸速率大于产甲烷速率,若有机负荷过高,产酸率进一步增大,挥发酸的累积将导致pH 下降、破坏产甲烷阶段的正常进行,严重时产甲烷作用停顿,系统失调,并难以调整复苏。此外,有机负荷过高时,过高的水力负荷还会使消化系统中污泥的流失速率大于增长速率,从而降低消化效率。这种影响在常规厌氧消化工艺中更加突出。相反,若有机负荷过低,物料产气率或有机物去除率虽可提高,但容积产气率降低,反应器容积将增大,消化设备的利用效率降低,投资和运行费用将提高。

有机负荷值因工艺类型、运行条件以及废水废物的种类及其浓度而异。通常的情况下,常规厌氧消化工艺中温处理高浓度工业废水的有机负荷为$2\sim3$ $kg/(m^3 \cdot d)$,在高温下为$4\sim6$ $kg/(m^3 \cdot d)$。升流式厌氧污泥床反应器、厌氧滤池、厌氧流化床等新型厌氧工艺的有机负荷在中温下为$5\sim15$ $kg/(m^3 \cdot d)$,高时可达 30 $kg/(m^3 \cdot d)$。在处理具体废水时,最好通过实验来确定其最适宜的有机负荷。

6. 厌氧活性污泥

厌氧活性污泥主要由厌氧微生物及其代谢和吸附的有机物、无机物组成。厌氧活性污泥的浓度和性状与消化效能有密切关系。性状良好的污泥是厌氧消化效率的基本保证。厌氧活性污泥的性质主要表现为它的作用效能与沉淀性能，前者主要取决于活微生物的比例及其对底物的适应性，以及活微生物中生长速率低的产甲烷菌的数量是否达到与不产甲烷菌数量相适应的水平；后者则是指污泥混合液在静止状态下的沉降速率，它与污泥的凝聚性能有关。厌氧处理时，废水中的有机物主要靠活性污泥中的微生物分解去除，故在一定的范围内，活性污泥浓度越高，厌氧消化的效率也越高。但达到一定程度后效率的提高不再明显，其原因在于：首先，厌氧污泥的生长率低、增长速度慢，积累时间过长后，污泥中无机成分比例增高，活性降低；其次，污泥浓度过高有时易引起堵塞而影响正常运行。

7. 搅拌和混合

混合、搅拌也是提高消化效率的工艺条件之一。没有搅拌的厌氧消化池内料液常有分层现象。通过搅拌可消除池内梯度，增加食料与微生物之间的接触，避免产生分层，促进沼气分离。在连续投料的消化池中，还使进料迅速与池中原有料液相混匀。

搅拌的方法有机械搅拌器搅拌法、消化液循环搅拌法、沼气循环搅拌法等。其中沼气循环搅拌还有利于使沼气中的 CO_2 作为产甲烷的底物被细菌利用，提高甲烷的产量。厌氧滤池和升流式厌氧污泥床等新型厌氧消化设备虽没有专设搅拌装置，但以上流的方式连续投入料液时，通过液流及其扩散作用，也起到一定程度的搅拌作用。

8. 有毒物质

有毒物质会对厌氧微生物产生不同程度的抑制，使厌氧消化过程受到影响甚至遭到破坏。最常见的抑制性物质为硫化物、氨氮、重金属、氰化物以及某些人工合成的有机物。

硫酸盐和其他硫的氧化物容易在厌氧消化过程中被还原为硫化物。可溶性的硫化物和 H_2S 气体在达到一定浓度时，都会对厌氧消化过程，主要是对产甲烷过程产生抑制。投加某些金属（如铁）去除 S^{2-}，而使硫化物的抑制作用有所缓解，通过从系统中吹脱 H_2S 的措施也可减轻硫化物的抑制作用。

氨是厌氧消化的缓冲剂，但高浓度的氨对厌氧消化有害，表现为挥发性脂肪酸的积累，系统的缓冲能力不能补偿 pH 的降低，最终甚至使反应器失效。

重金属常能使厌氧消化过程失效，表现为产气量降低和挥发酸的积累。其原因是细菌的代谢酶受到破坏而失活，是一种非竞争性抑制。不同重金属离子及其不同的存在形态会产生不同的抑制作用，如有报道，277 mg/L 的硫酸镍不会引起消化过程的变化，而30 mg/L 的硝酸镍能使产气量减少 80%。重金属的浓度也会显著影响其抑制作用，当氯化镍的浓度为 500 mg/L 时，其对沼气产量的影响可以忽略不计，而 1 000 mg/L 的氯化镍会使产气量大大减少。

氰化物对厌氧消化的抑制作用取决于其浓度和接触时间。如浓度小于 10 mg/L，接触时间为 1 h，抑制作用不明显；如浓度增高到 100 mg/L，气体产量会明显降低。

研究表明，厌氧微生物对很多在好氧条件下难以降解的合成有机物，如蒽醌类染料、偶氮染料、含氯的有机杀虫剂等，都具有降解的能力，但仍有相当一部分合成有机物对厌氧微生物有毒害作用，其作用大小与浓度相关，如 3-氧-1,2-丙二醇、2-氯丙酸、1-氯丙烷、2-氯丙烯、丙烯醛和甲醛等。

在厌氧条件下混合细菌种群对有毒性的合成有机物进行降解的速率要比单一菌种的速率大。对厌氧微生物的驯化也可提高其适应和降解合成有机物的能力。

(四) 厌氧生物处理法的分类

厌氧消化工艺有多种分类方法。按微生物生长状态分，有悬浮生长系统处理技术的厌氧活性污泥法和附着生长系统处理技术的厌氧生物膜法两大类。厌氧活性污泥法又可分为传统的厌氧消化处理、厌氧接触法和升流式厌氧污泥床法（UASB法），常用的处理构筑物有消化池、升流式厌氧污泥床等；厌氧生物膜法又可分为厌氧生物滤池、厌氧膨胀床和厌氧流化床、厌氧生物转盘等一系列方法。按投料、出料及运行方式分，有分批式、连续式和半连续式；根据厌氧消化中物质转化反应的总过程是否在同一反应器中并在同一工艺条件下完成，又可分为一步厌氧消化与两步厌氧消化等。

1. 普通厌氧消化池

消化池常用密闭的圆柱形池，如图8-7所示。废水定期或连续进入池中，经消化的污泥和废水分别由消化池底和上部排出，所产沼气从顶部排出。池径从几米至三四十米，柱体部分的高度约为直径的1/2，池底呈圆锥形，以利于排泥。一般都有盖子，以保证良好的厌氧条件、利于收集沼气、保持池内温度、减少池面蒸发。

普通消化池的特点是可以直接处理悬浮固体含量较高或颗粒较大的料液，厌氧消化反应与固液分离在同一个池内实现，结构较简单。缺点是缺乏持留或补充厌氧活性污泥的特殊装置，消化器中难以保持大量的微生物细胞；无搅拌的消化器料液分层现象严重，微生物不能与料液均匀接触，温度也不均匀，消化效率低。

2. 厌氧接触法

为克服普通消化池不能持留或补充厌氧活性污泥的缺点，在消化池后设沉淀池，将沉淀污泥回流至消化池，便成为厌氧接触法，其工艺流程如图8-8所示。该系统可提高消化池内污泥浓度，污泥不流失，出水水质稳定，从而提高设备的有机负荷和处理效率。

不过，在厌氧接触法中，从消化池排出的混合液在沉淀池中进行固液分离有一定的困难，原因如下：一方面，由于混合液中的污泥上附着有大量微小沼气泡，易引起污泥上浮；另一方面，由于混合液中的污泥仍具有产甲烷活性，在沉淀过程中仍能继续产气，从而妨

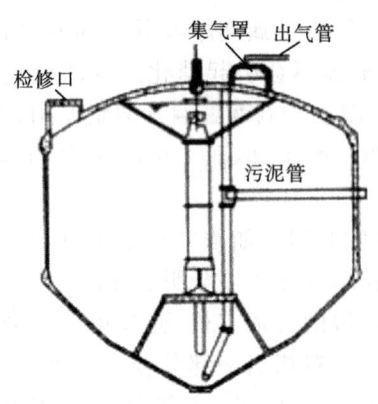

图 8-7　螺旋桨搅拌的消化池

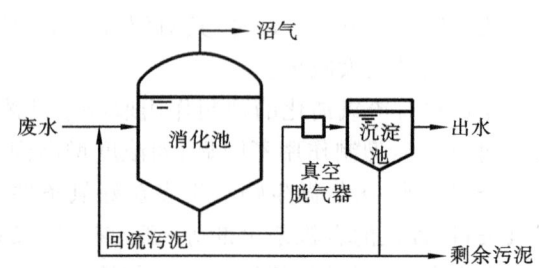

图 8-8　厌氧接触法的工艺流程

碍污泥颗粒的沉降和压缩。为提高沉淀池中混合液的固液分离效果,目前采用以下几种方法脱气:①真空脱气,由消化池排出的混合液经真空脱气器(真空度为 0.005 MPa),将污泥絮体上的气泡除去,改善污泥的沉淀性能;②热交换器急冷法,是将从消化池排出的混合液急速冷却,例如,将中温消化液由 35 ℃迅速冷却到 15～25 ℃,可以控制污泥继续产气,使厌氧污泥有效地沉淀;③絮凝沉淀是向混合液中投加絮凝剂,使厌氧污泥凝聚成大颗粒,加速其沉降;④用超滤器代替沉淀池,以改善固液分离效果。此外,为保证沉淀池分离效果,在设计时,应使沉淀池内的表面负荷小于一般废水沉淀池的表面负荷(一般不大于 1 m^3/(m^2 · h)),混合液在沉淀池内停留时间则长于一般废水沉淀时间(可采用 4 h)。

厌氧接触法的特点如下:①通过污泥回流,消化池内污泥浓度较高,一般为 10～15 g/L,耐冲击能力强;②消化池的容积负荷较普通消化池高,中温消化一般为 2～10 kg/(m^3 · d),水力停留时间比普通消化池大大缩短,如常温下普通消化池为 15～30 d,而厌氧接触法小于 10 d;③可直接处理悬浮固体含量较高或颗粒较大的料液,不存在堵塞问题;④存在混合液难以在沉淀池中进行固液分离的问题,需增加沉淀池、脱气等设备促进混合液沉淀,保证出水水质。

3. 升流式厌氧污泥床反应器

升流式厌氧污泥床(up-flow anaerobic sludge blanket,UASB)反应器是荷兰学者莱廷格(Lettinga)等人在 20 世纪 70 年代初开发的。图 8-9 为 UASB 反应器工作原理示意图。

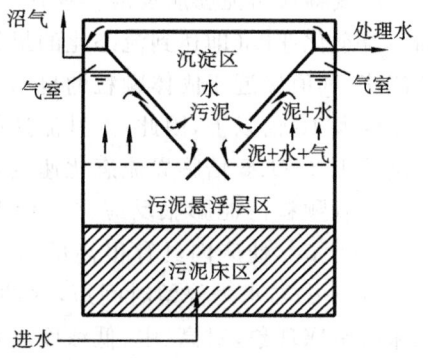

UASB 反应器由反应区和沉降区两部分组成。反应区又可根据污泥的情况分为污泥悬浮层区和污泥床区。污泥床主要由沉降性能良好的厌氧污泥组成,浓度可达 50～100 gSS/L 或更高。污泥悬浮层主要靠反应过程中产生的气体的上升搅拌作用形成,污泥浓度较低,一般在 5～40 gSS/L 范围内。在反应器上部设有气(沼气)、固(污泥)、液(废水)三相分离器,分离器首先使生成的沼气气泡上升过程受偏折,然后穿过水层进入气室,由导

图 8-9 UASB 反应器工作原理

管排出反应器。脱气后的混合液在沉降区进一步进行固、液分离,沉降下的污泥返回反应区,使反应区内积累大量的微生物。待处理的废水由底部布水系统进入,澄清后的处理水从沉淀区溢流排出。由于在 UASB 反应器中能够培养得到一种具有良好沉降性能和高产甲烷活性的颗粒厌氧污泥,因而相对于其他同类装置,颗粒污泥 UASB 反应器具有一定的优势。

UASB 反应器的特点如下:①反应器内污泥浓度高,平均污泥浓度一般为 30～40 g/L,其中底部污泥床污泥浓度为 60～80 g/L,污泥悬浮层污泥浓度为 5～7 g/L;②有机负荷高,水力停留时间短,中温消化的 COD 容积负荷一般为 10～20 kg/(m^3 · d);③反应器内设三相分离器,被沉淀区分离的污泥能自动回流到反应区,一般无污泥回流设备;④投产运行正常后,利用本身产生的沼气和进水来搅动,无混合搅拌设备;⑤污泥床内不填载体,节省造价,也避免了堵塞问题,但反应器内有短流现象,会影响处理能力;⑥进水中的悬浮

物应比普通消化池低得多,特别是难消化的有机物固体不宜太高,以免对污泥颗粒化不利或减少反应区的有效容积,甚至引起堵塞;⑦运行启动时间长,对水质和负荷的突然变化比较敏感。

4. 厌氧颗粒污泥膨胀反应器

厌氧颗粒污泥膨胀反应器是借鉴流态化技术的一种生物反应装置,它以小粒径固体

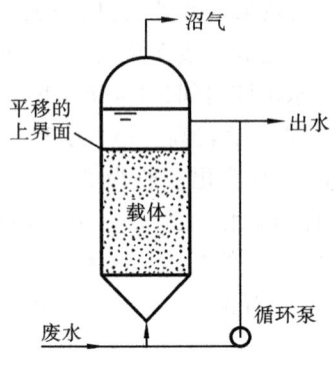

图 8-10　厌氧流化床工艺流程

颗粒流化粒料为载体,废水作为流化介质以一定流速从池底部流入,使填料层处于流态化,并与床中附着于载体上的厌氧微生物膜不断接触反应,达到厌氧生物降解的目的,产生的沼气由床顶部排出(见图 8-10)。处理过程中,每个颗粒可在床层中自由运动,而床层上部保持一个清晰的泥水界面。为使填料层流态化,一般需用循环泵将部分出水回流,以提高床内水流的上升速度。为降低回流循环的动力能耗,宜取质轻、粒细的载体。常用的填充载体有石英砂、无烟煤、活性炭、聚氯乙烯颗粒、陶粒和沸石等,粒径一般为 0.2～1 mm,大多在 300～500 μm。

厌氧颗粒污泥膨胀反应器操作要满足的首要条件是:上升流速即操作速度必须大于临界流态化速度(即达到流态化的最低流速),而小于最大流态化速度(即颗粒被带出的最低流速,其值接近于固体颗粒的自由沉降速度)。一般来说,最大流态化速度比临界流态化速度大 10 倍以上,因此,上升流速的选定具有充分的余地。实际操作中,上升流速只要控制在 1.2～1.5 倍临界流态化速度,即可满足生物流化床的运行要求。

厌氧颗粒污泥膨胀反应器的特点如下:①载体颗粒细,比表面积大,可高达 2 000～3 000 m²/m³,使床内具有很高的微生物浓度,因此有机物容积负荷大(一般为 10～40 kg/(m³·d)),水力停留时间短,耐冲击负荷能力较强,运行稳定;②载体处于流化状态,无床层堵塞现象,对高、中、低浓度废水均表现出较好的效能;③载体流化时,废水与微生物之间接触面大,同时两者相对运动速度快,强化了传质过程,有机物净化速度较高;④床内生物膜停留时间较长,剩余污泥量少;⑤结构紧凑,占地少,基建投资小;⑥载体流化耗能较大,对系统管理技术要求较高。

为了降低动力消耗和防止床层堵塞,可采取以下措施:第一,采用间歇性流化床工艺(即以固定床与流化床间歇性交替操作),固定床操作时不需回流,在一定时间间歇后,启动回流泵,呈流化床运行;第二,尽可能取质轻、粒细的载体,如粒径 20～30 mm、密度 1.05～1.2 g/cm³ 的载体,保持低的回流量,甚至免除回流,就可实现床层流态化。

四、食品工业废水的生物治理

(一)肉类加工废水的生物治理

1. 肉类加工废水的来源

肉类加工废水主要来源于屠宰场和畜肉的加工过程。

屠宰场的废水主要来自褪毛、解体、开腔劈半、清洗肠胃各工序以及冲洗车间设备和地板的污水。废水中含有血、毛、油脂、碎肉,还有从胃肠洗出来的饲料、粪便等。

畜肉的加工过程大致有原料处理阶段的解冻、洗肉、切肉、盐渍和加工阶段的原料切碎或搅拌、配料、混合、调味等,其中解冻、洗肉各工序排除的废水数量最多,生化需氧量和化学需氧量以及油的含量也最高,废水中除含碎肉、脂肪、血液外,还含有蛋白质氮和氨态氮。加工过程排出的废水,主要是洗涤设备、工具和地板的污水,另外还有少量的腌制用的盐水。副产品回收车间的废水主要来自湿法炼油的过程。

2. 肉类加工废水的特性

肉类加工厂的废水中夹带动物排泄物,含有虫卵和粪便链球菌、布鲁氏杆菌、细螺旋体菌、沙门氏菌等较多病原微生物,将导致疾病的传播,直接危害人畜健康。

肉类加工厂的废水中还含有大量的有机物质,进入水域后,会迅速消耗水中溶解氧。结果一方面会因缺氧引起鱼类和其他水生动物的死亡,另一方面会促使水底的有机物质在厌氧条件下分解,产生臭气,恶化水源,滋生害虫,污染环境。

屠宰场的废水中含有大量的血污、油脂、油块、毛发纤维、肉屑、骨屑、内脏杂物、未消化的食料和粪便等污染物,带有令人不适的血红色和使人恶心的血腥味。此外,废水中还含有大量大肠杆菌和杂菌,有时还含有炭疽菌等病原菌。水质波动较大,一般 pH 为 5.0～7.5,BOD_5 为 250～2 000 mg/L,COD 为 750～3 000 mg/L,悬浮物为 500～3 000 mg/L,油脂含量为 220～1 100 mg/L,总固体为 1 700～4 000 mg/L。

3. 肉类加工废水的处理方法

肉类加工废水的处理主要采用物理性预处理和生化处理相结合的方法。

(1)物理性预处理。

格栅和筛网去除废水中较大的悬浮物,如内脏的碎块、碎皮肉、牲畜毛等。

撇油,用隔油池收集、清除废水中的油脂(浮油、分散油)。

调节,肉类加工废水的水质、水量变化大,为均衡生物处理设施进水的水质、水量,稳定生物处理工艺的效率,需设置均衡调节池。调节池内采取空气搅拌、水泵强制循环、机械搅拌等辅助措施,保证调节池出水水质的均衡。

沉淀,沉淀处理设备包括沉砂池和沉淀池。用以分离不能被格栅、筛网去除的较细小可沉悬浮物质,如细小碎肉、内脏碎屑、胃肠内的未消化物和排泄物等。

化学混凝,在初沉池中投加一定量的化学混凝剂(如铝盐、铁盐及有机高分子凝聚剂等),可提高初沉池的沉淀效果。

对于含油多的废水,一般先回收油脂,再进一步处理。分离油脂可采用滚筛机、静置分离器和空气浮选器等进行。实验表明,经过空气浮选法处理的废水,生化需氧量可降低约50%。

(2)废水的生化处理。

活性污泥法:在肉类加工废水处理中的运用较为广泛,主要工艺有浅层曝气工艺、生物吸附再生、射流曝气工艺、延时曝气工艺、氧化沟工艺和 SBR(序批式活性污泥法)工艺等。

生物膜法:作为对肉类加工废水的生物处理,生物膜法的处理工艺有生物滤池和生物转盘两种。

厌氧处理法:用于处理肉类加工废水的厌氧工艺有厌氧接触法、升流式厌氧污泥床等。

稳定塘工艺:处理肉类加工废水的稳定塘设施主要为厌氧塘、兼性塘和好氧塘。

组合工艺:常用的组合工艺有厌氧接触-好氧生物滤池串联工艺、厌氧接触-好氧塘串联工艺、厌氧接触-活性污泥法-好氧塘串联工艺、厌氧塘-延时曝气活性污泥法-好氧塘串联工艺、厌氧塘-好氧塘串联工艺、厌氧塘-兼性塘串联工艺、厌氧塘-土地处理串联工艺、厌氧接触-浅层曝气串联工艺、UASB-射流曝气串联工艺等。

(二) 水果及蔬菜加工废水的生物治理

1. 水果及蔬菜加工废水的来源

水果、蔬菜的种类繁多、形状各异,加工工艺也不同,但可概括为三个阶段:第一阶段为原料预处理,即原料从产地运到工厂后,洗涤和除去不可食的皮、核、梗、壳等。剥皮、去核有机械处理法,如柑橘、苹果、板栗、青豌豆。也有先用低浓度烧碱浸泡,后用冷水冲洗的,如桃、杏、马铃薯、胡萝卜等。在输送和洗涤原料的水中,含有泥沙、污物以及腐烂的果品、蔬菜。碱法去皮的冲淋水中有果皮、果肉和烧碱。水果及蔬菜加工的废水主要来自以上工序。第二阶段为初步加工,包括原料的分切、预煮、调味等,为装罐做好准备。这些工序在应用机械操作时,往往需要不断地用清水喷淋起润滑作用,避免机械堵塞。各工序之间的半成品输送,也经常使用水力。预煮工序是用沸水或蒸汽对原料进行加热处理,使原料中的水溶性物质大量溶出。这些工序排出的废水,也是水果及蔬菜加工废水的主要来源。第三阶段是装罐、封口、杀菌、冷却、成品包装等。其中只有冷却工序是用大量清水,排出的废水只是温度高一些,水质基本没有变化。

食品工厂为保持清洁,对大部分生产设备、车间地板及运装原料的木箱,通常每班冲洗1~2次,这样也增加了废水的排出量。果蔬罐头厂用水量很大,合理改革工艺,循环使用冷却水,能够减少大量废水。

2. 水果及蔬菜加工废水的性质

果蔬加工厂排出的废水成分由于所用原料不同而有很大差异,但有一个共同的特点,即都含有糖、蛋白质和淀粉。这些都是水中微生物的良好养料。当氧气充足时,好氧菌迅速生长繁殖,大量消耗水中的溶解氧,鱼类由于缺氧而死亡。当氧气不充足时,厌氧菌便活跃起来,产生臭气,影响环境卫生。有些蔬菜、水果需用烧碱去皮,排出的废水呈碱性。有些漂洗水果的废水含有机酸。生产甜菜罐头时,排出废水带有大量泡沫,浮在河流表面,不仅影响观瞻,而且容易孳生害虫和产生不良气味恶化环境。

3. 水果及蔬菜加工废水的生物治理

为了提高处理效果,节约处理费用,不同品种的罐头废水和不同工序的废水最好采用不同的处理方法。像罐头冷却水,如不再使用,可以直接排入河流,而其他工序的废水,一般根据有机物和悬浮物的含量多少,采用过筛、絮凝、灌溉、生物滤池等方法进行处理。有时需添加化学药剂,以加速沉淀作用。

绝大多数水果及蔬菜加工厂采用灌溉法及氧化塘法处理废水。也有采用活性污泥法和生物滤池法,但有人认为生物滤池投资大,微生物的活化时间长,而果蔬罐头的生产季节短,并不合算。

柑橘罐头废水是一种生物性较好的食品污水,因其含有柑橘肉、柑橘皮及果胶等物质,目前绝大部分处理工艺是先经过格栅去除较大颗粒的悬浮物,再加药混凝沉淀或气浮去除小颗粒的悬浮物及果胶,最后经不同的好氧生化工艺处理。

(三) 啤酒厂废水的生物治理

1. 啤酒厂废水的来源

啤酒生产以优质大麦和水为主要原料,啤酒花为香料,经过麦芽制备、麦芽汁制备、酿造或发酵等工序制成,富含营养物质和二氧化碳。废水主要包括浸麦废水、糖化废水、废酵母液、洗涤废水和冷却排水等。污水的主要成分为糖类和蛋白质,主要水质指标中,COD 为 1 000~2 500 mg/L,BOD_5 为 700~1 500 mg/L,SS 为 300~600 mg/L,TN 为 30~60 mg/L,pH 为 5~6。属于中等浓度可生物降解的有机废水,不含有毒物质。在各类废水中,糖化废水和废酵母液的有机物浓度较高,COD 达到 10 000 mg/L 以上。啤酒厂的综合废水,由于加入了大量冷却水和生活污水,总排放口的浓度有所降低。

2. 啤酒厂废水的性质

啤酒厂废水的主要特点如下:①废水中有机物浓度较高,可生化性良好,其 BOD_5/COD_{Cr} 在 0.6 左右,适合用生物方法处理;②废水排放不均匀,水质、水量波动较大,处理系统必须有一定的可调性和抗冲击负荷能力;③废水 pH 有一定的变化,为确保生物处理系统,尤其是厌氧生物处理系统运行正常,需要对废水的 pH 进行调节,使其在中性范围内(pH6.5~8.0);④废水的悬浮物浓度较高,含有大量的麦皮、渣皮,在进入处理系统前需要进行拦截,以免堵塞后续处理系统;⑤废水中含有氮、磷污染物,浓度虽不是很高,但直接排到环境中,还是会对环境造成一定的污染,因此,处理系统要有较好的脱氮除磷能力,以确保在去除有机污染物的同时去除氮磷污染。

3. 啤酒厂废水的生物治理

目前,国内外啤酒厂废水的主要处理工艺有直接采用好氧处理工艺、水解-好氧处理工艺和厌氧-好氧处理工艺。

(1) 接触氧化法:接触氧化法是利用固着在填料上的生物膜来吸附水中的有机污染物并加以氧化分解,使污水得到净化。20 世纪 80 年代初,接触氧化法在啤酒厂废水处理中得到了广泛应用。但由于啤酒厂废水的进水 COD 值很高,所以一般采用二级接触氧化工艺。采用接触氧化工艺代替活性污泥法,可以防止高糖含量废水引起污泥膨胀的现象,并且不用投配氮、磷营养。用接触氧化法,可以选择的负荷范围是 1.0~1.5 kg $BOD_5/(m^3 \cdot d)$;用鼓风曝气,每去除 1 kg BOD_5 约需空气 80 m^3。该法的缺点是对于较大型污水处理厂填料需要量过大,不便于运输和装填,而且污泥排放量大。

(2) SBR 法及改进工艺:与连续的活性污泥法相比,SBR 法的处理效率高,但在实际运行中有很大的困难。近年来,随着自动控制技术和控制元件的发展,SBR 工艺基本实现了自动控制。SBR 工艺具有以下特点:①运行方式灵活,脱氮、除磷效果好;②工艺简单,自动化程度高,节省费用;③反应推动力大;④能有效防止丝状菌的膨胀。CASS 工艺(即循环式活性污泥法)是对 SBR 法的改进,工艺处理效果稳定,可达到排放标准。该工

艺投资较小,运行费用低。

（3）水解-好氧处理工艺:水解-好氧处理技术的典型工艺流程为

格栅→调节池→水解酸化池→接触氧化→气浮→达标排放

此流程的特点是将好氧工艺中的两级接触氧化工艺简化为一级接触氧化,使能耗大幅度下降。水解反应器（水解酸化池）事实上是一种以水解产酸菌为主的升流式厌氧污泥床,利用厌氧反应中的水解酸化阶段,而放弃了停留时间长的甲烷发酵阶段。水解反应器对有机物的去除率显著高于具有相同停留时间的初沉池。由于水解反应器可使啤酒厂废水中的大分子难降解有机物转变为小分子易降解的有机物,出水的可生化性能得到改善,这使得好氧处理单元的停留时间小于传统的工艺。与此同时,悬浮固体物质（包括进水悬浮物和后续好氧处理中的剩余污泥）被水解为可溶性物质,使污泥得到处理。水解反应工艺是一种预处理工艺,其后可以采用各种好氧工艺,如活性污泥法、接触氧化法、氧化沟和SBR法等。

（4）厌氧-好氧处理工艺:厌氧处理技术是一种有效去除有机污染物并使其碳化的技术,它将有机化合物转变为甲烷和二氧化碳。厌氧法的缺点主要是不能去除氮、磷,出水往往达不到排放要求,因此对于高浓度有机废水采用以厌氧生物处理为主,好氧生物处理为辅的技术路线,是最佳的选择。

（四）乳品厂废水的生物治理

1. 乳品厂废水的来源

乳品工业包括乳场、乳品接收站和乳品加工厂。乳场废水主要来自洗涤水和冲洗水;乳品接收站废水主要是运送乳品所用设备的洗涤水;乳品加工厂废水包括各种设备的洗涤水、地面冲洗水、洗涤与搅拌黄油的废水以及生产各种乳制品的废水。

2. 乳品厂废水的性质

由于工艺实施及设备规模的不同,乳品加工业排放的废水中,COD、BOD_5 及 SS 有一定差别。一般来说,COD 平均为 $800 \sim 2\ 500$ mg/L,BOD_5 为 $600 \sim 1\ 500$ mg/L。BOD_5/COD_{Cr} 值大于 0.5,属可生化性较好的废水。

但在进行这种工业废水处理时,除氮措施往往被忽视,这是由于原水水质给予人们一种错觉。乳品加工废水水质分析资料显示,原水中氨氮值确实不高,仅为 $2\sim11$ mg/L,低于国家一级排放标准,但是不少已建污水站处理后的水中氨氮的指标经常超标（大于 15 mg/L,有的达到 60 mg/L 左右）。分析其原因,是人们忽视了水的总氮（或凯氏定氮）值。实际上乳品加工废水的总氮值平均达到 $60\sim100$ mg/L（有的总氮值达到 265 mg/L）。氮素主要来源于废水中的蛋白质（牛乳中蛋白质含量占 2.7%~2.8%,蛋白质的组分中氮素占 16% 左右）。刚从车间排出的废水,蛋白质尚未分解,故废水中的氨氮浓度显示出来的数据很低。但是当蛋白质在生化处理装置被生物降解时,必然发生氨化反应。氨氮就会从蛋白质有机污染物降解中间体释放入水中,废水的氨氮值升高。如果处理装置设计时仅按原水的低氨氮值考虑,就会使设计走入误区,忽视必要的生物脱氮处理措施,那么处理装置难免运行失败。

3. 乳品厂废水的生物治理

乳品厂废水中的乳糖为低聚合物$(C_6H_{10}O_5)_x$,其聚合度 x 为 2,即为二糖类物质。水解工艺中利用兼性微生物的代谢作用,在缺氧条件下,首先将低聚合糖转化为单糖。如果反应仍处于缺氧条件,则单糖(葡萄糖)将通过糖的酵解作用,分解成 2 分子的丙酮酸,从而完成低聚合糖的水解过程。进一步的彻底降解,只能在有氧条件下才能完成。即在有氧条件下,丙酮酸进入三羧酸循环,达到完全的氧化。

乳品厂废水中的脂肪的生物降解也是首先在细胞外,通过脂肪水解酶发生水解,生成甘油和相应的脂肪酸。甘油的进一步降解类似于糖解过程的一部分,转化为丙酮酸。水解产物脂肪酸及丙酮酸的进一步降解,则同样需要在有氧条件下进入三羧酸循环,达到完全的氧化。

乳品厂废水中的蛋白质是由多种氨基酸分子组成的复杂有机物。它与糖类、脂肪类物质分子结构的主要不同点在于它的组分中含有氮素;在蛋白质组分中,氮的含量平均约为 16%。蛋白质不能直接被微生物利用,在进入细胞组织之前,需经蛋白质水解酶的作用,使其水解成氨基酸。其水解过程为:蛋白质—多肽—二肽—氨基酸。至此,蛋白质的水解过程完成,接下来需要在有氧条件下进入三羧酸循环,达到完全的氧化。

目前,国内主要采用全好氧生化处理(活性污泥法居多,接触氧化法次之)、厌氧-好氧生化处理,以及水解-好氧生化处理(H/O 工艺)等技术路线。由于乳品工业废水中含有蛋白质成分,废水的生物降解较缓慢,若降解时间不足,出水中会残留蛋白质及蛋白质降解中间体,因而出水很难达标。以国内外经典的延时曝气处理流程分析,为使排放达到国家二级出水标准,水力停留时间必须在 30 h 以上,若要达到一级标准,则需 48 h 以上。所以用全好氧生物降解工艺,不仅能耗较高,占地面积大,而且只能完成生物硝化过程,不能实现生物反硝化,完成真正意义上的脱氮。

若只采用好氧处理,由于废水有机物浓度高,并且含有大量不易降解的有机物和少量有毒有害物质,好氧微生物难以存活,生化性较差。通过厌氧处理不仅可去除废水中大部分污染物,而且可使废水中大分子、难降解的有机物分解为小分子有机物,同时可降低废水中的有毒有害成分,改善废水的生化性能,为下一步好氧处理提供条件。实践证明,经过厌氧处理后的废水再进行好氧处理,污染物的去除率可明显提高。

(五)制糖废水的生物处理

1. 制糖废水的来源

制糖以甘蔗或甜菜为原料。不同的原料和生产工艺产生的废水也有差别。但共同点是含有较多的有机物、糖分、悬浮性固体,颜色较深,基本上不含有毒物质,废水的排放量很大。

2. 制糖废水的性质

制糖废水是高浓度的有机废水,COD 可高达 8 000 mg/L,BOD_5 为 3 000~4 000 mg/L、水质的 pH 接近 7,可以采用厌氧生物处理和好氧生物处理的联合工艺进行治理。

3. 制糖废水的生物处理

进行厌氧处理前,废水必须进行预处理,根据原水的水质,可以采用中和、除油、除去重金属离子或调整温度等。厌氧生物处理可用普通消化池、厌氧接触消化池等。消化负荷为 2~5 kg COD/$(m^3 \cdot d)$,COD 和 BOD_5 的去除率为 40%~50%。消化池出水有臭味,还要进行好氧生物处理。

制糖废水的厂外治理,可采用与城市生活污水一起治理的办法。地处农村的糖厂也可利用氧化塘、土地过滤或农田灌溉系统等方法。然而,单独采用生化处理法也是适宜的。

任务二　食品工业废渣生物治理技术

凡人类在生产、流通、消费等过程中产生的不再具有可利用价值而被丢弃的固体或半固体物质,通称为固体废弃物;各类生产活动过程中产生的固体废弃物称为废渣。废渣对自然环境的危害是多方面的,其主要表现如下:①污染土壤与水体;②污染大气;③影响环境卫生;④侵占大片土地。从食品生产过程中排出的腐败的果渣、肉渣、油渣以及发酵工业残渣,对自然环境具有更大、更严重、更为广泛的污染性。

一、食品工业废渣的来源和基本特征

根据食品工业特征,食品工业废渣主要可分为水果残渣、酒糟、鱼类及肉类加工废弃物、淀粉质废弃物和纤维素废弃物等。

1. 水果残渣的来源及特征

水果残渣主要是水果、果汁加工过程中的废弃物,其中不仅含有纤维素和果胶等多糖类成分,而且富含低聚糖、单糖、氨基酸、有机酸、维生素和香气成分等多种有用物质。目前,只有一小部分果渣作为肥料和家畜饲料被利用,大部分残渣尚未得到利用而作为废物丢弃,造成严重的资源浪费和环境污染。

2. 酒糟的来源及特征

在白酒生产中酒醅通过蒸馏后所产生的废糟称为酒糟,其主要成分为稻壳、粮食纤维、淀粉、糖、蛋白质以及发酵微生物细胞等。除白酒生产以外,还有啤酒生产中经过糖化过滤出来的麦糟、酱油发酵生产的酱渣、食用醋发酵生产过程丢弃的发酵醋渣等。在酒酿成后剩下的酒糟大多作为饲料。酒糟发酵过程中只消耗了粮食中的部分淀粉,而蛋白质、脂肪等营养成分大部分留在酒糟中。但是鲜酒糟水分含量高,长途运输困难,并不能混合到饲料中去,因此酒糟的利用率很低,大部分堆沤作肥料或是排入江河,不仅造成资源浪费,而且污染环境。

3. 鱼类及肉类加工废弃物的来源及特征

鱼类在加工过程中产生大量的下脚料(包括鱼头、鱼皮、鱼鳍、鱼尾、鱼骨及残留鱼肉)。废弃物中含有丰富的蛋白质、油脂、磷脂质、软骨素、维生素等。目前,我国的水产品加工率不足 30%,下脚料的加工更是少之又少,往往被直接抛弃,造成资源浪费和环境污染。

肉食品加工过程产生的下脚料主要是碎骨、腐败脂类和次等变质碎肉、烂肠、肉食品残渣以及变质的动物血液等。其下脚料中含有丰富的蛋白质,可以用来生产动物性蛋白饲料。然而肉类下脚料目前的利用率不到 30%,多数厂只是当做农肥处理或直接抛弃,造成环境污染。

4. 淀粉质废弃物的来源及特征

淀粉工业废弃物主要指淀粉加工过程中产生的大量废渣,根据淀粉来源的不同分为薯渣和玉米渣。目前,木薯主要用于制取淀粉,生产后有大量的木薯渣残余。薯渣中淀粉和膳食纤维含量比较高,淀粉含量达 45% 左右,膳食纤维量达 30% 左右,但是粗蛋白含量很低,用来喂养禽畜效果很差,因此大部分的薯渣无法被直接利用,造成极大的浪费。玉米也是生产淀粉、酒精的主要原料。生产玉米淀粉的副产物玉米渣中蛋白质含量约60%,然而玉米蛋白水溶性差、组成复杂、口感粗糙,严重影响了其在食品中的应用。加上原料丰富、价格低廉,玉米渣很多未经利用即自然排放,这不仅是对可利用粮食资源的极大浪费,而且对环境造成一定程度的污染。

5. 纤维素质废弃物的来源及特征

蔗渣是制糖工业的主要副产物,是甘蔗机械压制后所剩的主要部分。每生产 1 t 的蔗糖,就会产生 2 t 的蔗渣,蔗渣来源集中,产量大,是取之不尽、用之不竭的再生性资源。蔗渣中纤维素占蔗渣总干质量的 30%~40%,半纤维素占蔗渣总干质量的 20% 左右。纤维素废弃物是一种主要的可再生能源和初等原材料,因此通过有效的方法利用纤维素废弃物具有重大的意义。

二、废渣生物治理技术及综合利用

(一)堆肥技术

有机固体废弃物经过堆肥化所制得的成品称为堆肥,堆肥是一种具有一定肥效的土壤改良剂和调节剂。

堆肥技术是在控制条件下利用自然界中的细菌、放线菌和真菌等微生物,有控制地促进可生物降解的有机固体废弃物向稳定的腐殖质转化的生物化学过程。堆肥技术根据堆制过程需氧程度的不同,可将其分为好氧堆肥和厌氧堆肥两种类型。

1. 好氧堆肥技术

好氧堆肥是在有氧条件下,好氧菌对废物进行吸收、氧化、分解,微生物通过自身的生理活动,把一部分被吸收的有机物氧化成简单的无机物,同时释放出可供微生物生长活动所需的能量,而另一部分有机物则被合成新的细胞质,使微生物不断生长繁殖,产生出更多生物体的过程。好氧堆肥也称高温堆肥,堆肥系统温度通常为 55~60 ℃,最高温度可达 80~90 ℃,其特点是堆制周期短,通常为 20 d。

好氧堆肥过程(如图 8-11、图 8-12 所示)大致分为三个阶段:①中温阶段,堆肥初期,堆层温度为 15~45 ℃,属中温发酵阶段,嗜温性真菌、细菌和放线菌利用堆层中的可溶性有机物(如糖类、淀粉、氨基酸等)进行旺盛的生命活动;②高温阶段,堆层中微生物旺盛的生命活动促使温度不断上升,当温度升至 45 ℃ 以上时即进入高温阶段,温度的升高抑制了嗜温性微生物的生命活动甚至导致其死亡,而各种嗜热性微生物进入旺盛生长期,强烈分解堆层中的纤维素、半纤维素和蛋白质等;③降温阶段,在堆肥发酵的后期,堆层中可被堆肥微生物分解与利用的物质所剩无几,发酵环境仅剩部分较难分解的有机物和新形成

的腐殖质,此时堆肥嗜热性微生物代谢活动明显下降,发热量和需氧量明显减少,环境温度下降。当温度降至 45 ℃时,部分存活的嗜温性真菌、细菌和放线菌对发酵环境中剩余的难以分解的有机物进行再分解。此时腐殖质不断增多,堆肥进入腐熟阶段。

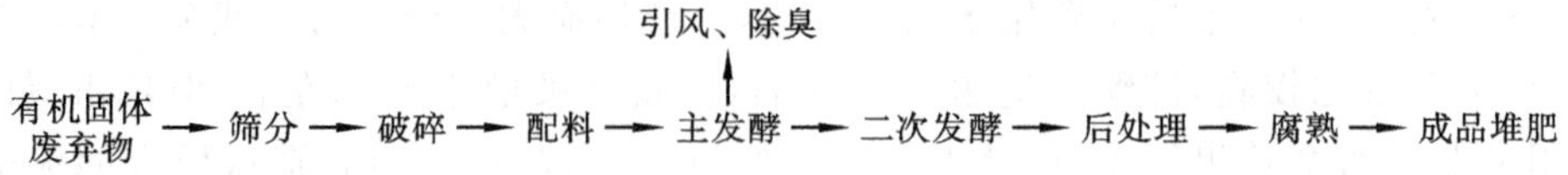

引风、除臭

有机固体废弃物 → 筛分 → 破碎 → 配料 → 主发酵 → 二次发酵 → 后处理 → 腐熟 → 成品堆肥

图 8-11 堆肥间歇发酵工艺流程

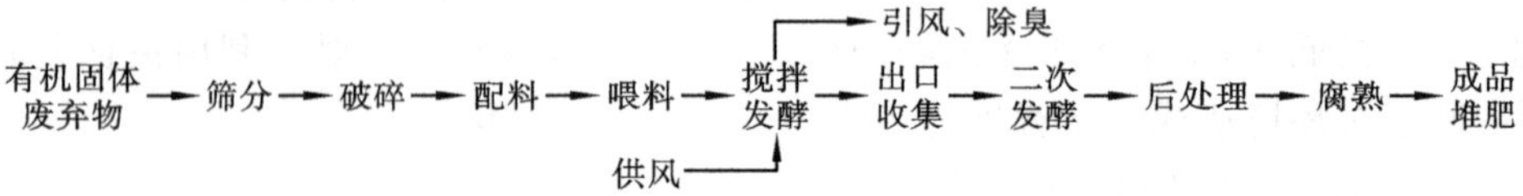

引风、除臭

有机固体废弃物 → 筛分 → 破碎 → 配料 → 喂料 → 搅拌发酵 → 出口收集 → 二次发酵 → 后处理 → 腐熟 → 成品堆肥

供风

图 8-12 堆肥连续发酵工艺流程

堆肥过程影响因素如下:①供氧量,实际所需空气量应为理论空气量的 $2\sim10$ 倍;②含水量,水的作用一是溶解有机物,参与微生物的新陈代谢,二是调节堆肥温度,温度过高时通过水分的蒸发,带走一部分热量,含水量在 $50\%\sim60\%$ 为宜,55% 最为理想,此时微生物分解速度最快;③碳氮比,一般认为城市垃圾碳氮比为 $20\sim35$,碳磷比为 $75\sim150$;④pH,当有机污泥做堆肥原料时,需要进行 pH 调整,堆肥过程开始时,由于酸性菌作用,pH 为 $5.5\sim6.0$,堆肥结束后,pH 为 $8.5\sim9.0$。

主要的设备有磁选机、BJD 型普通锤式破碎机、振动格筛和低温破碎机。

2. 厌氧堆肥技术

厌氧堆肥是在无氧条件下有机物料分解,厌氧分解最后的产物是甲烷、二氧化碳和许多低相对分子质量的中间产物,如有机酸等。

厌氧堆肥工艺(如图 8-13 所示)多用于对废弃食物、厨余、污泥、畜禽粪便等高有机质含量的固体废弃物的降解。由于空气与发酵原料相对隔绝,堆制温度低,发酵周期长($3\sim12$ 个月),成品堆肥中氮素保留较多。但是有机固体废弃物分解不够充分,异味浓烈,而且占地面积大。

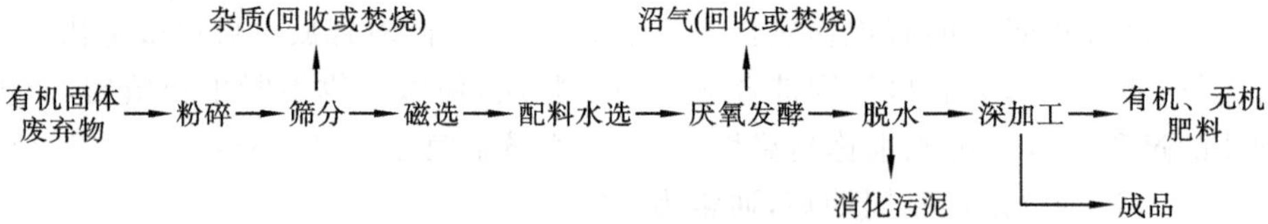

杂质(回收或焚烧)　　　　沼气(回收或焚烧)

有机固体废弃物 → 粉碎 → 筛分 → 磁选 → 配料水选 → 厌氧发酵 → 脱水 → 深加工 → 有机、无机肥料

消化污泥　　　　　　成品

图 8-13 厌氧堆肥发酵工艺流程

厌氧堆肥过程中,控制发酵罐中浆料温度为 $30\sim40$ ℃,浆料的 pH 为 $7.0\sim7.2$,反应罐溶剂负荷为 $30\sim70$ kg/($m^3\cdot$d),发酵 $15\sim20$ d,有机物被发酵为可生物降解的、性质较为稳定的腐殖质(即消化污泥)。发酵后原活性污泥固体含量为 $10\%\sim15\%$,脱水后活性污泥含水率为 $60\%\sim65\%$,活性污泥产率约 0.5 t/t(TS),沼气产率约 435 m^3/t(VS),沼气中甲烷含量约 60%。沼气可以通过集气、导气系统引入沼气罐中储存。

3. 堆肥稳定性与农业效用

堆肥的稳定性是指堆肥产品的稳定程度,也称腐熟度。腐熟度是国际上公认的衡量堆肥反应进行程度的一个概念性参数和表明堆肥产品质量的重要指标。我国科技工作者主要从物理方法、化学方法、微生物学特性以及植物毒性分析四个方面对堆肥腐熟度作出评价(见表 8-2)。

表 8-2 堆肥腐熟度评价方法与主要内容

评价方法	主要评价内容
物理方法	色泽、气味、堆肥温度的稳定性
化学方法	碳氮比,淀粉、糖和纤维素的含量,氮化合物浓度,阳离子交换量(CEC)
微生物学特性	微生物呼吸强度、堆肥微生物区系变化、酶学分析
植物毒性分析	种子发芽实验、植物生长实验

腐熟度良好的堆肥的农业效用主要如下:施用数量适宜的优质堆肥,可以使黏质土壤疏松,砂质土壤结成团粒,明显降低土壤容重,增加土壤孔隙率,提高保水性,优质堆肥由于腐殖质含量较高,能明显促进植物根系的伸张和增长,具有较好的增产作用。

(二)纤维素废弃物发酵生产系列化产品技术

在粮油食品发酵工业生产中,所积累的固体废弃物中含有较多的可再利用成分,尤其是含纤维素的废弃物居多。如果将工业废弃纤维素单独回收,采用生物酶等催化水解工艺处理纤维素,可以从中获得饲用葡萄糖、精制葡萄糖、饲用蛋白和单细胞蛋白、酒精、汽油醇等系列产品。过滤的葡萄糖液经过再加工或再利用,可以获得各种不同的工业产品。

目前,国内外许多生产乙醇的高活性菌株均不能直接利用纤维素作为发酵原料,需先用酶水解法降解纤维素使之成为低分子糖类。完全水解纤维素需要葡聚糖内切酶、纤维二糖水解酶和 β-葡萄糖酶这三种酶的协同作用,能产生这三种酶并分泌到体外的微生物大多是真菌。

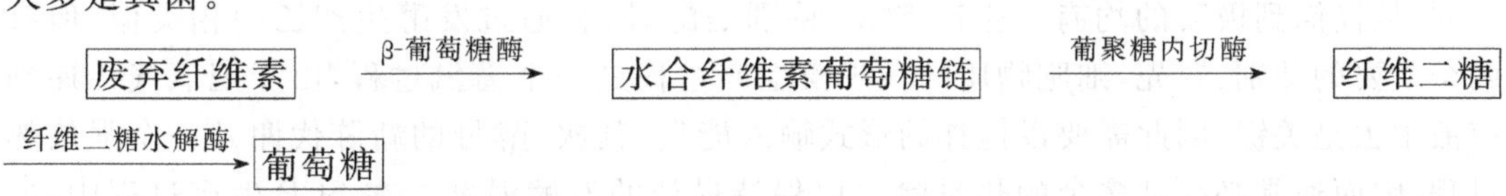

废弃纤维素 --β-葡萄糖酶--> 水合纤维素葡萄糖链 --葡聚糖内切酶--> 纤维二糖 --纤维二糖水解酶--> 葡萄糖

工业生产中,利用绿色木霉突变株为产酶菌株,用制备的培养液进行发酵,然后在发酵液中提取粗酶液,再与废弃纤维素母液混合,于 pH4.8、温度为 50 ℃条件下进行水解。生产过程中纤维素的水解是比较复杂的,水解过程受诸多因素的影响,如产酶工程菌株的优劣、木质素含量、纤维素结晶度、纤维素的聚合度、木质素与纤维素的缔合特性以及水解反应条件等。

工业废弃纤维素经酶的催化作用制得葡萄糖,进而转化为酒、汽油醇等的过程是简单的,反应也是在较为温和的条件下进行的。其工艺流程如图 8-14 所示。目前传统的间歇发酵已被各种连续发酵工艺所取代,因其具有较高的生产率,可为微生物的生命活动保持恒定的环境,所以也能达到较高的转化率。

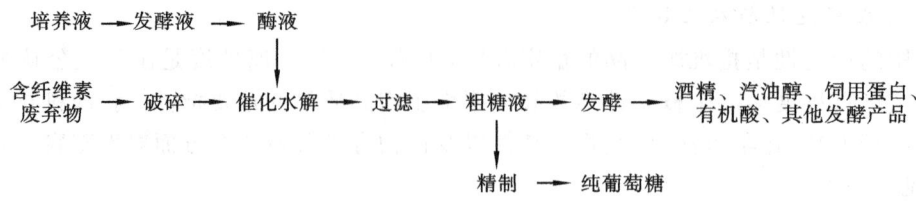

图 8-14　酶催化水解工业废弃纤维素工艺流程

(三) 食品废弃物生产单细胞蛋白及饲料技术

单细胞蛋白(SCP)是通过培养单细胞生物而获得的生物体蛋白,又称微生物蛋白,包括细菌、放线菌中的非病原菌、酵母菌、霉菌和微型藻类等。SCP 是从纯培养的微生物细胞中提取的总蛋白,它可以作为人或动物蛋白的补充。用于人类食用的 SCP 即为食物,用于动物食用的 SCP 则是饲料。

(1) 可生产 SCP 的食品废弃物　由于自然界微生物资源十分丰富,因此,能用于生产 SCP 的原料多种多样。某种有机废料是否适合于生产 SCP,应考虑以下原则:①价廉;②易于被微生物降解;③原料能常年可靠地供应,并能够安全、经济地储存;④能经济地把原料运往工厂所在地;⑤质量稳定且可预测。

在酿造业的生产工艺过程中会产生大量的有机废物,其中大部分以半固态形式未经干燥就被排出。如直接用湿的酒糟进行某种产品的生产,就无须进行物料干燥,不仅可以简化工艺,还可以减少能耗。罐头食品加工中的废物,如豆粉、甜菜粕、咖啡渣、亚麻子粉、柑橘渣等均味美且富有营养。海产品加工中的废物,或为含有溶解物质和悬浮固体的废水,或为由肉、壳、骨头和内脏构成的固体废物。无论哪一种资源,只要具有适当化学成分的液态废物就可以作为微生物发酵底物。除了考虑有毒物质的转化与富集可能造成的不良后果外,理想的底物成分应有合理的碳、氮、磷比,三者之比为 100∶5∶1 比较适宜。

(2) SCP 的一般生产工艺　SCP 生产工艺一般包含预处理、有氧发酵、细胞分离和细胞干燥等主要工序。每种工艺都要求对原料进行某种预处理,预处理的内容繁简又各不相同,从极简到极繁的均有。生产 SCP,特别是酵母,和通过发酵生产乙醇相类似,但有两个重要的差别:首先,细胞物质的大规模生产过程是一个需氧过程,由于把氧气传递到溶液中去是关键,因此需要以搅拌的形式输入能量;其次,酵母的新陈代谢是一个强放热过程,因而通常必须把多余的热量除去以保持最佳的发酵温度。在 SCP 生产过程中,通常用过滤或离心方法收集细胞,然后对所得到的细胞产物进行洗涤和喷雾干燥就得到可以出售的产品,以这种方式生产的 SCP 可用做动物饲料,如果供给人类食用,还需要另外进行一些加工:蛋白质的提取和纯化、细胞溶解和核酸水解等。作为人类食用的 SCP,特别是作为蛋白质的来源时,它必须是干的可溶性的粉末,色泽极淡且气味极少;活细胞数低,没有病原体;营养价值高,核酸含量低,并且毒性物质含量低。

(3) 果渣生产 SCP 饲料　鲜果渣有较好的适口性,可直接或干燥后配合其他饲料饲喂牲畜,但其蛋白质含量低,纤维素含量高,营养价值较低。目前利用果渣生产饲料,主要集中在两个方向,即青贮饲料和菌体蛋白饲料。

发酵果渣生产蛋白饲料是近年来研究的一个热点,其产品与其他类型的饲料相比具有一定的优越性,是一种无毒、无害、无污染、无化学残留、无抗药性、无生长激素等副作用的全价值营养绿色产品。它富含菌体蛋白,氨基酸组成齐全,同时含有丰富的维生素和矿物质。

① 菌体蛋白饲料。菌体蛋白饲料也称为单细胞蛋白饲料,是利用微生物菌体提供的蛋白质饲料。霉菌、酵母菌等单细胞生物体内含有丰富的蛋白质和维生素,在适宜条件下,这些微生物很快繁殖生长,根据这一原理将分解纤维素的菌株和酵母菌接种于果渣中生产蛋白饲料。

用于生产菌体蛋白饲料的微生物主要有啤酒酵母、产朊假丝酵母、热带假丝酶菌、白地霉、根霉、黑曲霉、木霉、青霉等。这些菌株具有多种水菌酶活性,蛋白质含量达 $50\% \sim 60\%$,并含有丰富的 B 族维生素,还能产生其他微生物生长的活性成分。

目前,将具有不同产酶特性的菌种,混合接种在发酵基质中,可通过发酵生产蛋白饲料。

② 果渣发酵生产菌体蛋白饲料工艺。用微生物发酵果渣生产菌体蛋白饲料工艺有深层液体发酵和固体发酵。固体发酵由于所需设备简单、投资少、见效快,而被大多数厂家所采用。固体发酵又可分为灭菌固体发酵和不灭菌固体发酵。虽然灭菌固体发酵过程易控制,发酵易成功,但在高温下灭菌使果渣营养成分和香气损失较严重,能耗大,工艺相对复杂,所得产品蛋白质含量提高程度与不灭菌固体发酵差别不大。相反,不灭菌固体发酵不仅可以得到高蛋白产品,产品还具有浓郁的香味。原料中本身存在的乳酸菌、野生酵母菌对发酵有促进作用。该工艺流程如下:

果渣＋辅料(麸皮等)→调整水分→接种→培养发酵→干燥→产品

在此工艺中,关键在于控制和掌握好以下因素:a. 高活性、产酶丰富的菌种;b. 发酵基质含水量;c. 发酵温度及发酵时 pH;d. 发酵培养基的无机盐种类及用量;e. 发酵时间;f. 通气量。

(四)果蔬废弃物厌氧消化处理生产生物能沼气

对果蔬废弃物而言,由于含水率高和热值低,不适合采用焚烧方法,若采用传统堆肥和卫生填埋方法处理,可实现减量化效果,但不能产生沼气而造成资源浪费,且由于含水率很高也有很大的局限性。同时,果蔬废弃物由于有机物含量高,处理时需要大量的动力消耗和营养物添加,也不太适合好氧处理工艺。而采用厌氧消化方法处理果蔬废弃物则有很大优势。对于一般的固体垃圾,如果进行厌氧处理,则需要采用高固体厌氧方法工艺(固体含量 30% 左右),运行条件较为苛刻,工艺不容易掌握。但对于果蔬废弃物来说,由于高含水率这一特点,非常适合生物处理,且已经符合一般厌氧处理的固体含量(10% 左右),处理过程可以不经预处理;同时,缺乏纤维素的果蔬废弃物厌氧消化时不会限速在水解阶段,使得其反应速度较快。此外,果蔬废弃物 COD：N 约为 $100：4$,且富含营养物质,因此不需要另加氮源及营养物。同时,厌氧消化处理有机负荷高,能产生并回收沼气资源,减少 CO_2 排放,消化产物经简单处理可作为农业肥料。厌氧消化处理果蔬废弃物在垃圾的降解收益和生物气生产上获得了双重效益,为高效处理果蔬废弃物,实现果蔬废弃物资源化和减量化提供了良好途径,是一种非常有发展前途的技术方向。

三、食品工业废渣生物治理的应用实例

（一）有机酸的提取——发酵法提取柠檬酸

柠檬酸是食品加工业中很重要的食品添加剂,也广泛应用于医药、染料及其他工业。柠檬酸生产有两条途径:一条是以淀粉及糖类为原料,用微生物发酵方法来制取;另一条是从含酸丰富的原料中提取。以下介绍发酵法提取柠檬酸的生产方法。

1. 发酵生产原料

碳源为各种含淀粉的原料。国外生产柠檬酸主要碳源为糖蜜,糖蜜原料成分复杂、多变,使用前须进行处理,如加活性炭、黄血盐、石灰、磷酸钙等。我国以薯干粉用得最多,发酵使用浓度由原先的 12%～16% 提高到 17%～22%,产酸水平也由原来的 6%～9% 相应提高到 10%～14%。为了解决高浓度的薯干粉给发酵及后处理带来的麻烦,用纯淀粉替代薯干粉或加适量的 α-淀粉酶进行液化是十分必要的。利用 $C_9 \sim C_{23}$ 的烷烃为原料时,需选择合适的菌株并要解决溶解性问题。

氮源对柠檬酸的发酵生产特别重要,氨、氢氧化铵或磷酸铵可大量提高产量。使用淀粉等不含氮源时需加入适量氮源(0.3%～0.4%)。薯干粉不需要氮源。

微量元素有 Cu、Mn、Mg 等,但若过量则将造成毒害,对柠檬酸合成有一定抑制作用。

2. 生产菌种

工业生产几乎都是用黑曲霉作为生产菌。黑曲霉产酸量高,转化率也高,且能利用多种碳源,因而是柠檬酸生产的最好菌种。

为了得到产柠檬酸的优良菌种,通常是从不同地区采集的土壤或从腐烂的水果中分离筛选,然后通过物理和化学方法进行菌种选育。例如,薯干粉深层发酵柠檬酸的菌种就是通过柠檬酸不断变异和选育得到的。菌种适合在高浓度下发酵,产酸水平较高。

用石油副产品为原料生产柠檬酸,主要以假丝酵母属为生产菌种,其次是毕赤酵母、球拟酵母、汉逊氏酵母和红酵母属的一些种。

3. 发酵

发酵有液体发酵、固体发酵和深层发酵三种方法。

1) 液体发酵法

(1) 柑橘类提取柠檬酸的原理。用石灰中和柠檬酸生成柠檬酸钙而沉淀,然后用硫酸将柠檬酸钙重新酸解,硫酸取代柠檬酸生成硫酸钙,而将柠檬酸重新析出。其化学反应式如下:

$$2C_6H_8O_7 + 3Ca(OH)_2 \longrightarrow Ca_3(C_6H_5O_7)_2 + 6H_2O$$

柠檬酸　　　石灰乳　　　　柠檬酸钙

$$Ca_3(C_6H_5O_7)_2 + 3H_2SO_4 \longrightarrow 2C_6H_8O_7 + 3CaSO_4$$

柠檬酸钙　　　　　　　柠檬酸

这种提取方法是由柑橘果的特性所决定的。由于果汁中的胶体、糖类、无机盐等均会妨碍柠檬酸结晶的形成,所以用酸解交互进行的方法,将柠檬酸分离出来,获得比较纯净的晶体。

（2）柠檬酸的提取过程。

① 榨汁　将原料捣碎后用压榨机榨取橘汁。残渣加清水浸湿,进行第二次甚至第三次压榨,以充分榨出所含的柠檬酸。

② 发酵　榨出的果汁因含有蛋白质、果胶、糖等,故十分混浊,经发酵,有利于澄清、过滤、提取柠檬酸。方法是:将混浊橘汁加酵母液1%,经4~5 d发酵,使溶液变清,酌加少量的单宁物质,并搅拌,均匀加热,促使胶体物质沉淀。再过滤,得澄清液。

③ 中和　这一步是提取柠檬酸的最重要工序,直接关系到柠檬酸的产量和质量,要严格按操作规程进行。柠檬酸钙在冷水中易溶解,所以要将澄清橘汁加热煮沸,中和的材料为氧化钙、氢氧化钙或碳酸钙,其用量见表8-3。

表8-3　沉淀柠檬酸所需中和剂用量参考表（以质量比计算）

柠檬酸	碳酸钙	氢氧化钙	氧化钙
1	0.715	0.529	0.401

中和时,将石灰乳慢慢加热,不断搅拌,终点是以柠檬酸钙完全沉淀后汁液呈微酸性为准。鉴定柠檬酸钙是否完全沉淀,可以加少许碳酸钙于汁液中,如果不再起泡沫说明反应完全。将沉淀的柠檬酸钙分离出来,沉淀分离后,再将溶液煮沸,促进残余的柠檬酸钙沉淀,最后用虹吸法将上部黄褐色清液排出。余下的柠檬酸钙用沸水反复洗涤,过滤后再次洗涤。

④ 酸解及晶析柠檬酸　将洗涤的柠檬酸钙放在有搅拌器及蒸汽管的木桶中,加入清水,加热煮沸,不断搅拌,再缓缓加入 1.26 g/cm^3（30°Bé）硫酸（取普通66°Bé的浓硫酸50 kg加水至140~150 kg即成）,每50 kg柠檬酸钙干品用40~43 kg 1.26 g/cm^3 的硫酸进行酸解,继续煮沸,搅拌30 min以加速分解,使生成硫酸钙沉淀（鉴定:取试液5 mL,加入5 mL45%氯化钙溶液,若仅有很少硫酸钙沉淀,说明加入的硫酸已够了）。然后用压滤法将硫酸钙沉淀分离,用清水洗涤沉淀,并将洗液加入溶液中。滤清的柠檬酸溶液用真空浓缩法浓缩至30°Bé,冷却。如有少量硫酸钙沉淀,再经过滤,滤液继续浓缩到40~42°Bé,将此浓缩液倒入洁净的缸内,经3~5 d即析出结晶。

⑤ 离心干燥　上述柠檬酸结晶还含有一定的水分与杂质,用离心机进行清洗处理,在离心时每隔5~10 min喷一次热蒸汽,可冲掉一部分残存的杂质,甩干水分,得到比较洁净的柠檬酸结晶,随后以75 ℃以下的温度进行干燥,直至含水量达到10%以下为止。最后将成品过筛、分级、包装。

（3）注意事项。

① 如果用腌制果坯后的腌渍液来提取柠檬酸,在中和工序之后吸出的余液中,仍含有相当的盐分,且具有一定的风味,应加以合理利用,可将其浓缩、加包做成酱油,如果用柑橘类果坯加工前及菠萝加工中所榨出的果汁来提取柠檬酸,其余液仍保留相当的糖分,可供酿酒用。

② 用石灰乳中和时,终点应以柠檬酸钙沉淀后提取液呈微酸性为准,且勿使提取液偏碱性,以避免铁离子混入柠檬酸钙中致使柠檬酸色泽变深,品质低劣。如析出的柠檬酸

色泽较深,可将其溶于热水中,加热至 70 ℃,加入 1%～2%的活性炭使之脱色。

③ 如将柠檬酸溶液浓缩至 1.45 g/cm³(45°Bé),此时应注意控制浓缩温度,以避免烧焦。

④ 提取柠檬酸所用的工具及设备要用耐酸材料,简易的可用陶瓷、木桶等。成品储存要注意防潮。

2)固体发酵法

(1)原料:柑橘皮、苹果皮渣、猕猴桃渣等。

(2)工艺流程:

$$\text{苹果渣} \xrightarrow{\text{黑曲霉孢子}} \text{固体发酵} \to \text{萃取} \to \text{结晶} \to \text{柠檬酸}$$
$$\downarrow$$
$$\text{残余物}$$
$$\downarrow$$
$$\text{饲料}$$

固体发酵如果以薯干粉、淀粉粕以及含淀粉的农副产品为原料,配好培养基后,在常压下蒸煮,冷却至接种温度,接入种曲,装入曲盘,在一定温度和湿度条件下发酵。采用固体发酵生产柠檬酸,设备简单,操作容易。

3)深层发酵法

深层发酵生产柠檬酸的主体设备是发酵罐。微生物在这个密闭容器内繁殖与发酵。现多采用通用式发酵罐。它的主要部件包括罐体、搅拌器、冷却装置、空气分布装置、消泡器、轴封及其他附属装置。发酵罐径高比例一般是 1:2.5,应能承受一定的压力,并有良好的密封性。除通用式发酵罐外,还可采用带升式发酵罐、塔式发酵罐和喷射自吸式发酵罐等。

柠檬酸的发酵因菌种、工艺、原料而异,但在发酵过程中还需要掌握一定的温度、通风量及 pH 等条件。一般认为,黑曲霉适合在 28～30 ℃时产酸。温度过高会导致菌体大量繁殖,糖被大量消耗以致产酸降低,同时还生成较多的草酸和葡萄糖酸;温度过低则发酵时间延长。微生物生产柠檬酸要求低 pH,最适 pH 为 2～4,这不仅有利于生成柠檬酸,减少草酸等杂酸的形成,同时可避免杂菌的污染。柠檬酸发酵要求较强的通风条件,有利于在发酵液中维持一定的溶解氧量。通风和搅拌是增加培养基内溶解氧的主要方法。随着菌体的生成,发酵液中的溶解氧会逐渐降低,从而抑制柠檬酸的合成。采用增加空气流速及搅拌速度的方法,使培养液中溶解氧达到 60%饱和度对产酸有利。柠檬酸的生成和菌体形态有密切关系,若发酵后期形成正常的菌球体,有利于降低发酵液黏度而增加溶解氧,因而产酸就高;若出现异状菌丝体,而且菌体大量繁殖,会造成溶解氧降低,使产酸迅速下降。发酵液中金属离子的含量对柠檬酸的合成有非常重要的作用,过量的金属离子引起产酸率的降低。铁离子能刺激乌头酸水合酶的活性,从而影响柠檬酸的积累。柠檬酸发酵用的糖蜜原料,因含有大量金属离子,必须用离子交换法或添加亚铁氰化钾脱铁后方能使用。然而微量的锌、铜离子又可以促进产酸。

发酵结束后,可采用钙盐法、直接提取法、溶媒萃取法、离子交换法和渗析法等分离方法提取柠檬酸。

(二)葡萄皮渣生产白兰地

葡萄在酿酒和制汁过程中,有大量的下脚料,如皮渣、种子、酒石等。先进国家已普遍将葡萄子榨取食用油、单宁及酒精;果皮提取色素;榨汁皮渣经发酵与酿酒的酒渣,经蒸馏提纯制得白兰地;利用酒石提取酒石酸及酒石酸盐,剩余的残渣还是优质的饲料和肥料。

随着我国葡萄种植和加工业的发展,葡萄果实的开发研究必将受到人们的重视。由白葡萄酒或葡萄汁制造过程经压榨分离出来的皮渣,或红葡萄酒在前发酵完成后分离的皮渣,含有不少糖分或酒精,这些糖分可经酒精发酵成酒。现将其生产工艺简单介绍如下。

1. 发酵

把压榨后的皮渣装入发酵池至满,加盖发酵 10～15 d(加糖或低温下需延长数天)。发酵期间注意防止生霉腐烂。发酵结束后,如不及时蒸馏则可将池口的发酵栓盖好密闭,可存放 3～4 个月。

2. 蒸馏

多数用壶式蒸馏锅或蒸馏塔进行酒精分离。蒸馏分两次完成。

(1)粗馏 将原料(皮渣发酵料)装入蒸馏锅,为锅容量的 4/5,用大火蒸馏,待酒精度降至 4°以下时,截去酒尾。此种粗馏酒的酒精度为 25°～30°。

(2)精馏 把粗馏酒入锅,装量同前。用文火缓缓蒸馏,以防高沸点物质被蒸出而影响酒质。初馏出的酒液含醛类(低沸点)多,应截去 1%～2%的酒头。继续蒸馏至蒸出的酒液酒精度为 60°时,即分开,这部分酒的质量最好,是所要的白兰地酒。继续蒸出的酒尾,含高沸点物质多,质量差,收集后与酒头混合加入下次蒸馏的原料中。蒸馏后的皮酒渣可用于提取酒石酸盐类。

3. 陈酿(熟化)

新蒸出的白兰地无色、味辛辣、香气不协调、酒精味浓刺鼻,不合产品质量要求,需经陈酿、调配才能饮用或出厂。

陈酿容器为橡木桶,容积有 140 L、280 L、560 L 三种。新白兰地装入桶中至满,密封后存放于通风、干燥、阴冷的地下窖内,令其自然熟化,时间需 3～5 年,优质白兰地达 6 年以上。时间越长,色越深,香气浓、味柔和。由于橡木中含单宁,色素被酒精溶出,使白兰地渐渐变成金黄色,味微涩。同时加上白兰地缓慢氧化、酯化,酒的辛辣味降低,变得醇和芳香。

陈酿期要及时添桶,调控温、湿度。为缩短陈酿时间,可采用人工熟化措施来促进老熟,如在 40 ℃高温下处理 5～6 d,或置于 -20～-15 ℃的低温下 3～4 d,或加强通风,或加臭氧处理等加速酯化作用和氧化作用。

4. 调配

按质量指标和感官鉴评进行调配,如味不浓厚可加适量糖,酒度过高加水稀释,色浅加糖色,香气不浓需调香。调配后还需存放一段时间,使风味调和,方可装瓶出厂。

在法国玛尔利用果渣生产出格拉帕酒,别称"果渣地",是一种独具风格的果渣酒。此酒质纯味浓,风格独特。酒精度分 45°、50°两种。

（三）果渣制醋

1. 猕猴桃果渣制醋

目前，猕猴桃的加工利用途径主要是榨汁生产果汁饮料或果酒，而大部分果渣未能充分利用，十分可惜。为综合利用原料，以猕猴桃果渣为原料酿制果醋，不仅能节约粮食，充分利用水果资源，而且能酿出风味好、营养丰富、保健价值高、成本低的优质果醋，极大地增加猕猴桃的附加值。

猕猴桃果渣制醋的操作要点如下。

（1）原料混合、润水、蒸料　玉米粉与麸皮按 2∶1 混合，加相同质量的水，润料 30 min，蒸料 1 h，焖 30 min，使之糊化。

（2）制醋、糖化、酒精发酵　加熟料 1 倍重的水，并冷却到 40～50 ℃，加 0.3％ 的发酵剂，拌匀入缸，于 30～35 ℃ 下发酵 6～9 d，至含糖量降至 2％ 左右，酒精发酵基本结束。

（3）醋酸发酵　酒精发酵结束后拌入果渣、稻壳（果渣与淀粉质原料按 1∶1 混合），加水使醅料含水量达 60％～65％，加入 0.1％ 醋酸菌于醅料表面，控制品温，及时翻醅，保持品温在 35～45 ℃，并每天测醋酸含量变化，10～12 d 品温下降并不再上升，醋酸含量达 5.5％ 以上时转入后熟陈酿阶段。

（4）后熟陈酿　加 3％～5％ 的食盐，压实，防止醋酸菌继续繁殖，10～15 d 后即可淋醋。

（5）淋醋、灭菌、灌装　加入与醅料质量相同的水，浸泡 6～8 h，并将生醋汁加热到 90 ℃，维持 10 min 即可达到灭菌的效果，灌装入事先已灭菌的容器中，即为成品。

2. 苹果渣制醋

苹果渣制醋的工艺操作要点如下。

（1）制曲　用麸皮 100 kg、曲种 3 kg 加水拌匀，湿度以手握时指缝有水不滴为宜。用浅盒盛装放入菌室，室温为 30～35 ℃。每 2 h 翻拌一次，当物料发出醋香味并呈黄色块状即可阴干备用。

（2）配料　在果料中加麸皮，使原料疏松，加速醋化，加入适量的水，以手握原料有水不滴为宜。

（3）发酵　按原料重 3％ 加麸曲，堆成 1～1.5 m 高，薄膜覆盖。每日翻拌 1～2 次，堆温控制在 35 ℃ 左右，过 10～15 d，原料发出醋香无生面味时，即为醋坯。

（4）淋醋　按 1 kg 醋 1 kg 水的比例，倒入清洁凉水，浸 4 h 后开始淋醋。头次淋出的醋即为成品。二次淋出的醋可倒入新醋坯中再用。

这种果醋可以保持水果中含有的各种有益成分，并且醋香浓郁，十分适口。

（四）果渣生产乙醇

从果蔬汁加工的下脚料中，不但可以提取果胶、香精、有机酸、色素、黄酮类、油脂、蛋白质、可食纤维等可食性物质，还可以这些皮渣为原料，制取乙醇、沼气等能源性物质。

利用果品加工后的果皮、果屑、果心、果渣等下脚料和残次落果，加工制造工业酒精，是水果产区废物利用、加工增值的好项目。其生产设备要求不高，技术简单。工艺流程如下。

（1）粉碎　将果皮、果渣、残次果等洗净粉碎，装入陶瓷缸，装量为缸内容积的60%左右。

（2）接曲　向装有果浆的缸内加入白糖、酒曲或酒糟，质量比为果浆：白糖：酒曲（或酒糟）＝100：1：8。接曲后随即搅匀，密封缸口。

（3）发酵　将缸移至恒温8～10 ℃的房间，冬季气温低，房内需装加热管道，或将缸放置在窖内，自然发酵3～4 d，若渣上浮，应将其压下，待14 d后，发酵结束。

（4）蒸馏　将经过酒化的果浆液倒入蒸馏器，控制在74～75 ℃的温度下进行蒸馏，蒸发出的气体冷凝后即为酒精。

（五）果渣的其他综合利用

果渣是果品加工后的废渣，其主要成分为水分、果胶、蛋白质、脂肪、粗纤维等。鲜果渣的含水量在70%左右。

我国对果渣的研究虽在20世纪50年代已展开，但发展缓慢，因而造成果渣资源的极大浪费。利用生物技术对果渣进行综合利用，可取得较好的经济效益，其综合利用有以下几种途径。

1. 白藜芦醇的提取

白藜芦醇的提取主要以含量较高的葡萄皮为原料，采用高效液相色谱、硅胶柱层析或者大孔树脂吸附分离的方法。另外，逆流色谱是一种不用固态支撑体或载体的液液分配色谱技术，在分离提纯白藜芦醇中得到了较好的效果。湖南农业大学开发了一种新工艺，采用微生物发酵酶解技术使一次性提取粗品含量比传统工艺提高了8倍。目前市场上的白藜芦醇产品纯度可达99%。大孔树脂法是近10年来发展的新方法，它吸附选择性独特，不受无机物影响，再生方便，解吸条件安全，回收率高，安全可靠，对环境无污染，适合大规模工业化生产，国外已开始采用。

2. 色素的提取

葡萄皮渣中色素含量较多，一般采用水浸提树脂吸附的方法提取。将葡萄皮渣分离去子后，在70 ℃的热水中浸提，然后将浸提液冷却、沉淀，分离杂质后通过树脂柱使色素被适当的树脂吸附下来。用酒精溶液洗脱被树脂吸附的色素，减压蒸馏所得到的色素溶液，经喷粉干燥即可制得色素粉。也可以在葡萄皮渣中加入60%的乙醇溶液浸泡，分离出色素溶液，经水浴真空浓缩后立即加入抗氧化剂密封保存，从而获得葡萄红色素。从葡萄残渣中提取的葡萄色素色调鲜艳且具有葡萄特有的香气，已经用于冷饮、饮料等食品。

3. 芳香物质的提取

芳香物质的提取主要以葡萄皮精油的形式，研究较少。张振华等研究了以超临界CO_2流体萃取葡萄皮精油的工艺条件，对工艺进行了优化。结果表明：萃取时间35 min，温度35 ℃，压力30 MPa为最佳工艺条件。三因素的主次顺序为：萃取时间＞温度＞压力。目前尚未有成型的实际生产工艺。

4. 果胶的提取

葡萄皮中果胶含量丰富，目前主要用酸提取、乙醇沉淀的方法。先将葡萄皮渣灭酶，防止原料中的果胶酶酶解果胶，然后用柠檬酸溶液浸提葡萄皮，过滤，真空浓缩滤液，用

50％酒精进行沉淀,即可获得色泽好、纯度高的果胶。现在提取果胶的工艺比较成熟,生产的规模也比较大。

5. 多酚类物质的提取

目前对多酚类物质提取的研究较多。李凤英研究了葡萄皮中提取多酚的工艺。确定的浸提最佳条件为:50％乙醇溶液,按 1 g∶9 mL 的料液比在 90 ℃回流浸提 20 min,在此条件下浸提 2 次,葡萄皮多酚的浸提率为 95％。从葡萄子中提取多酚类物质的研究相对较多,提取方法除前面所述的超临界流体萃取、水提法、有机溶剂浸提法以外,还有超声波、微波等方法。李华等采用超声波辅助提取多酚物质,得出最佳提取条件为:温度 45 ℃,时间 55 min,料液比 1∶12,频率 40 kHz,共提取 5 次。目前的各种方法中,以超临界流体研究和生产应用的方法较多。

6. 膳食纤维的提取

利用葡萄汁加工或酿造葡萄酒后的产物葡萄渣提取食用纤维,产品含多聚糖、木质素、含氮物质,性能接近于小麦麦麸食用纤维,可广泛应用于饮料与糕点生产。

提取食用纤维工艺是将种子分离后,用 3 种方法处理:①用 96 ℃热水,用水率 10％,分别经 30 min、60 min、90 min、120 min,过滤并烘干食用纤维;②用 1.7％的硫酸溶液,按①法处理后,用氢氧化钠溶液调节 pH 为 5.5,用水冲洗,过滤烘干;③用 2％氢氧化钠溶液,96 ℃,用水率 10％,经 60 min,冷却,冲洗,再用 2％盐酸中和,用水冲洗,过滤烘干。制得的食用纤维达 75％左右。

此外,苹果渣还可以用于生产低聚糖和果渣纸等。低聚糖是一种新型的保健食品,可用于糖尿病患者,对微生物、植物和动物细胞等也具有多种生理功能。其具体的工艺过程为:先把微生物所含的果胶质分解酶固定在树脂上,制成生物反应器,生物反应器与果渣接触后就可把残存在果渣中的果胶转化为低聚糖。苹果渣生产果渣纸的工艺为:除去果渣中的子粒,将其捣成纸浆,加入适量的木质纤维就可加工成果渣纸,可用于食品包装。这种纸使用后很容易分解,可做堆肥,也可回收重新造纸,不污染环境。

任务三　食品工业废气生物处理技术

一、废气生物处理技术的基本原理

工业废气的生物处理是利用微生物以废气中的有机组分作为其生命活动的能源或其他养分,经代谢降解转化为简单的无机物(二氧化碳、水等)及细胞组成物质。微生物对各类污染物均有较强、较快的适应性,并可将其作为代谢底物降解、转化,同常规的废气处理方法相比,生物处理具有效果好、设备简单、投资及运行费用低、安全性好、无二次污染、易于管理等优点,生物处理技术尤其在处理低浓度(<3 mg/L)、生物可降解性好的有机废气时更显示出优越性。

生物化学法净化处理工业废气一般要经历以下几个步骤:①废气中的有机污染物首

先同水接触并溶解于水中(即由气膜扩散进入液膜);②溶解于液膜中的有机污染物成分在浓度差的推动下进一步扩散到生物膜,进而被其中的微生物捕获并吸收;③在此条件下,微生物对有机物进行氧化分解和同化合成,产生的代谢物一部分溶入液相,一部分作为细胞物质或细胞代谢能源,还有一部分(如 CO_2)则析出到空气中。废气中的有机物通过上述过程不断减少,从而得到净化。

用来进行气态污染物降解的微生物也分为自养菌和异养菌两类。自养菌可在有机碳和氮的条件下由硫化氢、硫和铁离子及氨的氧化获得能量,其生存所必需的碳由二氧化碳通过循环提供。异养菌则是通过有机物的氧化来获得营养物和能量,适合进行有机物的转化,在适当的温度、酸碱度和有氧的条件下,此类微生物能较快地完成污染物的降解。目前适合于生物处理的气态污染物主要有乙醇、硫醇、酚、甲酚、吲哚、脂肪酸、乙醛、酮、二硫化碳、氨和胺等。

根据微生物在工业废气处理过程中存在的形式,可将其处理方法分为生物洗涤法(悬浮态)、生物过滤法(固着态)和生物滴滤法(介于前两者之间)。

二、生物洗涤法

生物洗涤法是利用微生物、营养物和水组成的微生物吸收液处理废气,适合于吸收可溶性气态物。吸收了废气的微生物混合液再进行好氧处理,去除液体中吸收的污染物,经处理后的吸收液再重复使用。在生物洗涤法中,微生物及其营养物配料存在于液体中,气体中的污染物通过与悬浮液接触后转移到液体中从而被微生物所降解,其典型的形式有喷淋塔、鼓泡塔和穿孔板塔等生物洗涤器。

生物洗涤法由两部分工艺组成(见图8-15):一部分为废气吸收段;另一部分为悬浮再生段,即活性污泥曝气池。由于该工艺的吸收、生物氧化在两个单元中进行,易于分别控制,达到各自的最佳运行状态。

生物洗涤法可以通过增大气液接触面积,如鼓泡法中加填料,以提高处理气量;或在吸收液中加某些不影响生物生命代谢活动的溶剂,以利于气体吸收,达到去除某些不溶于水的有机物的目的。生物洗涤法在应用过程中的优点如下:

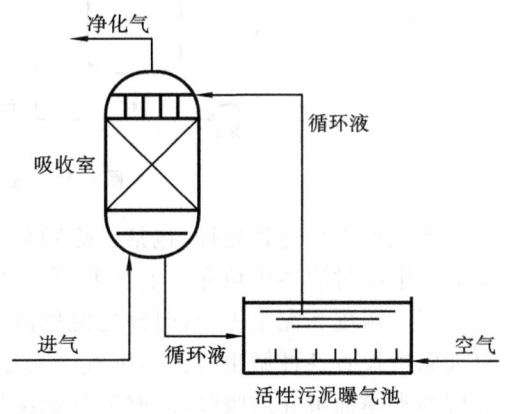

图 8-15 生物洗涤法处理工业废气装置

(1)温度、pH、营养物平衡以及代谢物的去除可以用反应器中的水进行调节,因此系统更容易控制;

(2)可以将污染物降解产物洗出;

(3)液体介质的组成容易控制;

(4)生物驯化后可以高效率降解污染物。

生物洗涤法在应用过程中的缺点如下:

（1）由于气体溶解非常重要，因此本法只能有效去除高溶解性的污染物（气态污染物在空气/水中分配系数小于1）；

（2）要控制生物量增长，以减少固体废物量和增加气体处理效率；

（3）为有效降解污染物，要在液体基质中加入磷和钾，但是这不适合处理低浓度和废水处理产生的废气。

三、生物过滤法

生物过滤法是用含有微生物的固体颗粒吸收废气中的污染物，然后微生物将其转化为无害物质。在生物过滤法中，微生物附着生长于固体介质上，废气通过由介质构成的固定床层时被吸附、吸收，最终被微生物所降解，其典型的形式有土壤、堆肥等材料构成的生物滤床。

生物过滤是一种较新的空气污染控制方法，它利用微生物降解或转化空气中的挥发性有机物以及硫化氢、氨等恶臭物质。一般废气从反应器的下部进入，通过附着在填料上的微生物，被氧化分解为 CO_2、H_2O、NO_3^- 和 SO_4^{2-}，达到净化的目的，其工艺流程如图8-16所示。

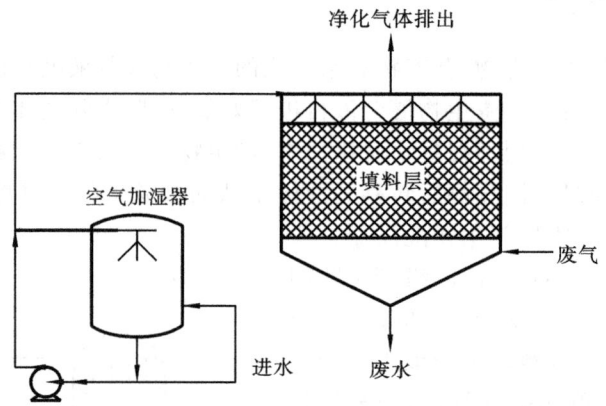

图 8-16　生物过滤法工艺流程

废气首先经过预处理，包括去除颗粒物和调温调湿，然后经过气体分布器进入生物过滤器。生物过滤器中填充了有生物活性的介质，一般为天然有机材料，如堆肥、泥煤、谷壳、木片、树皮和泥土等，有时候也混用活性炭和聚苯乙烯颗粒。填料均含有一定水分，填料表面生长着各种微生物。当废气进入滤床时，废气中的污染物从气相主体扩散到介质外层的水膜而被介质吸收，同时氧气也由气相进入水膜，最终介质表面所附的微生物消耗氧气而把污染物分解、转化为二氧化碳、水和无机盐类。微生物所需的营养物质则由介质自身供给或外加。

四、生物滴滤法

生物滴滤法集吸收法和生物氧化于一体，和生物吸收法一样，吸收液在吸收反应器中循环，与进入反应器的废气接触，吸收废气中的污染物，达到废气净化的目的。工艺流程如图8-17所示。

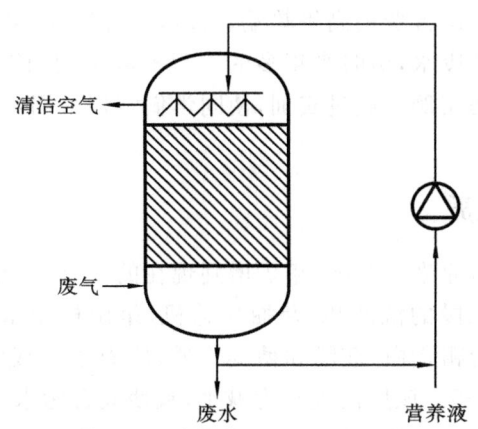

图 8-17 生物滴滤法工艺流程

生物法各项工艺性能比较见表 8-4。

表 8-4 生物法工艺性能比较

工艺方法	系统类别	适用条件	运行特性	备注
生物洗涤法	悬浮生长系统	气量小、浓度高、易溶、生物代谢速率较低的 VOCs	系统压降较大、菌种易随连续相流失	对较难溶解气体可采用鼓泡塔、多孔板式塔等气液接触时间长的吸收设备
生物滴滤法	附着生长系统	气量大、浓度低、有机负荷较高以及降解过程产酸的 VOCs	处理能力大，工况易调节，不易堵塞，但操作要求较高，不适合处理入口浓度高和气量波动大的 VOCs	菌种易随流动相流失
生物过滤法	附着生长系统	气量大、浓度低的 VOCs	处理能力大，操作方便，工艺简单，能耗少，运行费用低，对混合型 VOCs 的去除率较高，具有较强的缓冲能力，无二次污染	菌种繁殖代谢快，不会随流动相流失，从而大大提高去除效率

实训八 水解酸化-生物接触氧化工艺处理啤酒废水工程实例

一、实训目的

目前，国内啤酒废水的治理还是刚刚起步，且大多采用活性污泥法，存在着占地多、基

建投资大、剩余污泥量大、运行费用高等弊端。针对这种情况,某啤酒厂采用水解酸化-生物接触氧化工艺处理啤酒废水,历时半年多的工程实践证明,该工艺是可行的,并为啤酒废水处理提供了一个成功实例。通过实训,使同学们掌握采用水解酸化-生物接触氧化法处理啤酒废水工艺。

二、废水来源及水质

某啤酒厂生产规模由原来 3 万吨/年扩增到现在的 6 万吨/年。原无任何废水处理设施。废水主要来自灌装工段的洗瓶机、装瓶压盖机、杀菌机用水和糖化酿造工段清洗用水。其中有机成分主要为粗蛋白、淀粉和糖类物质;阴离子合成洗涤剂(LAS)含量甚微。其混合后污水水质见表 8-5。该厂清洗水为碱水,致使混合污水呈碱性。

表 8-5　某啤酒厂废水水质分析

项目	COD_{Cr}	BOD_5	SS	LAS	pH
变化范围	1 090～4 410 mg/L	734～1 810 mg/L	400～796 mg/L	0.05～0.14 mg/L	7.0～12.0
平均值	1 729 mg/L	882 mg/L	463 mg/L	0.10 mg/L	9.23

三、废水处理工艺流程及说明

1. 工艺流程

采用以生化法为主体的处理工艺:水解酸化-生物接触氧化法。流程如图 8-18 所示。

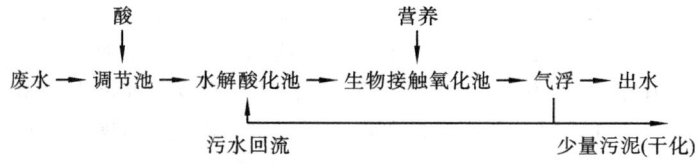

图 8-18　污水处理工艺流程

2. 主要构筑物设计参数

水解酸化池水力停留时间(HRT)6 h,为升流式厌氧污泥床反应器;生物接触氧化池HRT 6 h,曝气量按水气比 1:(20～25),采用推流式池型,气浮时间 25 min,溶气水回流比为 0.25。

四、处理效果

1. 水解酸化池的启动及处理效果

当该厂进行车间清洗时,混合污水 pH 会升高至 12 左右,此时污水首先经调节池加酸调 pH 为 7.5～8.5。水解酸化池的启动没有进行接种,而是污水中的微生物自身积累和池中细菌增长的结果。启动阶段采用间歇培养。在开始第一、二周内,水力停留时间为24 h,在第三、四周内水力停留时间为 16 h,此后连续进水。此时出水混浊,含有黑悬浮物且沉降性能差。为了防止菌种流失,宜小水量连续进水。再经过 10 d 的运行,进水水力负荷逐渐增至正常状况,此时出水逐渐清澈,出水悬浮物减少,其外观呈黑色,结构密实,颗粒较大、沉降性能好,至此污泥培养基本成熟,水解酸化池启动完成。

水解酸化池底部是一个高浓度污泥床,在正常水温和厌氧状态下,大量微生物将进水中颗粒物质和胶体物质迅速截留吸附,在大量水解细菌的作用下将大分子难溶性有机物进行水解酸化而转变为易于生物降解的小分子、溶解性物质,同时降解了部分有机物质,改善了水质,有利于后续处理。

该阶段废水处理平均结果见表 8-6。

表 8-6 某啤酒厂废水处理后水质指标

项 目	COD_{Cr}	BOD_5	SS	pH
原水	1 729 mg/L	882 mg/L	463 mg/L	9.2
水解酸化池出水	1 052 mg/L	757 mg/L	49.3 mg/L	6.4
最终出水	54.2 mg/L	11.3 mg/L	24.5 mg/L	7.8
总去除率/(%)	96.9	98.7	94.7	
污水综合排放国标(GB8978—1996)	100 mg/L	20 mg/L	70 mg/L	6~9

从表 8-6 可知,原水 $BOD_5/COD_{Cr}=0.51$,经水解酸化池处理后,$BOD_5/COD_{Cr}=0.72$,COD_{Cr}、BOD_5 去除率分别为 39.2% 和 14.2%。水解酸化达到较好预处理效果。

2. 生物接触氧化池的启动及处理效果

生物接触氧化池中采用了 YDT 弹性立体填料。在启动生物接触氧化池时,适量接种污泥,与水解酸化池出水一起直接投入生物接触氧化池,把挂膜与驯化两个阶段结合起来,启动一次成功。

其过程为投泥完毕后,直接加入水解酸化池出水,开机先小风量闷曝 6 h,再调整曝气量,使池中 COD 为 3~4 mg/L,继续闷曝 24 h。随后每天间断换水 2~3 次,换水量约为池容的 1/5,继续曝气。一周后,填料上生物膜长至 0.5 mm 左右,这时连续进水并逐渐增加水力负荷至设计要求,当 COD_{Cr} 的去除达到 50% 以上时,进入正常运转时期。

生物接触氧化池出水中含有少量因衰老而失去活性的脱落生物膜,经气浮分离后,大部分返回至水解酸化池处理,剩余少部分进行干化处理。

经上述处理过程,运行半年多以来,处理效果稳定,最终出水水质指标均达到排放标准。

五、工艺特点

(1)啤酒废水水解酸化后进行接触氧化法处理,较传统的生物氧化法曝气时间显著缩短,HRT 仅 6 h。传统生物氧化法处理啤酒废水 HRT 一般大于 10 h,有的甚至大于 17 h。可见本工艺具有显著的节能降耗效果。

(2)啤酒废水经水解酸化处理,BOD_5/COD_{Cr} 从原来的 0.51 提高到 0.72,废水的可生化性增加,这样可充分发挥后续好氧生物处理的作用,缩短整个工艺的总水力停留时间,提高生物处理啤酒废水的效率。水解酸化工艺对环境条件要求不高,易于操作管理。

(3)工程实践证明,整个工艺具有投资省、运行稳定、抗冲击负荷能力强、处理效率高、出水水质好等特点,尤其是整个系统剩余污泥量极少。

六、实训报告

根据实训结果,写出实训报告。

实训九　薯渣发酵生产柠檬酸

一、实训目的

熟练掌握黑曲霉的微生物和生物化学特性以及柠檬酸的理化性质;了解黑曲霉发酵生产柠檬酸的意义和用途;能够熟练地操作黑曲霉发酵生产柠檬酸的相关设备;掌握柠檬酸深层液体发酵及中间分析方法。

二、实训原理

柠檬酸被广泛应用于食品、医药、化工、化妆品、清洗、建筑等工业部门。能够产生柠檬酸的微生物很多,青霉、毛霉、木霉、曲霉、葡萄孢菌及酵母中的一些菌株都能够利用淀粉质原料或烃类大量积累柠檬酸。目前国内外普遍采用黑曲霉将糖质原料发酵生产柠檬酸。

本实训以薯干粉或玉米粉为原料,采用黑曲霉,通过深层液体(摇瓶)发酵产生柠檬酸。

三、试剂与仪器

培养基:马铃薯琼脂培养基、麦芽汁琼脂培养基、一级种子(麸曲种子)培养基、摇瓶发酵培养基。

黑曲霉斜面保藏种。

高压锅、旋转式摇床、离心机、恒温培养箱。

四、方法与步骤

1. 工作流程

材料准备→培养基配制→种子制备→摇瓶发酵培养→发酵过程检测→提交实训报告

2. 培养基配制

(1)马铃薯琼脂培养基:将去皮马铃薯 200 g 切成小块,加水约 500 mL,煮沸 30 min,然后用纱布过滤,滤液加蔗糖 20 g,琼脂 20 g,溶化后加自来水定容至 1 000 mL,分装于经干热灭菌后的带棉塞试管内,121 ℃灭菌 20 min,取出摆成斜面备用。

(2)麦芽汁琼脂培养基:2/3 大麦芽加 1/3 大米磨碎成粉,按麦芽粉与水 1∶4 的比例加水,置 60 ℃下糖化 4 h 至碘液显示无色,然后离心 15 min,获得麦芽汁(或取啤酒厂未加酒花的麦芽汁)调整浓度为 5°Bx,添加琼脂(25 g/L),分装于经干热灭菌后的带棉塞试管内。于 121 ℃灭菌 15～20 min,取出摆成斜面备用。

(3) 一级种子(麸曲种子)培养基。

① 含麸皮的查氏培养基:按蔗糖 30 g/L、KNO_3 1.0 g/L、K_2HPO_4 1.0 g/L、$MgSO_4 \cdot 7H_2O$ 0.5 g/L、KCl 0.5 g/L、$FeSO_4 \cdot 7H_2O$ 0.01 g/L 配料,调节 pH 7.0～7.2,加水定容至 1 000 mL,添加 800 g 麸皮,拌匀至无干粉又无结团,分装入 8～10 只 500 mL 三角瓶中,塞入 8 层纱布并包扎好。于 121 ℃下灭菌 30 min,趁热摇散,冷却至 35 ℃备用。

② 麸曲培养基:取新鲜麸皮,用 60 目筛去细粉,按麸皮与水 1:(1.0～1.3)的比例加水,拌匀至无干粉又无结团,或用水洗麸皮表面,挤去水分至有水感而水不下滴为宜。将上述麸皮装入 500 mL 三角瓶中,每瓶装 80～100 g 湿料,塞入 8 层纱布并包扎好。于 121 ℃下灭菌 30 min,趁热摇散,冷却至 35 ℃备用。

(4) 摇瓶发酵培养基:取细度为 40 目以上的薯干粉 6～8 g,装入 500 mL 三角瓶中,再加入 40 mL 水和 5 个单位 α-淀粉酶(中温)/g 薯干粉,于 75～80 ℃下液化 15 min,瓶口塞入 8 层纱布包扎好,于 110 ℃灭菌 15～20 min,冷却备用。

取细度为 60 目以上的玉米粉 300 g,装入 2 000 mL 烧杯中,加入 1 000 mL 水和7～8 个单位 α-淀粉酶(高温)/g 玉米粉,于 80 ℃液化 10 min 后,继续加热至 90 ℃保温 30 min,碘检不变色后,再加热到 100 ℃煮沸(5～10 min),趁热经过两层纱布过滤,滤液加水冷却并调整糖度至 15%～20%和蛋白质含量不超过 4 g/L,取过滤清液 40 mL 分别装入 500 mL 三角瓶中,瓶口塞入 8 层纱布包扎好,于 121 ℃灭菌 15～20 min,冷却备用。

3. 种子制备

(1) 斜面种子制备:用接种环挑取冰箱保存的斜面菌种一环于斜面培养基上,于 35 ℃恒温箱中培养 3～5 d,待长满大量黑色孢子后,即为活化的斜面种子。

(2) 孢子悬浮液的制备:用无菌移液管吸取 5 mL 无菌水至黑曲霉斜面上,用接种环轻轻刮下孢子,装入含有玻璃球的三角瓶中,盖好塞子振荡数分钟。每支斜面的孢子悬浮液可接 2～3 只麸曲三角瓶。

(3) 吸取孢子悬浮液 2 mL,接入上述麸曲种子培养基中,然后摊开纱布、扎好,并用掌心轻轻拍三角瓶,使孢子与培养基充分混合,于 30～32 ℃下恒温培养 1 d 后,再次拍匀,于 35 ℃下培养,每隔 12～24 h 摇瓶一次,孢子长出后停止摇瓶,这样继续培养 3～4 d,即成种曲。

4. 摇瓶发酵培养

将麸曲孢子(或直接将斜面种子)接种于上述薯干或玉米粉的摇瓶发酵培养基中。接种量:一支斜面接 4～5 瓶,一瓶麸曲孢子接 20～35 瓶。500 mL 三角瓶装液量为 40 mL,于转速为 200 r/min(24 h 前为 100 r/min,24 h 后为 200 r/min)、300 r/min(24 h 前为 100 r/min,24 h 后为 300 r/min)旋转摇床上,35 ℃下培养 3～4 d。

5. 发酵过程检测

(1) 发酵 0 h、24 h、48 h、72 h、96 h,分别各取下两瓶检测残糖、柠檬酸含量,以观察发酵过程中黑曲霉的耗糖与柠檬酸生成速率。

(2) 柠檬酸含量检测:一般检测发酵过程中的总酸,采用 0.142 9 mol/L NaOH 溶液滴定发酵过滤清液。

（3）总糖及残糖（还原糖）测定：采用费林试剂法。

五、实训结果

（1）黑曲霉柠檬酸摇瓶液体发酵，反应条件：24 h 前为 100 r/min，24 h 后为200 r/min。

发酵时间/h	编号	残糖/（%）	柠檬酸（总酸）含量/（%）	糖酸转化率/（%）
0	瓶1			
	瓶2			
24	瓶1			
	瓶2			
48	瓶1			
	瓶2			
72	瓶1			
	瓶2			
96	瓶1			
	瓶2			

（2）黑曲霉柠檬酸摇瓶液体发酵，反应条件：24 h 前为 100 r/min，24 h 后为300 r/min。

发酵时间/h	编号	残糖/（%）	柠檬酸（总酸）含量/（%）	糖酸转化率/（%）
0	瓶1			
	瓶2			
24	瓶1			
	瓶2			
48	瓶1			
	瓶2			
72	瓶1			
	瓶2			
96	瓶1			
	瓶2			

（3）实验数据处理。

① 平均耗糖速率（g/h）：单位时间内黑曲霉消耗糖（还原糖）的质量。

② 平均柠檬酸生成速率（g/h）：单位时间内黑曲霉生成柠檬酸的质量。

③ 糖酸转化率（%）：黑曲霉生成柠檬酸的质量与消耗糖（还原糖）的质量之比（百分数）。

六、实训报告

（1）试以发酵时间为横坐标，以糖消耗量、柠檬酸生成量、糖酸转化率为纵坐标作图，说明三者随发酵时间的变化，并加以分析。

（2）根据实训操作步骤与结果，写出实训报告。

 项目小结

食品工业在生产中产生大量的废水、废渣、废气，其中含有大量可降解的有机物质，直接排放会对环境造成严重的污染，因此须对"三废"进行生物处理，将其中的有机污染物除去后才能排放。

食品工业废水的生物处理法主要分为好氧生物处理和厌氧生物处理两种技术，采用好氧生物处理技术，主要有活性污泥法、生物膜法、生物接触氧化法等。处理高浓度有机物含量的食品工业废水采用厌氧生物处理技术，目前开发了一系列的厌氧生物反应器，包括普通厌氧消化池、厌氧接触法、升流式厌氧污泥床反应器、厌氧颗粒污泥膨胀反应器。不同的食品加工企业排放的废水指标不同，对屠宰肉类加工、水果及蔬菜加工、啤酒厂、乳品厂、制糖厂废水的生物治理工艺和方法进行比较。

食品工业废渣主要可分为水果残渣、酒糟、鱼类及肉类加工废弃物、淀粉质废弃物和纤维素废弃物等；主要的生物处理方法有堆肥技术、纤维素废弃物发酵生产系列化产品技术、食品废弃物生产单细胞蛋白及饲料技术。食品工业中废渣的综合利用如有机酸的提取——发酵法提取柠檬酸、葡萄皮渣生产白兰地、果渣制醋、果渣生产乙醇等。

食品工业废气的生物处理是利用微生物以废气中的有机组分作为其生命活动的能源或其他养分，经代谢降解转化为简单的无机物（二氧化碳、水等）及细胞组成物质；主要的处理方法有生物洗涤法、生物过滤法、生物滴滤法。

 复习思考题

1. 废水的水质指标有哪些？
2. 食品工业废水有什么主要特点？
3. 食品工业废水的生物治理方法有哪些？ 各种方法的优缺点是什么？
4. 食品工业废渣有什么基本特征？
5. 食品工业废渣有哪些生物处理方法？ 举例说明。
6. 废气生物处理技术的基本原理是什么？
7. 比较不同食品废气处理方法的性能。

项目九

食品生物技术与食品储藏保鲜

 知识目标

认识葡萄糖氧化酶和溶菌酶的性质和用途;掌握食品生物保鲜常用的技术和方法。了解影响食品变质的因素及食品储藏保鲜的原理;学会并能区分不同种类食品的储藏方法。

 能力目标

通过对食品保鲜方法的学习,了解各种保鲜剂的用途和保鲜原理,培养创新思维能力和解决问题的能力;能运用保鲜的基本原理解决生产和生活中的实际问题。能运用食品储藏的机理和方法解决食品加工和储藏过程中的具体问题;通过熟悉几类食品的储藏方法,培养解决生活中实际问题的能力和一定的创新能力。

任务一 食品生物技术在食品保鲜中的应用

生物技术在食品保鲜中具有广泛的应用。首先,微生物菌体及其代谢产物具有良好的保鲜作用。例如,采用乳酸链球菌素(nisin)能有效抑制引起食品腐败的多种革兰氏阳性细菌,尤其对产芽孢的细菌有很强的抑制作用,故乳酸链球菌素已被广泛应用于牛奶、即食腊肉制品、饮料等食品的保鲜。某些微生物还可作为多种果蔬病原微生物的竞争性抑制剂。其次,某些生物天然提取物,如蜂胶、贝壳提取物、大蒜汁、姜汁、芦荟汁、微生物多糖、某些节肢动物的外壳中提取得到的壳聚糖等,均具有一定的杀菌、抑菌作用。例如:芦荟汁对大肠杆菌、变形杆菌、金黄色葡萄球菌有一定的抑制作用;玉米醇溶蛋白用于青椒、番茄、香肠的涂膜保鲜,可有效延长所保鲜食品的货架期。此外,食品微生物可以通过基因工程技术改变遗传性状及功能特性,利用发酵工程技术使其产生具有生物保鲜功效的物质,可用于食品的保鲜。

一、生物保鲜技术的分类

生物保鲜技术在果蔬保鲜中的应用主要包括微生物菌体及其代谢产物的保鲜、生物天然提取物的保鲜及利用遗传基因进行保鲜三大方面。

（一）微生物菌体及其代谢产物的保鲜

1. 直接用微生物菌体保鲜

该法是通过微生物菌体的增殖和菌体自身与有害微生物之间的竞争，抑制有害微生物的生长，达到防腐保鲜的目的。

2. 菌体次生代谢产物保鲜

菌体次生代谢产物是从多种微生物菌种发酵液提取的混合液产物，即多种微生物发酵时的次生代谢产物。利用这种生物保鲜液抑制有害微生物的生长，具有显著的防腐保鲜效果。

3. 利用抗菌肽保鲜

乳酸链球菌素能有效抑制芽孢杆菌及梭菌的生长、繁殖，延长产品保存期 4～6 倍，有利于产品的储存和运输。因此，乳酸链球菌素可作为一种高效、无毒的天然食品防腐剂。

（二）生物天然提取物的保鲜

1. 多糖类物质保鲜

细菌、真菌和蓝藻类能产生微生物多糖，易与菌体分离。虾、蟹、昆虫等节肢动物的外壳及真菌、藻类等低等植物细胞壁中的甲壳素，经酸化可制得含氮多糖类物质即壳聚糖。这类多糖类物质因具有良好的成膜性与抑菌作用而应用于果蔬的保鲜。

2. 生物酶保鲜

生物酶保鲜主要是制造一种有利于果蔬保鲜的环境。它根据不同果蔬所含的酶的种类而选用不同的生物酶，使果蔬自身所含的不利于果蔬保鲜的酶受到抑制，最终达到果蔬保鲜的作用。当前用于保鲜的生物酶种类主要有葡萄糖氧化酶和细胞壁溶解酶。

3. 生物体自身的天然成分提取物保鲜

近年来的研究表明，一些生物提取物质具有显著的抗菌活性和良好的保鲜效果。天然生物保鲜物质中含有杀菌、抑菌成分，如大蒜中的蒜辣素和蒜氨酸有良好的杀菌、抑菌作用，魔芋甘露聚糖对霉菌和酵母菌有一定的抑制作用，壳聚糖等具有良好的被膜性，可以在果蔬表面形成一层保护薄膜，防止微生物的感染与侵入、水分蒸发、风味散失并可隔绝氧气。薄膜的存在可间接防止果蔬中某些成分的降解和酸败，并且具有良好的阻湿性、阻氧性、耐热性及耐脂性，还具有一定的抵抗微生物入侵的作用。利用天然动植物提取物进行果蔬保鲜，具有无毒、无副作用、可降解、无有害残留等特点。

（三）利用遗传基因生物保鲜技术进行果蔬储藏保鲜

该技术是利用果蔬的遗传基因特性的改变，改善储藏特性，延缓果蔬衰老，进行保鲜。目前，基因工程主要通过调节乙烯生物合成相关酶的含量或活性来阻断或减少果蔬中乙

烯的产生,最终达到延缓果蔬成熟与衰老的目的。乙烯生物合成的基因工程调控主要包括两个策略:一是抑制乙烯合成关键酶(如 ACC 合成酶和 ACC 氧化酶)的基因表达,二是过量表达降解乙烯合成前体的酶(如 ACC 脱氨酶和 SAM 水解酶)基因。乙烯生物合成基因工程在果蔬保鲜中具有良好的应用前景,少数耐储藏转基因果蔬已经实现商品化生产。

二、生物保鲜技术在果蔬保鲜中的应用研究

在微生物菌体及其代谢产物的保鲜方面,将病原菌的非致病菌株喷洒到果蔬上,可以降低病害所引起的腐烂。如草莓采前喷洒木霉菌,可大大降低采后草莓灰霉病的发生率;南运北调的马铃薯腐烂率较高,采后用假单孢菌浸渍,可使软腐病发生率降低 50%;将抗菌素类(如链霉素、软霉素)喷洒在大白菜上,可明显地减少细菌病害发生。近年来国外发现了一种特异的菌株——枯草杆菌的一个变种,它可产生效力很强的抗菌素,几乎相当于现在广泛使用的杀菌剂——苯菌灵;美国科学家从酵母和细菌中分离出一种能防止蔬菜腐烂的菌株,对已经产生烂斑的苹果和梨进行实验,未喷菌剂的果面大面积腐烂,而经过处理的果面其斑点则无明显发展,效果十分显著。经哈茨木霉发酵液处理的茄子果实,在储藏温度为 20~25 ℃的条件下储藏 20 d 后,果实仍新鲜如初。

在生物天然成分提取物保鲜方面,实验表明,几种植物天然防腐剂,如大蒜汁、姜汁、洋葱汁的抑菌效果明显,尤其是大蒜汁,其抗真菌强度与化学防腐剂苯甲酸钠和山梨酸相当。将壳聚糖对柑橘、草莓、苹果、猕猴桃、黄瓜、青椒、番茄进行保鲜,实验表明,将 0.7%~2%的壳聚糖的溶液喷洒在果蔬的表面,即可在果实表面形成一层薄膜,可阻止果实吸收 O_2 与排出 CO_2,从而延缓果实的熟化,达到保鲜的目的。

在利用遗传基因进行生物技术保鲜方面,分子生物学家发现,乙烯一旦产生,果实就很快成熟。目前日本学者已找到了产生这种气体的基因,一旦科学家掌握控制这种基因的技术,通过控制该基因的表达,即可延缓乙烯合成的速度,达到常温下延长货架期的目的。一些学者培育出一种 ACC 合成酶的转基因番茄,其货架期延长了 30~40 d。新加坡国立大学的研究人员已经成功修改了植物体内产生乙烯气体的基因。该大学生物学副教授恩格研究表明,基因被修改后,果实只产生通常状态下 10%的乙烯气体。延缓果蔬的软化,可以通过抑制多聚半乳糖醛酸酶、果胶酶等降解组织细胞完整性的酶基因来实现。因此,利用 DNA 的重组技术来修饰遗传信息,或用反义 RNA 技术来抑制成熟基因,进行基因改良可以推迟果蔬成熟衰老,延长保鲜期。

生物保鲜技术就有益微生物保鲜和生物提取物保鲜而言,具有源于天然、安全、无毒的优点,较常规的化学物质保鲜有无可比拟的优点,是一种理想的环保保鲜技术,一旦在保鲜物质和机理上取得突破,其应用前景无比广阔。

通过基因育种选育耐储藏的果蔬品种,提高果蔬采后保鲜期,降低果蔬采后烂损率,是生物保鲜技术研究的又一个重点领域,我国目前在该领域还没有大的突破,急需加强这方面的研发力度。因为唯有耐储藏的果蔬品种,才使果蔬能长期保鲜进而实现周年供应成为可能。

三、食品生物技术在食品保鲜中的具体应用

（一）利用葡萄糖氧化酶保鲜

1. 葡萄糖氧化酶的概念

葡萄糖氧化酶系统名为 β-D-葡萄糖氧化还原酶（简称 GOD），是从特异青霉（*penicillium notatum*）等霉菌和蜂蜜中发现的酶。商品名为脱氧剂，是用黑曲霉等经过发酵后制得的高纯度酶制剂，是现在生物领域最主要的工具酶，在食品工业中应用非常广泛。

2. 葡萄糖氧化酶的性质

高纯度葡萄糖氧化酶为淡黄色粉末，易溶于水，完全不溶于乙醚、氯仿、丁醇、吡啶、甘油、乙二醇等有机溶剂，50％的丙酮、66％的甲醇能使其沉淀。其相对分子质量为 15 万左右。其固体酶制剂在 0 ℃下保存可稳定 2 年以上，在 −15 ℃下保存可稳定 8 年，pH 在 3～4，最适作用温度为 30～60 ℃，化学物质 EDTA、KCN、NaF 不影响其酶活性，但酶活性受 $HgCl_2$（氯化汞）、$AgCl$（氯化银）、苯肼、对氯汞苯甲酸等影响而降低。

葡萄糖氧化酶的最大特点是能消耗氧气催化葡萄糖氧化。

3. 葡萄糖氧化酶的作用原理

葡萄糖氧化酶催化反应如下：

$$D\text{-葡萄糖} + O_2 \xrightarrow{\text{葡萄糖氧化酶}} D\text{-葡萄糖酸} + H_2O_2$$

因此，在有氧条件下，它能高度专一地催化 β-D-葡萄糖反应，生成葡萄糖酸，消耗氧，起到了转化葡萄糖和除去氧的作用。

4. 葡萄糖氧化酶在食品保鲜中的应用

葡萄糖氧化酶是一种需氧脱氢酶，作为食品添加剂，具有转化葡萄糖和除去残存氧，保持食品的色、香、味的功能，稳定产品质量，从而有效地防止食物的变质，延长了保存时间，因此可以应用于茶叶、冰激凌、奶粉、啤酒、果酒及其他饮料制品的包装中。

葡萄糖氧化酶在食品工业中的应用主要体现在以下几个方面。

1）啤酒的生产

葡萄糖氧化酶能抗啤酒氧化，保持啤酒风味，延长保存期。啤酒混浊是由多酚或多肽二价金属等物质由低分子向高分子缩聚形成的，并以多酚聚合为主，氧是啤酒混浊母体形成与结合的促成因素。啤酒中双乙酰含量对啤酒口味影响较大，啤酒在保存期中双乙酰含量增加是由瓶颈空气引起的。在啤酒生产中，多酚氧化生成挥发性羰基化合物也使啤酒乙酰化，氧化作用可加深啤酒色泽使之变成暗红色。在啤酒中加入葡萄糖氧化酶，可使氧与啤酒中的葡萄糖生成葡萄糖酸内酯而消耗氧，可除去啤酒中溶解氧与瓶颈氧，阻止啤酒的氧化变质。由于该酶具有专一性，不会对啤酒中其他物质产生作用。

葡萄糖氧化酶在防止啤酒老化，保持啤酒原有风味，延长保存期方面有显著效果。白葡萄酒生产中，氧的存在使白葡萄酒发生褐变，因此在白葡萄酒生产中添加 0.5～1.0

mg/L的葡萄糖氧化酶,可有效减轻氧造成的褐变危害。

2）面粉及制品的生产

葡萄糖氧化酶是面粉改良剂与面包品质改良剂,在面粉及各种制品生产中,能有效地改善面团的操作性能,提升产品质量。用于焙烤面包、面条制作及各种高筋粉的生产均有理想效果,可替代各种化学添加剂（溴酸钾等）,降低生产成本。

在面包生产中,向面粉中添加 20 mg/L 的葡萄糖氧化酶,对粉质改良达到最佳效果,使面包比容、面包质量均有很大改善,面团不黏,有弹性,醒发后面团表面白而且光滑、细腻,焙烤后体积膨大,皮质细致,无斑点,不起泡,气孔细密均匀,纹理结构好,咀嚼时有咬劲,不黏牙。

3）食品包装

在瓶装及罐装食品中的氧,由于多酚氧化酶和过氧化酶作用会引起质量恶化,如在食品中添加 5～10 mg/L 的葡萄糖氧化酶,可阻止产品质量降低。在粉状包装食品（瓶装或罐装）储存时,可在薄膜及包装纸表面附着葡萄糖氧化酶,有去氧、提高保存性的效果。

4）果汁蔬菜的加工

果汁及蔬菜中的维生素 C 易被溶解在汁液中的氧所氧化、破坏。在食品中添加 20 mg/L 的葡萄糖氧化酶与 1 g/L 的葡萄糖时,维生素 C 残留率为 56.8%,比不加酶时的残留率（17.6%）提高 2 倍。

5）其他食品的生产

在制作脱水蛋粉时,在脱水与储存过程中会出现褐变,主要是蛋白中还存在0.50%～0.60%的葡萄糖,与蛋白中氨基酸产生美拉德反应,利用葡萄糖氧化酶可解决褐变问题。

用葡萄糖氧化酶预先处理土豆,降低葡萄糖含量,可减少非酶褐变,提高土豆制品质量。由于葡萄糖氧化酶能除去氧,可用于杀菌,防止好氧菌生长繁殖,且生成的过氧化氢也有杀菌作用。

（二）利用溶菌酶保鲜

1. 溶菌酶的性质

溶菌酶又称为胞壁质酶,化学名称为 N-乙酰胞壁质聚糖水解酶。它于 1922 年由英国细菌学家费莱明（A. Fleming）在人类的鼻黏液（有的材料为眼泪）中发现,随后给它命名为溶菌酶。1963 年乔利斯和坎菲尔德研究了溶菌酶的一级结构。1965 年英国菲利普及其同事用 X 衍射法解析了溶菌酶,它是全世界第一种完全弄清了立体结构的酶,是近代酶化学研究的最大成果之一。它广泛存在于鸟类、家禽的蛋清和哺乳动物的眼泪、唾液、血液、鼻涕、尿液、乳汁及组织细胞中（如肝、肾、淋巴组织、肠道等）,从木瓜、芜菁、大麦、无花果和卷心菜、萝卜等植物中也分离出溶菌酶,其中,以蛋清中含量为最高,约含 0.3%,而人乳、眼泪、唾液中的溶菌酶活性远高于蛋清中的溶菌酶的活性。

溶菌酶是一种碱性球蛋白,其分子由 129 个氨基酸组成,含 2 200 个原子,相对分子质量为 14 388～18 000（14 388、14 500、18 000）,等电点为 10.7～11.0,分子内有 4 个二硫键交联,化学性质非常稳定,对热也极为稳定。它可溶解许多细菌的细胞膜,使细胞膜的糖蛋白类多糖发生加水分解作用。分子中碱性氨基酸、酰胺残基及芳香族氨基酸较高,如色氨酸的比例较高。酶的活性中心是天冬氨酸和谷氨酸,溶菌酶通过其肽键中第35位的谷氨酸和第52位的天冬氨酸构成的活性部位水解破坏组成微生物细胞壁的N-乙酰葡萄糖胺与N-乙酰胞壁质酸间的β-(1,4)-糖苷键,使菌体细胞壁溶解而起到杀死细菌(尤其是球菌)的作用。

因此,溶菌酶是一种无毒、无害、安全性很高的高盐基蛋白质,且具有一定的保健作用。它不仅能选择性地分解微生物,而且不作用于其他物质。该酶对革兰氏阳性的枯草杆菌、耐辐射微球菌有强力分解作用,对大肠杆菌、普通变球菌和副溶血性弧菌等革兰氏阴性菌也有一定程度的溶解作用。其最有效浓度为0.05%。

2. 溶菌酶保鲜的原理

溶菌酶能有效地水解细菌细胞壁的肽聚糖,肽聚糖是细菌细胞壁的主要成分。细菌分为革兰氏阳性菌(G^+),如藤黄微球菌、枯草杆菌等,与革兰氏阴性菌(G^-),如大肠杆菌、肺炎杆菌等,两者细胞壁中肽聚糖含量不同。G^+细菌细胞壁几乎全部由肽聚糖组成,而G^-细菌只有内壁层为肽聚糖,因此,溶菌酶对于G^+细菌的细胞壁的破坏作用较G^-细菌强。

3. 溶菌酶在食品保鲜中的应用

溶菌酶是一种专门作用于微生物细胞壁的水解酶,是一种存在于人体正常体液及组织中的非特异性免疫蛋白,它具有抗菌、抗病毒、抗肿瘤的功效。溶菌酶对人体完全无毒、无副作用,且具有多种药理作用,所以是一种安全的天然防腐剂。

溶菌酶的化学性质稳定。对革兰氏阳性菌作用明显,尤其对枯草杆菌等耐热性强的革兰氏阳性菌有很强的溶菌作用,但对革兰氏阴性菌、霉菌和酵母的作用很弱,需与甘氨酸、有机酸等配合使用。

溶菌酶可作为防腐剂,主要用于水解细菌细胞壁,与植酸、聚合磷酸盐、甘氨酸等结合使用,可提高其防腐效果,因此在食品保藏中的作用引起了广泛的重视。

1)冷却肉的保鲜

溶菌酶在冷却肉保鲜中的应用具有良好的效果。采用浸渍法或喷雾法,使用浓度为1%~3%,使用方法为肉块经喷雾或浸渍,然后在无菌条件下沥水20~30 min,再进行真空或托盘包装即可。

2)肉制品的加工

现在,许多软包装肉制品在加工过程中都进行了高温高压杀菌处理,这严重影响了产品的脆度,造成肉质过烂,且形成蒸煮味。若这类产品在真空包装之前添加一定量的溶菌酶保鲜剂,然后进行巴氏杀菌(80~100 ℃,25~30 min),就可以获得良好的杀菌效果。该方法也可以较好地应用于小包装方便肉制品,能有效地延长产品的保存期,使产品获得良好的品质。

3)乳制品的生产

目前,我国液态乳制品行业发展迅速,溶菌酶应用于乳制品中起到防腐的作用,尤其

适用于巴氏杀菌奶,可以有效地延长其保存期。由于溶菌酶具有一定的耐高温性能,也适用于超高温瞬间杀菌奶。添加剂量为 $300\sim600$ mg/L,其方法为包装前添加,也可以在杀菌前添加。

4)果蔬产品的加工

软包装果蔬制品和小包装果蔬制品,都要进行高温高压杀菌处理。但果蔬产品一经高温处理,其脆度就会受到影响,造成品质过烂,不能保脆。若这类产品在真空包装之前添加一定量的溶菌酶保鲜剂(拌料添加 0.1%~0.2%,或加热煮制时添加 1%~3%,20 min左右),然后进行巴氏杀菌,可以获得良好的杀菌效果,能较好地保存。

5)低温肉制品中的保鲜

溶菌酶可以延长低温肉制品保鲜期,将其添加到原料肉中进行低温加热(80 ℃左右),可保持活力不变,可在肉块进行滚揉或进行斩拌时加入。在低温肉制品热加工中,要注意加工的温度不要超过 95 ℃,否则,会影响其活性的发挥。

(三)生物防治在果蔬保鲜上的应用

1. 生物防治的途径

利用生物方法降低或防止果蔬采后腐烂损失,通常有以下四种途径,即降低病原微生物、预防或消除田间侵染、钝化伤害侵染以及抑制病害的发生和传播。

2. 生物防治的应用

生物防治应用于保鲜,无环境污染、药物残留和连续使用的抗药性等问题,且储藏条件易控制,处理费用低。

目前,生物防治在水果保鲜上有比较成功的例子,将病原菌的非致病株喷洒到水果上,可降低病害发生所引起的水果腐烂。如将绳状青霉菌喷到菠萝上,其腐烂率大为降低。近年来,国外发现一种特异菌株——枯草杆菌的一个变种,它可产生效力很强的抗菌素,用它来防止果生链棱盘菌所引起的桃褐腐病,效果极佳。美国科学家从酵母和细菌中分离出一种能防止水果腐烂的菌株,可防止苹果的斑烂。

(四)利用遗传基因进行保鲜

1. 遗传基因操作的含义

通过遗传基因的操作从内部控制果蔬后熟;利用 DNA 的重组和操作技术,来修饰遗传信息;或用反 DNA 技术来抑制成熟基因的表达,进行基因改良,从而达到推迟果蔬成熟衰败,延长储藏期的目的。

2. 遗传基因应用于食品保鲜

分子生物学家发现,一旦产生乙烯,果实就会很快成熟。目前,日本科学家已找到产生乙烯的基因,如果关闭这种基因,就可减小乙烯产生的速度,果实的成熟会放慢,这样水果在室温下存放期可延长。

用基因工程的方法将 ACC 还原酶和 ACC 氧化酶的反义基因和外源的 ACC 脱氨酶基因导入正常植株中,获得乙烯缺陷型植株,达到控制果实成熟的目的,已在番茄中实现。把鱼中抗冻蛋白基因整合植入蔬菜和水果中,可明显改善果蔬食品冷冻后的品质。

任务二 食品生物技术在食品储藏中的应用

一、食品储藏中的生理和生化变化

(一) 呼吸作用

1. 有氧呼吸

有氧呼吸是指果蔬的生活细胞在 O_2 的参与下,将有机物(呼吸底物)彻底分解成 CO_2 和水,同时释放出能量的过程。

$$C_6H_{12}O_6 + 6O_2 \longrightarrow 6CO_2 + 6H_2O + 2870.2 \text{ kJ}$$

2. 无氧呼吸

无氧呼吸是果蔬的生活细胞在缺 O_2 条件下,有机物(呼吸底物)不能被彻底氧化,生成乙醛、酒精、乳酸等物质,释放出少量能量的过程。

酒精发酵:$C_6H_{12}O_6 \longrightarrow 2C_2H_5OH + 2CO_2 + 226 \text{ kJ}$

乳酸发酵:$C_6H_{12}O_6 \longrightarrow 2CH_3CHOHCOOH + 197 \text{ kJ}$

正常情况下,有氧呼吸是植物细胞进行的主要代谢类型,环境中 O_2 的浓度决定呼吸类型,一般当 O_2 的浓度高于 5% 时进行有氧呼吸,否则进行无氧呼吸。

3. 影响呼吸强度的因素

(1) 种类与品种。

蔬菜:生殖器官(花)>营养器官(叶)>储藏器官(块根、块茎)。

水果:浆果(番茄、香蕉)>核果(桃、李)>仁果(苹果、梨)。

同类产品:晚熟品种>早熟品种;夏季成熟品种>秋冬成熟品种;南方生长品种>北方生长品种。

(2) 成熟度。

幼嫩组织呼吸强度高,成熟产品呼吸强度低,但跃变型果实成熟时会出现呼吸高峰。块茎、鳞茎类蔬菜休眠期呼吸强度降至最低,休眠期后重新上升。

(3) 温度。

一定温度范围内,呼吸强度与温度成正比,$0 \sim 10 \ ^\circ\text{C}$ 范围内温度变化对果蔬呼吸强度的影响较大。温度的波动会促进果蔬的呼吸作用;温度越高,跃变型果实呼吸高峰出现得越早。

(4) 气体的分压。

若 O_2 浓度高,则呼吸强度高;若 O_2 浓度低,则呼吸强度也低。O_2 浓度过低会造成无氧呼吸,果蔬储藏中 O_2 浓度常在 2%~5%。

CO_2 浓度越高,呼吸代谢强度越低,但过高的 CO_2 浓度会伤害果蔬,大多数果蔬适宜的 CO_2 浓度为 1%~5%。乙烯能加速果蔬后熟衰老。

（5）含水量。

果蔬在水分不足时,呼吸作用减弱;含水量高的植物,在一定限度内相对湿度越高,呼吸强度越低;在一定限度内,呼吸速率随组织的含水量增加而提高,在干种子中特别明显,如粮食含水量越高,呼吸作用越强。

（6）机械损伤。

创伤呼吸（healing respiration）是指果蔬的组织在受到机械损伤时呼吸速率显著增高的现象。植物组织受到挤压、碰撞、震动、摩擦等损伤后,呼吸作用就会加强,损伤程度越高,呼吸越强。

（7）其他。

对果蔬采取涂膜、包装、避光等措施,以及辐照和应用生长调节剂等处理,均可不同程度地抑制产品的呼吸作用。

4. 呼吸作用对果蔬储藏的影响

果蔬在储藏期内具有一定的耐藏性和抗病性,能抵抗致病微生物侵害。呼吸作用的影响表现在两个方面。

（1）积极作用:提供果蔬生理活动所需能量;产生代谢中间产物;提供能量和底物,促进伤口愈合,抑制病原菌感染;有利于分解、破坏微生物分泌的毒素。

（2）消极作用:分解消耗有机物质,加速衰老;产生呼吸热,使果蔬体温升高,促使呼吸强度增大,同时会提高储藏环境温度,缩短储藏寿命。

因此,果蔬储藏过程中,在保证果蔬正常的呼吸代谢、正常发挥耐藏性和抗病性的基础上,应采取一切可能的措施降低呼吸强度,延长储藏寿命。

（二）蒸腾作用

蒸腾作用指植物水分从体内向大气中散失的过程。

1. 失重和失鲜

（1）失重:自然损耗,包括水分和干物质的损失,常用失重率来衡量。

（2）失鲜:产品质量的损失,表面光泽消失,形态萎蔫,失去外观饱满、新鲜和脆嫩的质地,甚至失去商品价值。

2. 失水对储藏的影响

失水对储藏的影响有以下几个方面:引起产品失重,降低品质;破坏果蔬正常的代谢过程;降低耐藏性和抗病性,但部分果蔬采后适度失水,可抑制代谢,延长储藏期。

3. 影响蒸腾失水的因素

（1）果蔬产品自身的因素　比表面积大,气孔、皮孔多,失水快;表皮层（角质层、蜡层）发达利于保水;原生质亲水胶体和固形物含量高的细胞利于保水;细胞间隙大,加速失水。

（2）环境因素　空气湿度越大,失水越慢。温度越高,空气流动越快,真空度越高,失水越快。

4. 控制果蔬蒸腾失水的措施

（1）降低温度:迅速降温是减少果蔬蒸腾失水的首要措施。

（2）提高湿度：直接增加库内空气湿度或增加产品外部小环境的湿度，但高湿度储藏时需注意防止微生物生长。

（3）控制空气流动：减少空气流动，可减少产品失水。

（4）蒸发抑制剂的涂被：包装、打蜡或涂膜。

（三）成熟与衰老

1. 相关概念

（1）生理成熟：果实生长的最后阶段，果实完成细胞、组织、器官分化发育，充分长成，达到生理成熟，也称为"绿熟"或"初熟"。

（2）完熟：果实停止生长后还要进行一系列生物化学变化，逐渐形成本产品固有的色、香、味和质地特征，然后达到最佳的食用阶段。

（3）衰老：由合成代谢的生化过程转入分解代谢的过程，从而导致组织老化、细胞崩溃及整个器官死亡的过程。

2. 果蔬采后的生理生化变化

果蔬采后的生理生化变化包括：叶柄和果柄脱落；颜色变化；组织变软、发糠；种子及休眠芽长大；风味变化；萎蔫；果实软化；细胞膜变化；病菌感染。

（四）食品的败坏

食品的败坏是指在食品储藏期间，由于受到各种内外因素的影响，食品原有的化学特性、物理特性或生物特性发生变化，降低或失去营养价值和商品价值的过程。

1. 食品腐败

食品腐败是指细菌将食品中的蛋白质、肽类和氨基酸等含氮有机物分解为低分子化合物，使食品带有恶臭气味、厌恶滋味，并产生毒性。

2. 食品霉变

食品霉变是指霉菌在食品中大量生长繁殖而引起的发霉变质现象。引起食品霉变的微生物主要有毛霉菌、根霉菌、曲霉菌、青霉菌、镰刀霉菌、链孢霉菌等。

3. 食品发酵

食品发酵是指食品被微生物污染后，在微生物分泌的氧化还原酶的作用下，食品中的糖（己糖、戊糖）发生不完全氧化的过程。起主要作用的微生物是酵母和某些产酸细菌。

二、果蔬储藏技术

（一）影响果蔬储藏的因素

1. 果蔬的种类与品种

不同种类果蔬的储藏性能差异很大。例如，苹果储藏期可达数月，甚至半年以上；而草莓、桃等不耐储藏，采后在低温下也只能储藏数天。同一种类、不同品种的果蔬，储藏性能也有很大差异。一般规律是：晚熟品种耐储藏，中熟品种次之，早熟品种不耐储藏。

2. 果蔬的田间生长与发育情况

果蔬在田间的生长发育情况包括树龄大小、植株负载量、果实个体大小及其着生部位

等,都会对储藏产生影响。一般来说,幼龄树和老龄树结的果实不如盛果期树结的果实耐储藏。

植株负载量是指一棵果树的产果量。负载量适当,采后的果实质量好、耐储藏。负载量过大或过小都不好。

树冠外围的果实品质好、耐储藏;对于番茄而言,植株下部和顶部的果实不如中部的果实耐储藏;西瓜瓜蔓基部和顶部结的瓜不如中部的风味好、耐储藏。

3. 果蔬采前的生态环境与地理条件

果蔬采前的生态环境与地理条件包括温度、光照、降雨、土壤、地形地势、经纬度、海拔等。

(1)温度:每种果蔬都有其生长发育的适宜温度范围和积温要求,环境温度过低或过高对其储藏性能均会产生不良影响。

(2)光照:一般来说,光照充足的部位,果蔬的品质好、耐储藏。但是如果光照过强,也会降低果蔬的储藏品质。例如,日灼病会对果蔬的储藏造成不良影响。

(3)降雨:在果蔬生产中,干旱或多雨是影响果蔬品质、产量和储藏性能的重要因素。过分干旱,果蔬的生长发育受阻,品质差,不耐储藏。久旱后遇骤雨或连阴雨、雨量过大的年份生产的果蔬均不耐储藏。因此,生产用于储藏的果蔬要控制水量,雨水过多时要注意排水。

(4)土壤:一般来说,在土质疏松、酸碱适中(中性稍偏酸)、施肥合理、湿度适当的土壤中生长的果蔬品质好、耐储藏。

(5)地理条件:地理条件与环境温度、光照强度、降雨量等密切关联,从而影响果蔬的生长发育,对果蔬的品质和储藏性能产生影响。我国张家口地区就是一个优质水果生产区。

4. 果蔬的栽培管理技术

果蔬栽培管理中的农业技术(如施肥、灌溉、病虫害防治、整形修剪等)对果蔬的生长发育、质量状况及储藏性能有重要的影响,必须给予重视。

5. 果蔬的采收和成熟度

每种果蔬都有其适宜的成熟采收期,采收过早或者过晚,对其商品质量及储藏性都会产生不利的影响。采收期的确定一般根据果蔬的成熟度和采后用途进行综合判断。一般来说,就地销售的产品可以适当晚采收,而作为长期储藏和远距离运输的产品,应适当早采收。但也不能一概而论,比如葡萄,采收越晚越耐储存。采收时要注意避免机械损伤,因为机械损伤对果蔬的储藏性能影响极大。

6. 果蔬的采后处理

采后处理包括分级、清洗、杀菌、灭虫、打蜡、包装、催熟脱涩、晾晒和预冷等。对于不同的果蔬,采后处理也不相同,生产中采用哪一种或几种处理,要根据果蔬产品特性、采后的目的和要求进行选择。

7. 储藏的环境因素

储藏的温度、湿度以及气体(O_2和CO_2)浓度是影响果蔬储藏的重要因素,即通常所说的储藏三要素。

（1）温度对储藏的影响　随着温度的上升，呼吸加快，蒸腾失水加快，储藏期缩短。不同种类的果蔬，储藏期最适温度不同。例如，香蕉最适储藏温度为 $14\sim15$ ℃，黄瓜为 $10\sim13$ ℃，菠菜为 0 ℃。

（2）湿度对储藏的影响　果蔬失水后会发生很多变化，如食用品质和外观品质下降。湿度过高容易导致病害，调控不当会导致果蔬表面凝结水分。

（3）气体对储藏的影响　新鲜果蔬采收后是一个有生命的活体，在储藏过程中仍然进行着正常的以呼吸作用为主导的新陈代谢活动，表现为消耗氧气，释放二氧化碳，并释放一定的热量。低浓度的 O_2 和高浓度的 CO_2 可抑制呼吸作用，延缓成熟衰老，减少呼吸消耗，延缓储藏期间果实品质的下降和病害的发生。但氧气浓度过低易导致果蔬无氧呼吸，降低产品质量。

乙烯是一种植物激素，能促进果蔬成熟，使呼吸作用增加，导致果内有机物强烈转化，最后达到可食程度。低氧气、高二氧化碳还能抑制乙烯的生物合成，削弱乙烯的生理作用，抑制某些生理病害发生、发展，减少储藏过程中的腐烂损失。这些都有利于延长新鲜果蔬的储藏寿命。

（二）储藏方法

1. 常温储藏法

常温是指不通过机械的方法制冷而是利用天然的较低的温度。

（1）常温储藏的方式。

常见的常温储藏方式有地窖储藏、室内堆藏、通风库储藏、缸藏、垛藏、挂藏。

（2）常温储藏的管理。

温度管理：通过通风换气调节储藏库中的温度，通过产品呼吸升高温度，尽可能缩小温度变幅。

湿度管理：初期降温阶段会出现湿度过高，而其他储藏期往往出现湿度过低，可以通过通风换气降低湿度或喷水等措施增加湿度。

2. 低温储藏法

冷藏是果蔬商品储藏的主要方式，要延长储藏期，首选手段就是降低温度。储藏初期，降温速度越快越好，以尽快去除田间热，但有些果蔬降温速度不宜过快，如鸭梨应采用逐步降温法。

（1）温度管理。

产品出库前要进行逐步升温处理，升温时维持气温比产品温度高 $3\sim4$ ℃，直至产品温度与大气温度相差不足 5 ℃，否则易出现出汗现象。

出汗是指处于低温的果蔬在高于其温度 5 ℃以上的空气中凝结水汽的现象。

（2）湿度管理。

保持合适的相对湿度以减少失水，减轻采后生理病害，并维持较美观的产品外观。维持湿度稳定，防止失水和结露发生，关键在于维持温度的稳定。

（3）通风换气。

通风换气主要是去除不利的气体（如乙烯、乙醇等）。换气间隔时间随产品不同而不同，一般开始时 10～15 d 一次，后期每月一次。换气要彻底，要考虑大气温度尽可能与冷库内相近。

3. 气调储藏法

气调是主要储藏方式之一，对于苹果和猕猴桃等水果，采用气调储藏的占总储藏量的 50％以上。

气调是指改变 O_2 或 CO_2 以及其他气体组成的储藏方式。对于某些适合气调的果蔬，气调储藏寿命往往比一般冷藏长一倍，甚至更长。

（1）气调储藏的分类。

气调储藏分为自发气调和人工气调。

自发气调是指利用果蔬呼吸自然消耗氧气和自然积累二氧化碳的一种储藏方式。根据薄膜的成分和厚度，主要有塑料大帐气调储藏、塑料薄膜小袋气调储藏、硅窗气调储藏。

人工气调是指人工调节储藏环境气体成分、浓度的一种储藏方式。储藏过程中温度和气体成分同时变化的储藏方式称为双维气调，例如苹果的储藏。苹果采收后，分装于 0.06～0.07 mm 厚的聚乙烯袋中，此时温度保持在 10 ℃以下，90 d 后随着外界温度的降低，储藏场所的温度降至 0 ℃。整个储藏期间 O_2 浓度为 3％，CO_2 浓度在 45 d 前控制在 12％，45 d 后为 9％，然后降至 6％，并维持到储藏结束。此法储藏 6 个月，果实硬度好，外观色泽鲜艳，风味好，储藏效果优于 0 ℃低温储藏。

（2）气调管理。

气调储藏时不进行通风换气，因此相对湿度一般偏高，气调时可能出现短时间的高湿条件，应除湿。另外，气调时会积累二氧化碳和乙烯等有害气体，需要定期用相应的脱除装置加以清除，维持气调库内合适的气体成分。

三、粮食储藏技术

（一）常规储藏

1. 粮食干燥

干燥是粮食安全储藏的首要条件。粮食的干燥常采用日光曝晒或机械烘干。

2. 入库

粮食入库要实行"五分开"：不同种类分开，好次分开，干潮分开，新陈分开，有虫无虫分开。

（二）低温储藏

低温可以抑制霉菌、害虫和螨类的生长，能有效抑制呼吸强度及其他分解作用所引起的产品重量的损失，保持产品成分的完整性和种子的生活力。

（三）缺氧储藏

当氧气浓度低于 2％或二氧化碳浓度在 40％～50％时，害虫很快窒息死亡。霉菌等好氧菌在缺氧情况下的生长受到抑制。缺氧储藏对低水分粮食基本没有不良影响;高水分粮食不能长期缺氧储藏,否则会失去发芽能力,但可以适应短期缺氧储藏。

(四)化学保藏

化学保藏一般只作为特定条件下的短期储藏措施或临时抢救措施,如磷化氢化学储藏、环氧乙烷化学储藏、有机酸处理、食盐处理、漂白粉处理等,目前我国运用较多的是用磷化氢进行化学储藏。

(五)地下仓储藏

利用地下相对低而稳定的温度,为粮食提供良好的储藏环境,是一种很好的储藏方法。例如,可以利用天然洞穴或防空坑道,储粮成本低。

四、肉品储藏技术

肉的保存方法有盐淹、烟熏、干燥等方法,但就肉本身的储藏而言有专门的低温储藏。从屠宰体的制冷到输送,从后熟到消费,力求全过程的低温流通是生鲜食品的储藏方法之一。

(一)低温储藏法

肉品的低温储藏即肉的冷藏,在冷库或冰箱中进行,是肉和肉制品储藏中最为实用的一种方法。在低温条件下,尤其是当温度降到 $-10\ ℃$ 以下时,肉中的水分就结成冰,造成细菌不能生长发育的环境。但当肉被解冻复原时,由于温度升高和肉汁渗出,细菌又开始生长繁殖。因此,利用低温储藏肉品时,必须保持一定的低温,直到食用或加工时为止,否则就不能保证肉的质量。

(二)干燥法

干燥法也称脱水法,主要是使肉内的水分减少,阻碍微生物的生长发育,达到储藏的目的。猪肉的水分含量一般在 70% 以上,应采取适当方法,使含水量降低到 20% 以下或降低水分活性,才能延长储藏期。

(三)盐腌法

盐腌法的储藏作用主要是通过食盐提高肉品的渗透压,脱去部分水分,并使肉品中的含氧量减少,造成不利于细菌生长繁殖的环境条件。但有些细菌的耐盐性较强,单用食盐腌制不能达到长期保存的目的。因此,生产中用食盐腌制多在低温下进行,并常常将盐腌法与干燥法结合使用,制作各种风味的肉制品。

五、蛋品储藏技术

(一)蛋的构成与化学成分

1. 蛋的构成

蛋的构成如图 9-1 所示,蛋壳里面两层薄膜总称为壳膜。这两层膜,一层紧附于蛋壳内表面,称为壳内膜,另一层则包于蛋白之外,故称蛋白膜。壳内膜较蛋白膜厚近 5 倍。

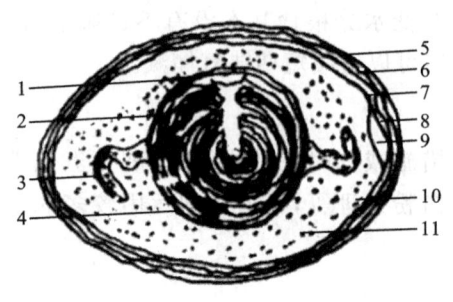

图 9-1 蛋的构成示意图

1—胚胎;2—蛋黄;3—系带;4—蛋黄膜;
5—外蛋壳膜;6—蛋壳;7—蛋白膜;8—内蛋壳膜;
9—气室;10—稀薄蛋白;11—浓厚蛋白

气室是在蛋排出禽体后,因为储藏时水分蒸发和受冷导致内容物收缩而产生的,不是排出禽体前就有的。

蛋黄的外部包有一层很薄的角蛋白膜,称为蛋黄膜。它对保持蛋黄的形状和完整起一定的作用,具有一定的韧性,可以防止蛋黄和蛋白相混合。

2. 蛋的化学成分

蛋壳的成分有 $CaCO_3$、$MgCO_3$、$Ca_3(PO_4)_2$ 和有机物。壳膜由蛋白质、类脂物和碳水化合物所组成。蛋白约占蛋质量的 58%,主要由蛋白质组成。蛋黄占全蛋总质量的 31%,不但有丰富的蛋白质,还含有丰富的脂肪。

(二)蛋在储藏中的变化

1. 物理和化学变化

重量减轻,气室高度变大,蛋白中的水分通过蛋壳气孔向外蒸发,同时向蛋黄内移动,使蛋黄中的含水量渐渐增加。浓厚蛋白中 Ca、Mg 和 CO_2 的含量随储藏时间的延长而减少,而 Fe 的含量相应地增加。

2. 生理学变化

鲜蛋在保存期间,在较高温度(25 ℃以上)下会引起胚胎(胚盘)的生理学变化。使受精卵的胚胎周围产生网状的血丝,此种蛋称为胚胎发育蛋;使未受精卵的胚胎有膨大现象,称为热伤蛋。

蛋的生理学变化常常引起蛋的质量降低,耐藏性随之降低,低温保藏是防止生理学变化的重要措施。

(三)鲜蛋的储藏方法

1. 冷藏法

利用低温来抑制细菌生长繁殖和蛋内酶的活动,可以较长时间地保持蛋的新鲜。但蛋的冷藏不像其他食品那样温度越低越好,因为有蛋壳,容易冻裂。冷藏法保存鲜蛋,最适宜的温度为 -1 ℃左右,不得低于 -2.5 ℃,相对湿度以 $80\%\sim85\%$ 为宜,冷藏时间为 6~8 个月。

2. 液浸法

液浸法就是选用适宜的溶液,将蛋浸在其中,使蛋同空气隔绝,阻止蛋中水分向外蒸发,避免细菌污染,阻止蛋内 CO_2 溢出,达到鲜蛋保鲜保质的方法。常用的有两种。

(1)石灰水储藏法 生石灰加水后产生氢氧化钙,氢氧化钙吸收蛋内散发出来的二氧化碳,变成不溶性的碳酸钙微粒,沉积在蛋壳表面,封闭气孔,微生物不易侵入蛋内,达到较长时间储存鲜蛋的目的。

(2)水玻璃储藏法 水玻璃又叫泡茶碱,是硅酸钠(Na_2SiO_3)和硅酸钾(K_2SiO_3)的混合溶液,通常为白色溶液,黏稠、透明、易溶于水,呈碱性反应。水玻璃遇水后生成偏硅酸或多聚硅酸胶体物质,能附在蛋壳表面上,闭塞气孔,减弱蛋内呼吸作用和生化变化,并阻止微生物侵入,达到保存鲜蛋的目的。

3. 涂布法

选用各种被覆剂涂布在蛋壳表面,堵塞气孔,防止水分蒸发和微生物的侵入,以达到保鲜的目的。目前,常用的被覆剂主要有液体石蜡油、聚乙烯醇、动植物油等。在涂布前,最好先进行蛋壳消毒,其保存效果更好。

4. 气体储藏法

用于鲜蛋储藏的气体主要是二氧化碳,此法适用于大量储藏。如果将容器内原有空气抽出,再冲入88%的二氧化碳和12%的氮气,并维持2 atm气压,鸡蛋可存放6个月。

运输鲜蛋多采用各种纸制或塑料制的模型衬垫。蛋放置的方式根据经验和实际效果,以钝端向上为宜。

六、乳品储藏技术

(一)影响乳品质量的因素

影响乳及乳制品质量的因素较多,主要有以下几方面。

1. 原料乳的卫生质量

原料乳卫生质量的优劣直接关系到乳及乳制品的质量。原料的卫生质量问题主要是病牛乳(如核病、乳房炎的牛乳)、高酸乳、胎乳、初乳、应用抗生素5 d内的乳、掺伪乳以及变质乳等。

2. 加工过程中的污染

微生物的污染是引起乳及乳制品变质的重要原因。在乳及乳制品加工过程中的各个环节(如灭菌、过滤、浓缩、发酵、干燥、包装等),都可能因为不按操作规程生产加工而造成微生物污染。所以在乳及乳制品的加工过程中,对所有接触到乳及乳制品的容器、设备、管道、工具、包装材料等都要进行彻底的灭菌,防止微生物的污染,以保证产品质量。

3. 储藏条件对质量的影响

(1)温度 在储藏乳及乳制品时,若温度过高,既可加速一些成分的氧化变质,又可加速微生物的生长繁殖,因此要掌握好所需的温度。消毒牛乳和硬质干酪储藏温度为2～10 ℃,酸牛乳储藏温度为2～8 ℃,乳粉和炼乳的储藏温度在20 ℃以下,奶油储藏温度在-15 ℃以下。

(2)时间 乳及乳制品储藏时间过长就容易发生质量的改变。因此,乳及乳制品在销售时要注意贮新售旧,超过保存期的不得出售。消毒牛乳保存期为24 h;酸牛乳的保存期为72 h;全脂无糖炼乳保质期为1年,罐装的全脂加糖炼乳保质期为9个月,瓶装的为3个月;奶油在-15 ℃以下冷藏保质期为6个月,4～6 ℃存放时间不得超过7 d;乳粉有罐装密封充氮包装时保存期为2年,罐装非充氮包装的保存期为1年,玻璃瓶装的保存期为9个月,塑料袋装的保存期为4个月。

(3)湿度 对于固体、半固体的乳制品,储藏环境湿度不能过大,因为这些乳制品受潮后易使微生物繁殖生长或结块等。例如,炼乳、乳粉的储藏环境应通风良好,保持干燥。

硬质干酪要求储藏在相对湿度为 80％～85％ 的环境里。

（4）光线　光线照射可加速乳及乳制品中一些成分的变质,如脂肪、维生素等的氧化。因此,乳制品在加工、运输、储藏、销售等过程中均应尽量避免光线照射。

（二）储藏方法

牛乳被挤出后,必须马上冷却到 4℃ 以下,并在此温度下进行保存。

牛乳在运输途中温度上升到 4℃ 以上是不可避免的,但不许高于 10 ℃。牛乳在进入大储存罐以前,通常用板式冷却器冷却到 4℃ 以下。

任务三　现代生物技术在食品包装中的应用

一、食品包装需要现代生物技术

随着现代食品工业的发展和人们生产及生活方式的变化,原有的包装技术已很难满足人们对包装的要求。曾有很多专家呼吁用生物技术来改造食品工业和包装工业,实际上,专家们所谈到的生物技术就是指现代生物技术。现代生物技术最有希望用于食品包装领域的可能就是酶工程。

二、现代生物技术在食品包装中的应用

（一）酶工程在食品包装中的应用

生物酶是一种催化剂,它可用于食品包装而产生特殊的保护作用。研究表明,食品（包括很多生鲜食品和农副产品）都是由于生物酶的作用而变质腐烂的。将现代生物技术用于食品包装,也就是"以酶治酶,以酶攻酶"而实现其包装作用的。

可用于食品包装的酶的种类很多,这里重点介绍 3 种酶在食品包装中的应用。

微生物的腐败变质和氧化是食品腐变的两大重要因素,除氧是食品保藏中的必要手段,葡萄糖氧化酶具有非常专一性的理想抗氧化作用,对于已经发生的氧化变质作用,它可以阻止进一步发展,在未变质时,它能防止发生。国外已采用各种不同的方式应用于茶叶、冰激凌、奶粉、罐头等产品的除氧包装,并设计出各种各样的片剂、涂层、吸氧袋等用于不同的产品中除氧。每瓶啤酒只需加入 10 单位 EFAD（葡萄糖氧化酶）,可使总氧从 2.5 mg/L 降为 0.05 mg/L,去氧达 98％,去氧效果之佳为其他同类产品所无法比拟,去氧后可延长保质期。

细胞壁溶解酶最大的特点是消除某些微生物的繁殖,而让某些有益细菌得以繁殖。在食品包装上用做防腐剂,对人体无毒害,可以替代一些对人体有害的化学防腐剂。溶解酶用于清酒的防腐,研究发现:15 mg/kg 溶菌酶防腐效果与 250 mg/kg 的水杨酸相等,还可有效防止水杨酸对胃肠的刺激,是一种良好的防腐剂。溶解酶在含食盐、糖等的溶液中稳定、耐酸、耐热性强,用于水产、香肠、奶油、生面条的保藏,可有效延长保藏期。

将溶菌酶固定在食品包装材料上,生产出有抗菌功效的食品包装材料,以达到抗菌保鲜功能。肉制品软包装如果在产品真空包装前添加一定量的溶菌酶(1%～3%),然后巴氏杀菌(80～100 ℃,25～30 min),可获得很好的保鲜效果,同时可以有效防止高温灭菌处理后制品脆性变差甚至产生蒸煮味。

利用转谷氨酰胺酶修饰小麦面筋蛋白制备食用包装膜的研究发现:转谷氨酰胺酶聚合作用可增加蛋白质热稳定性等性能,酶的添加量控制在 0.2%～0.3%,其机械性能和阻隔性能都可达到包装要求,适宜作食品的内包装纸。

(二)基因工程在食品包装中的应用

塑料作为四大包装材料之一,由于其质轻、强度好,用量逐年递增。但由于用石油产品制成的传统塑料,其废弃物很难降解,造成白色污染,因此,可生物降解塑料成为当今的研究热点。可生物降解塑料是环境友好的、可替代石化聚合物的新型材料。聚 β-羟基脂肪酸(PHAs)是一类微生物合成的大分子聚合物,结构简单,是可生物降解材料研究的热点。而聚 β-2-羟基丁酸(PHB)是 PHAs 中最典型的一种,从 1926 年发现至今,人们对其生物降解性和应用做了大量研究,认为它是化学合成塑料的理想代替品,在工业、农业及医学领域中被广泛应用。目前 PHB 的生产成本依然太高,用细菌发酵生产 PHB 的成本至少是化学合成聚乙烯的 5 倍,这严重限制了 PHB 在商业上的应用。为降低 PHB 的生产成本,提高 PHB 对于传统塑料的市场竞争力,可向植物体内引入 PHB 生物合成途径,以植物为表达载体,利用 CO_2 及光能合成 PHB,这是大规模廉价生产 PHB 的一种很有前景的方法,用转基因植物来生产 PHB 是降低生产成本的较好选择。另外,利用蓝细菌生产 PHB 也是很有研究前景的,它生长周期短,繁殖快,成本更低。

在食品保藏、储运方式上,利用基因工程可延长食物的储藏期,改变传统的储运方式。如通过转基因技术生产的延熟番茄,主要通过乙烯合成途径调控,抑制乙烯合成,从而达到延迟成熟、耐储藏的目的。这种调控主要对乙烯合成的 ACC 合成酶和 ACC 氧化酶的反义 RNA 来延迟成熟,可一直保持在绿熟期,在外源喷施乙烯后才能成熟,因此,这类番茄完全可以在常温下保藏、储运,降低保藏成本,延长货架寿命。基因工程将使食品包装更加环保,同时降低成本,这还需要研究人员长期的努力。

(三)对包装功能的改进

反映商品质量的信息型智能包装技术,主要是利用化学、微生物和动力学的方法,通过指示剂的颜色变化记录包装商品在生命周期内质量的改变,主要研究成果有包装渗漏指示剂和保鲜指示剂。目前,记录包装内环境的变化时采用渗漏指示剂。这种指示剂的关键意义在于具有直接给出有关食品质量、包装和预留空间气体、包装的储藏条件等信息的能力。例如包装破损信息指示技术,包装破损是包装商品(特别是食品)在生产、仓储、运输、销售过程中最严重的质量问题,该指示剂以氧敏性染料为基础,适用于 MAP(气调包装)食品质量控制。该指示剂中还含有吸氧成分,可延长食品的货架寿命,并能防止指示剂与 MAP 中残留的 O_2 发生反应。还有利用漆酶催化酶促反应,指示剂遇氧发生反应快速产生颜色变化,从而显示包装体破损信息。

肌红蛋白指示剂是一种保鲜指示剂。将肌红蛋白指示剂贴在内装新鲜禽肉的包装浅

盘的封盖材料内表面,其颜色变化与禽肉质量相关联。保鲜指示剂通过对微生物生长期间新陈代谢的反应,直接指示出食品的微生物质量。

(四) 在包装检测中的应用

生物信息技术中最重要的生物载体是生物芯片,近几年基因芯片技术开始在食品包装中崭露头角。基因芯片就是采用微加工和微电子技术将大量人工设计好的基因片段有序地、高密度地排列在玻璃片或纤维膜等载体而得到的一种信息检测芯片,其本质名字是脱氧核糖核酸微阵列。基因芯片在包装中的应用主要是对致病微生物的检测、对包装物特定蛋白的检测和包装毒理性分析与检测。利用生物芯片可以检测食品包装中的致病微生物。传统的生化培养检测方法需要经过几天的微生物培养和复杂的计数,操作费时而繁杂,对于食品这种"等不得"的商品来说,不能及时反映生产过程或销售过程中的污染情况,且灵敏度不高。基因芯片不仅快速、灵敏,而且一次可以鉴别多种微生物及同种微生物的菌株和亚型。基因芯片还可以检测包装物特定蛋白质,在食品包装技术中,各种包装工艺对食品的蛋白质成分会产生不同程度的影响,而食品的各种蛋白质组成和含量直接决定了包装商品的质量和风味。在开发新产品时需要对某些蛋白质进行检测,采用生物芯片可一次性对多种蛋白质进行检测。包装毒理性分析与检测是生物信息技术的又一重要应用。许多包装材料不同程度上存在一定的毒性,某些有毒成分,如重金属,在商品存储期内会进入包装商品中。因此,对包装材料和商品进行毒性评价,是包装技术研究过程中十分重要的一个环节,也是与人民健康和环境保护密切相关的。

三、现代生物技术在食品包装中应用的发展趋势

随着人们生活水平的提高和消费观念的改变,人们更关注食品的内在营养和食品的卫生安全,同时提倡绿色消费,对食品包装提出了更高的要求,这将很大程度上借助于生物技术。未来食品包装应用生物技术将出现如下几个方面的趋势。

(1) 酶技术将会在食品包装中发挥先驱性的作用,利用生物酶技术已经可以很好地实现保鲜和防腐功能。将生物技术(如生物酶工程)直接用于食品包装的前期处理或包装用辅剂,使食品在包装后达到很好的保鲜、保质;将生物技术用于制造具有特殊功能的包装材料,如在包装纸、包装膜中加入生物酶使其具有抗氧化、杀菌、延缓食品中酶的反应速度等功能,也可将多种生物酶与相关成分配制成防霉、防氧化等食品保鲜剂,放在食品包装容器中,达到延长食品货架寿命的目的。作为生物技术在食品包装上的应用,生物酶工程将最先发挥效能。因为在食品包装与人的关系上,生产酶制剂是最安全的,已被科学所证实。因此,生物酶技术将会在食品包装中发挥先驱性的作用;生物酶在食品包装上的应用还将对某些食品实现保鲜和自加工的双重作用,这也是未来的应用热点。

(2) 开发新的环保型包装材料,减少白色污染。致力于利用转基因植物生产环保而且性能优越、低成本的包装材料,实现绿色包装。在食品(物)培育时,引入生物基因工程将生产具强抗氧化性的水果和蔬菜,以便大大简化包装技术和工艺,并具有更好的保质效果。

(3) 致力于开发包装检测指示剂,及时发现包装中存在的问题,使检测更加及时、准确。

（4）开展基因芯片技术在包装中的应用研究，将基因芯片技术用于增强包装的安全性。利用生物技术改造食品包装效果，将会有全新的理论出现，即生物技术包装原理，进而推动生物技术在食品包装上的应用。

实训十 葱类天然保鲜剂的制法

一、实训目的

（1）学会以葱类提取物为基础的食品保鲜剂的制法。
（2）进一步熟悉保鲜剂的作用原理和操作技巧。

二、实训原理

许多食品采取添加保鲜剂的方法来达到提高保存期的目的。这些保鲜剂大体上可分为化学保鲜剂和天然保鲜剂。其中化学保鲜剂随食品被人摄入体内，长久食用会产生副作用，而取自天然物的食品保鲜剂副作用甚微。醋酸是天然食品保鲜剂的代表，不过，研究人员发现葱类有更好的防腐效果。

该保鲜剂由葱类或葱类和生姜的混合物的提取液添加脱乙酰壳多糖组成。葱类包括元葱、大葱、韭菜等，可以单独或混合使用它们的叶、茎和球茎作为原料。最好使用它们的鲜品，干品根据需要也可以用。将上述原料的一种或几种通过切碎、水浸、回流加热或蒸馏等工艺制成提取液。

三、试剂与仪器

1. 仪器
旋转蒸发仪、烧杯、量筒、酸度计。

2. 试剂
醋酸溶液。

3. 材料
元葱、元葱叶、生姜、脱乙酰壳多糖、小麦粉、砂糖、发酵粉。

四、方法与步骤

1. 工艺流程

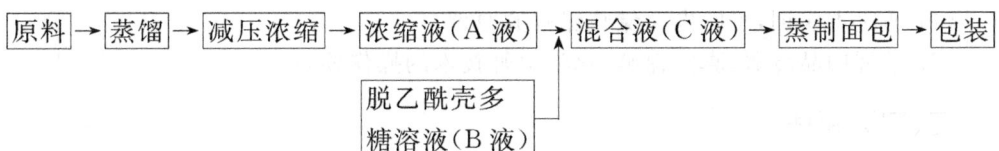

2. 操作步骤

(1) 把元葱(干品)1 kg、元葱叶(干品)500 g及生姜(干品)150 g切碎,加水蒸馏,得28 L蒸馏液。

(2) 在减压、适当温度下加以浓缩,得到9 L浓缩液(A液)。

(3) 将脱乙酰壳多糖粉末溶解于2 L醋酸溶液中,制成2 L脱乙酰壳多糖溶液(B液)。

(4) 用醋酸溶液把9 L A液和1 L B液的混合液的pH调整到6.0,得到10 L保鲜剂(C液)。

(5) 将320 mL水加入约10 mL C液中,再混入500 g小麦粉、砂糖、发酵粉,分别注入20个容器内,蒸制10 min,制成20个面包。取出面包,将它们装入聚乙烯袋中,置于25 ℃的恒温器里,观察发霉等变化情况。

五、实训结果

时间/d	1	2	3	4	5	6	7	8
现象 (是否发霉)								

六、注意事项

(1) 保鲜剂的使用量根据要保鲜的食品而定,一般是1 kg主原料添加保鲜剂10～30 g。如制面包时,1 kg小麦粉用20 g保鲜剂(约占小麦粉、砂糖、发酵粉、水的总量的1%即可)。

(2) 提取液中添加脱乙酰壳多糖后比单纯用葱类提取液的保鲜效果要强得多。加入生姜制的保鲜剂能完全消除保鲜剂中残留的葱臭。因保鲜剂的原料都是可供食用的物质,所以不必担心像化学防腐剂那样给人带来副作用。

七、实训报告

根据实训结果,写出实训报告。

实训十一　肉品的保鲜

一、实训目的

(1) 通过本实训,了解肉品储藏保鲜的原理。

(2) 掌握肉品冷藏、真空保鲜、化学保鲜技术的操作要点。

二、实训原理

肉制品营养丰富,极易发生腐败变质,因此保持产品营养特性与固有风味是肉制品保鲜的首要目的。常用的保鲜方法有冷藏保鲜、防腐剂保鲜、包装保鲜等。

冷藏保鲜可防止肉的变质和食物中毒的发生。因为温度是影响微生物生长的主要因素,低温储藏可抑制微生物的新陈代谢,延缓细菌的生长,从而延长货架期。

防腐剂可分为化学防腐剂和天然防腐剂两大类。化学防腐剂主要是各种有机酸及其盐类,主要会引起菌体表面蛋白质和核酸的水解,菌体发生形态或性质上的改变,也影响微生物的正常代谢,引起代谢紊乱,导致死亡。天然防腐剂种类繁多,如香辛料抽提物、抗菌肽、溶菌酶、壳聚糖等。

包装保鲜常见的有真空包装和充气包装。真空包装是指除去包装袋内的空气,然后应用密封技术使包装袋内的食品与外界隔绝。充气包装是在包装袋内充填一定比例的理想气体的一种包装方法,其目的是通过破坏微生物赖以生存繁殖的条件,减少包装袋内部的含氧量及充入一定量理想气体,如 N_2、CO_2 等来减小包装食品的生物化学变质速度。

三、试剂与设备

原料:新鲜猪肉。

用具及试剂:冰箱、真空包装机、真空包装袋、二丁基羟基甲苯。

四、方法与步骤

1. 工艺流程

2. 操作步骤

(1) 冷藏法。

取新鲜猪肉 2 kg,分成两组,分别放入塑料袋内封口,一组放入冰箱(0~4 ℃)内,另一组在常温下对照,观察肉品腐败程度。

(2) 化学保鲜剂保鲜。

取新鲜猪肉 2 kg,分成两组,一组用二丁基羟基甲苯处理(0.2 g/kg),并置于冰箱(0~4 ℃)内,另一组用二丁基羟基甲苯处理(0.2 g/kg),置于常温下对照,观察肉品腐败程度。

(3) 真空包装保鲜。

取新鲜猪肉 2 kg,分成两组,分别装入真空包装袋,抽真空,封口,一组放入冰箱(0~4 ℃)内,另一组在常温下对照,观察肉品腐败程度。

五、实训结果

根据不同处理情况,观察肉品的腐败程度。

六、注意事项

将以上各组样品按要求分别置于一定条件下储藏,每隔 4 h 测定质量指标(色泽、pH、黏度、弹性、气味、煮沸后肉汤及理化指标),比较保鲜效果。

七、实训报告

根据实训结果,写出实训报告。

 项目小结

本项目主要介绍了常用的食品储藏保鲜技术和方法及实际应用情况。

有害微生物的作用是导致食品腐烂变质的主要因素。呼吸作用导致新鲜果蔬营养及风味物质的消耗。保鲜的作用就是尽可能减少微生物对食品的伤害以及果蔬由于呼吸作用而造成的损失。

食品的储藏保鲜就是采用一定的手段和方法使食品的营养以及色泽、外形、风味、口感等感官指标在加工、运输和储藏过程中尽量保持新鲜状态。如有些酶可以隔离氧气和防止微生物的侵染,从而达到防腐保鲜的作用;利用生物防治技术可以减少病原微生物,预防并抑制病害的发生和传播;另外,通过基因操作进行基因改良,从而达到推迟果蔬成熟、衰败,延长储藏期的目的。

根据食品种类的不同,可选择不同的储藏方法,如低温储藏法、干燥法、气调储藏法、化学储藏法等。

 复习思考题

一、选择题

1. 食品的储存包括冷藏和冷冻两种方式,那么食品冷藏温度是指(　　)。

A. 4~10 ℃　　　　　　B. −29~0 ℃　　　　　　C. −10~0 ℃　　　　　　D. −18~0 ℃

2. 给番茄喷洒乙烯可(　　)。

A. 防止脱落　　　　B. 增强果实品质　　　C. 推迟成熟　　　D. 促使提前成熟

3. 下列说法正确的是(　　)。

A. 一般生长在树冠外部、上部及树体南部的果实,耐储藏性较好

B. 控制储藏环境条件,增强呼吸作用,可延长果蔬的储藏保鲜期

C. 温度越低,果蔬的储藏效果越好

D. 休眠对果蔬的储藏保鲜有害

4. 采收果蔬时,下列做法不正确的是(　　)。

A. 采收顺序应先下后上,先外后内

B. 采收时应轻摘、轻放、轻装

C. 果蔬应分批采收,先成熟先采收,成熟一批采收一批

D. 只要果蔬成熟,不管是阴雨天还是晴天,都应及时采收,以免果蔬腐烂

5. 基本上不影响水果、蔬菜组织呼吸的因素为（ ）。

A. 湿度   B. 龄期   C. 温度   D. 光照强度

二、填空题

1. 防止食品腐败所依据的主要原理是把食品中的_____和_____杀死或抑制它们的生长和繁殖。

2. 本地的白萝卜通常选用的储藏方式是_____，苹果通常选用的储藏方式是_____。

3. 采收后的果蔬，生命活动主要表现有_____、_____和_____作用，可以通过适当降低_____、降低_____的浓度、增加_____的浓度等途径来延长果蔬的储藏期。

4. 为了食品安全，你去超市或食品店时，要仔细阅读食品的_____，找到_____的方法。

三、简答题

1. 简述葡萄糖氧化酶用于食品保鲜的机理。

2. 常用的食品储藏方法有哪些？

参考文献

[1] 程备久. 现代生物技术概论[M]. 北京:中国农业出版社,2003.

[2] 刘群红,李朝品. 现代生物技术概论[M]. 北京:人民军医出版社,2005.

[3] 宋思扬. 生物技术概论[M]. 北京:科学出版社,1999.

[4] 白秀峰. 发酵工艺学[M]. 北京:中国医药科技出版社,2003.

[5] 高福成. 新型发酵食品[M]. 北京:中国轻工业出版社,1998.

[6] 王淑欣. 发酵食品生产技术[M]. 北京:中国轻工业出版社,2009.

[7] 黄方一. 发酵工程[M]. 2版. 武汉:华中师范大学出版社,2008.

[8] 尹光琳,战立克,赵根楠. 发酵工业全书[M]. 北京:中国医药科技出版社,1992.

[9] 颜方贵. 发酵微生物学[M]. 北京:中国农业出版社,1993.

[10] 马贵民,徐光良. 生物技术导论[M]. 北京:中国环境科学出版社,2006.

[11] 邹晓葵. 发酵食品加工技术[M]. 北京:金盾出版社,2007.

[12] 顾再资,黄肖容,谢逢春. 生物化学工程基础[M]. 北京:化学工业出版社,2006.

[13] 何国庆. 食品发酵与酿造工艺学[M]. 北京:中国农业出版社,2001.

[14] 杨汝德. 基因工程[M]. 广州:华南理工大学出版社,2007.

[15] 孙树汉. 基因工程原理与方法[M]. 北京:人民军医出版社,2001.

[16] 王丽. 基因工程原理与技术[M]. 长春:东北师范大学出版社,2002.

[17] 周家春. 食品工业新技术[M]. 北京:化学工业出版社,2005.

[18] 陈兰英,刘瑞芳,赵安芳. 现代生命科学实验[M]. 郑州:河南人民出版社,2009.

[19] 廖威. 食品生物技术概论. 北京:化学工业出版社,2008.

[20] 邬敏辰. 食品工业生物技术. 北京:化学工业出版社,2005.

[21] 彭志英. 食品生物技术. 北京:中国轻工业出版社,1999.

[22] 陆兆新. 现代食品生物技术[M]. 北京:中国农业出版社,2002.

[23] 刘冬. 食品生物技术[M]. 北京:中国轻工业出版社,2003.

[24] 张国珍. 食品生物化学[M]. 北京:中国农业出版社,1998.

[25] 阎隆飞,张玉麟. 分子生物学[M]. 北京:中国农业大学出版社, 2001.

[26] 张柏林,杜为民,郑彩霞. 生物技术与食品加工[M]. 北京:化学工业出版社,2005.

[27] 叶勤. 现代生物技术原理及其应用[M]. 北京:中国轻工业出版社,2003.

[28] 张献龙,唐克轩. 植物生物技术[M]. 北京:科学出版社,2004.

[29] 吴婉娥,葛红光,张克峰. 废水生物处理技术[M]. 北京:化学工业出版社,2003.

[30] 彭志英. 食品生物技术[M]. 北京:中国轻工业出版社,2008.

[31] 高红武. "三废"处理及综合利用[M]. 北京:中国环境科学出版社,2005.

[32] 曹健,李浪. 食品发酵工业三废处理与工程实例[M]. 北京:化学工业出版社,2007.

[33] 北京市环境保护科学研究院. 三废处理工程技术手册[M]. 北京:化学工业出版社,2000.

[34] 王晨,蒋文强. 啤酒厂三废处理及综合利用[M]. 北京:化学工业出版社,2007.

[35] 宋思扬,楼士林. 生物技术概论[M]. 2版. 北京:科学出版社,2003.

[36] SB/T10462—2008 肉与肉制品中肠出血性大肠杆菌 O157:H7 检测方法[S]. 中华人民共和国国内贸易行业标准,中华人民共和国商务部,2008.

[37] M T 马迪根,J M 马丁克. BROCK 微生物生物学[M]. 北京:科学出版社,2009.

[38] 岳永德. 农药残留分析[M]. 北京:中国农业出版社,2004.

[39] 胥传来,谢正军. 食品安全导论[M]. 北京:化学工业出版社,2005.

[40] 王向阳. 食品贮藏与保鲜[M]. 杭州:浙江科学技术出版社,2002.

[41] 邓舜扬. 食品保鲜技术[M]. 北京:中国轻工业出版社,2006.

[42] 陈家华. 食品保鲜新技术[M]. 上海:上海科学技术文献出版社,1992.

[43] 郑永华. 食品贮藏保鲜[M]. 北京:中国计量出版社,2006.

[44] 陈月英. 果蔬贮藏技术[M]. 北京:化学工业出版社,2008.

[45] 张敏,周凤英. 粮食储藏学[M]. 北京:科学出版社,2010.

［46］ 郝教敏. 肉制品贮藏与加工［M］. 北京：中国社会出版社，2008.

［47］ 谢晶. 食品冷冻冷藏原理与技术［M］. 北京：化学工业出版社，2004.

［48］ 汪秋安. 基因工程食品［J］. 广西轻工业，2003(6)：5-6.

［49］ 陈文伟，刘晶晶. 酶工程在食品工业中的应用［J］. 中国食品添加剂，2004(16)：99-101.

［50］ 张海平，杨静. 酶法转化淀粉合成海藻糖的初步研究［J］. 中国食品添加剂. 2000(2)：61-64.

［51］ 薛璐，马莺. 透性化海藻糖合酶的研究［J］. 食品与发酵工业. 2002(1)：16-18.

［52］ 张斌，金莉. 固定化酶及其在食品中的应用［J］. 中国食品添加剂，2006(1)：147-151.

［53］ 林勤保. 由淀粉制备的食品添加剂——低热量葡聚糖［J］. 食品与发酵工业. 1995(3)：48-51.

［54］ 石波，李里特. 玉米芯酶法制取低聚木糖的研究［J］. 中国农业大学学报. 2001(2)：92-95.

［55］ 鲍志华. 天然甜味剂——甜菊苷［J］. 牙膏工业. 1999(1)：34-36.

［56］ 鱼红闪，吴少杰. 树脂法提取甘草中甘草苷的研究［J］. 食品与发酵工业，1999(1)：10-13.

［57］ 张毅，李弘剑. 大蒜细胞培养及超氧化物歧化酶产生的研究［J］. 华南理工大学学报. 1993(3)：91-94.

［58］ 邓尚贵，章超桦. 双酶法在水产品水解动物蛋白制作工艺中的应用研究［J］. 水产学报. 1998(4)：352-356.

［59］ 唐传核，彭志英. 一种新型食品添加剂——酶改性橘皮苷［J］. 广州食品工业科技，1999(4)：5-7.

［60］ 李佐华，张静. 浓香型酒优质、高产的酶工程技术应用研究［J］. 啤酒科技. 1997(4)：23-24.

［61］ 宋刚，曹劲松. 香兰素的生物合成［J］. 食品与发酵工业. 2001(7)：72-74.

［62］ 张文启. 现代生物技术在食品香料开发中的应用［J］. 中国食品添加剂. 2001(1)：38-44.